中国铁建

新时代铁路客站
细部工艺创新与实践

中铁建设集团有限公司
中铁建设集团总承包公司　　主　编

西南交通大学出版社
·成　都·

图书在版编目（CIP）数据

新时代铁路客站细部工艺创新与实践 / 中铁建设集团有限公司，中铁建设集团总承包公司主编. -- 成都：西南交通大学出版社，2024. 11. -- ISBN 978-7-5774 -0242-0

Ⅰ. TU248.1

中国国家版本馆 CIP 数据核字第 202488275S 号

Xinshidai Tielu Kezhan Xibu Gongyi Chuangxin yu Shijian

新时代铁路客站细部工艺创新与实践

中铁建设集团有限公司
中铁建设集团总承包公司   **主编**

策划编辑	黄庆斌 周 杨
责任编辑	姜锡伟
助理编辑	赵思琪
封面设计	蓸天擎

出版发行　西南交通大学出版社
　　　　　（四川省成都市金牛区二环路北一段 111 号
　　　　　西南交通大学创新大厦 21 楼）
邮政编码　610031
营销部电话　028-87600564 028-87600533
网　　址　https://www.xnjdcbs.com
印　　刷　四川玖艺呈现印刷有限公司

成品尺寸　185 mm×240 mm
印　　张　23
字　　数　558 千
版　　次　2024 年 11 月第 1 版
印　　次　2024 年 11 月第 1 次
定　　价　260.00 元
书　　号　ISBN 978-7-5774-0242-0

《新时代铁路客站细部工艺创新与实践》
编审委员会

前　言

交通强国、铁路先行。随着高速铁路的建设，铁路客站也得到了快速发展，铁路客站的功能从单一的接发旅客发展到现在的城市综合体和综合交通枢纽。中铁建设集团有限公司积极探索引领新时代铁路客站的建设方向，以理念创新为先导，技术创新为突破，打造城市新门户和城市发展的新引擎，与城市和谐共生。

作为中国高铁站房建设主力军，中铁建设集团全力响应、严格贯彻国铁集团新时代精品智能客站建设总要求，同时在客站建设实践中，全面落实"精心、精细、精致、精品"要求，对诸多细部工艺进行了研究改进，不断完善，倾力打造新时代铁路精品、智能客站引领工程、示范工程。

本书按照新时代铁路建设发展要求，全面总结了近年来铁路客站和生产生活设施工程建设经验，继续坚持以人为本、服务运输的基本原则，体现站房设计与地方特色、人文背景相融合。同时，进一步总结客站关键部位的细部工艺做法，为今后打造新时代铁路客站精品，满足铁路客站全寿命周期建设维护需求，提供经验。

本书包含土建、电气、设备三大部分，共分为15章。本书主要内容包括地基与基础，主体结构，屋面工程，幕墙工程，装饰装修，站台、雨棚，生产生活用房，桥架、托架和槽盒，管路敷设，盘柜配线，防雷接地，智能建筑，暖通空调，管道安装，设备安装等。在参考执行的过程中，希望大家结合工程实际，认真总结和积累经验。

书中难免存在疏漏之处，欢迎广大读者提供宝贵意见，以便完善。

编审委员会
2024 年 8 月

目录

电 气 篇

设 备 篇

土建篇

第一章
地基与基础

一、桩头免剔凿整体剥离

1. 应用工程

吉安西站、吉水站、北京朝阳站。

2. 技术要求

－50 mm<桩顶标高允许偏差＜＋30 mm，桩顶无浮浆、松散石子，桩头钢筋无损伤。

3. 工艺做法

1）工艺流程

施工准备→PVC（聚氯乙烯）管、钢板制作→钢筋笼绑扎与PVC管、钢板安装→放钢筋笼，浇筑混凝土→吊离桩头→桩头表面清理。

2）工艺要点

（1）PVC管制作。

钢筋笼制作完毕后，在钢筋笼桩顶设计标高以上150 mm处用红漆标记4处作为钢板、PVC管的安装位置。根据钢筋笼实际剩余锚入承台的钢筋长度对相应直径的PVC管进行下料，用专用管帽将PVC管一端封堵密实，避免混凝土灌注泥浆流入PVC管内。

（2）钢板制作。

根据钢筋混凝土灌注桩主筋的大小、间距、保护层厚度和灌注导管直径大小在钢板相应位置切割打孔，在打孔处焊接100 mm的长DN20镀锌钢管，用以连接固定PVC套管。吉安西站钢筋混凝土灌注桩直径为800 mm，钢筋主筋为8根C14，弧长间距为275 mm，保护层厚度为50 mm，混凝土灌注导管直径为300 mm，因此需切割直径为700 mm的钢板并在钢板上距钢板边沿弧长打8个直径为20 mm的孔，孔中心弧长间距为275 mm，并在钢板正中心开直径为350 mm的孔。打孔钢板采用供应商加工成半成品后进场的方式，进场后现场将长100 mm的DN20镀锌钢管焊接在8个孔上。

（3）PVC管、钢板试拼装。

PVC管与钢板制作完成后，为避免钢板与PVC管不配套、各连接部位不能连接紧密等情况导致的使用过程中脱落或混凝土进入PVC管中等质量问题，现场应对加工制作完成的各零部件进行试拼装。试拼装合格的才能用于现场施工，不合格应进行修复或退场。

（4）PVC管、钢板安装。

PVC管、钢板安装前先在钢板两面涂刷混凝土隔离剂，以减少混凝土与钢板的黏结。在安装 PVC 管、钢板时，先将钢板孔对准主筋以安装钢板，调整钢板水平后，用 22#绑扎丝固定在钢筋笼上，将钢板底部与主筋的缝隙用密封膏进行密封，防止泥浆流入 PVC 管内。将加工制作好的 PVC 管套在钢板上的镀锌钢管上，PVC 管安装应保证承插质量。

（5）吊放钢筋笼、浇筑混凝土。

吊放钢筋笼时，应随时注意避免 PVC 管、隔离钢板被破坏。待钢筋笼、灌注导管下放到位后，及时检查和调整钢筋笼位置以及 PVC 管和钢板的标高和完整性，合格后方可浇筑混凝土。当混凝土浇筑临近桩头约 1 m 处时应控制混凝土灌注速度，避免混凝土顶住钢板而迫使钢筋笼上浮，同时确保钢板上下混凝土浇筑密实。

（6）吊离桩头。

工程桩混凝土龄期达到 28 d 或混凝土强度满足规范要求后，即可进行桩头的剔除。在隔离钢板上方将钢钎沿桩头四周打入混凝土，迫使桩头中心上部混凝土与下部桩体断开，然后在桩头侧面对称打入钢钎作为吊点，在确保桩头彻底分离的情况下利用汽车吊或塔吊对桩头垂直吊除。

（7）桩头表面清理。

桩头吊除后，及时回收钢板，统一存放，以备周转使用。用风镐将桩头松散的混凝土和浮浆清理干净，以保证钢筋混凝土灌注桩与基础的锚固结合。

4. 节点详图及实例照片

施工中部分节点详图如图 1-1 ~ 图 1-7 所示。

图 1-1 PVC 套管及专用管帽

图 1-2 PVC 套管及管帽应用

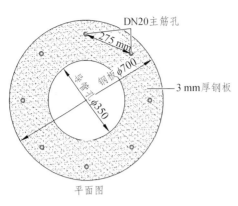

图 1-3 钢板制作平面（单位：mm）

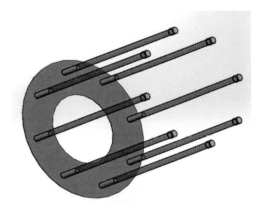

图 1-4 PVC 管、钢板试拼装效果

图 1-5 两端打入钢钎

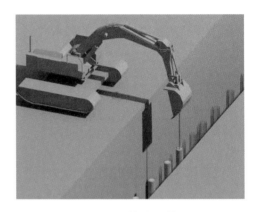

图 1-6 桩头吊装

图 1-7 桩头清理完成效果

二、逆作法桩柱一体

1. 应用工程

北京城市副中心站。

2. 技术要求

灌注桩的成孔直径必须达到设计桩径，任何截面不得有缩颈，保证桩身垂直度，垂直度允许偏差 < 1/600，桩底沉渣厚度不得大于 50 mm。钢管柱采用一次吊装定位技术，吊装应严格控制精度，柱定位轴线允许偏差不应大于 1 mm，柱顶标高偏差不应大于 2 mm，钢管柱安装垂直精度非正线区域为 1/800，临近正线区域为 1/1 000。单节柱的垂直度不应大于 10 mm。

3. 工艺做法

1）工艺流程

桩位定位、埋设护筒→钻机成孔、扩底作业（成孔检测）→下钢筋笼及导管→二次清孔→浇筑混凝土→插钢管柱→钢管柱就位固定→钢管柱四周回填碎石→拆除工具柱、采用 HPE 液压垂直插入机移位→钢管柱内浇筑混凝土→碎石或砂回填柱顶至地面、拔除钢护筒。

2）工艺要点

（1）钻机扩底作业。

等待成孔达到设计标高后更换扩底铲斗进行扩底成孔作业。在扩底施工时，操作人员先在电脑上设定扩底参数，在电脑自动管理中心的指挥下进行扩底施工作业，通过影像监视系统及时监测扩孔情况，确保扩底成孔质量。

（2）成孔检测。

桩基成孔一次清孔后，检测孔径、孔深及沉渣厚度，检测仪器采用超声波检测仪。将超声波的探头置于桩孔中心，缓慢下放，下放至不能下放为止，然后再缓慢提升，从而检测出成孔孔径、孔深、沉渣厚度以及孔壁的状况。

（3）钢筋笼安装。

钢筋笼吊放采用双机抬吊，空中回直。吊机选用 260 t 履带吊车主吊，250 t 副吊配合吊装，主吊带载行走，副吊不带载行走。起吊时必须使吊钩中心与钢筋笼重心相重合，保证起吊平衡。

（4）混凝土灌注。

桩灌注采用水下混凝土，根据设计要求采用水下 C35，北京城市副中心站主轴线位置设置一柱一桩结构，下部设置直径为 2.4 m 的混凝土钻孔灌注桩，上部为钢管柱，在灌注桩施工的同时，采用 HPE 进行施工。灌注桩的混凝土要有一定缓凝时间，缓凝时间不小于 72 h，同时要求混凝土运输至插入永久性钢管柱时间段内混凝土的坍落度不少于 12 cm，粗骨料宜采用 5 ~ 25 mm 连续级配的碎石。

（5）HPE 液压垂直插入机就位对中调平。

工程桩混凝土灌注完成后，重新放出桩位中心，并将十字线标记在护筒上。复核桩位后，将 HPE 液压插入机械的定位器中心与基础桩桩位中心在同一垂直线上，然后吊装 HPE 液压垂直插入机就位，HPE 液压垂直插入机根据定位器就位对中。就位对中后，HPE 液压垂直插入机械可手动、自动调整水平度，并重新复核中心位置，满足要求后即可吊装永久性钢管柱入孔。

（6）吊装钢管柱。

根据本工程钢管柱的长度，为保证吊装时不变形、弯曲，采用两台吊车多点抬吊，将钢管柱垂直缓慢放入 HPE 液压垂直插入机上。

（7）HPE 液压垂直插入机下插钢管柱。

永久性钢管柱吊放至 HPE 液压垂直插入机内，由 HPE 液压垂直插入机抱紧钢管柱，并复测钢管柱垂直度，满足要求后在钢管柱上安装一个垂直传感器，并设置吊环以便回收使用。刚开始下放永久性钢管柱时，由于永久性钢管柱的自重，钢管柱能自由下入孔内一定深度，当浮力大于永久性钢管柱重力后，由 HPE 液压垂直插入机将永久性钢管柱抱紧，用液压插入装置的液压下压力将永久性钢管柱下压插入孔内。当永久性钢管柱顶标高都在地面以下一定的深度时，利用工具柱将永久性钢管柱插入至设计标高；当永久性钢管柱下插至混凝土顶面后，重新复测永久性钢管柱的垂直度。此时可根据 HPE 液压垂直插入机自身的垂直仪、经纬仪及钢管柱下部安装的传感器反映到垂直仪上的信号，用电脑分析确定永久性钢管柱的垂直度，满足垂直度要求后继续下压插入至混凝土中；如不满足要求，可调整 HPE 液压垂直插入机的水平度，直至永久性钢管柱垂直度满足要求。

（8）钢管柱四周回填砂碎石。

HPE 液压垂直插入机垂直插入永久性钢管柱后，即可对永久性钢管柱四周进行砂或碎石回填，回填时使用铲车或者小钩机在钢管柱四周均匀填入砂或碎石，回填高度为永久性钢管顶标高以下 500 mm。待上部等工具柱拆除后回填，回填时排出的稳定液用泥浆泵抽至废浆池后外运清除。

（9）拆除工具柱、HPE 液压垂直插入机移位。

当钢管柱四周回填至永久性钢管顶标高以下 500 mm 后，四周回填砂或碎石以固定永久性钢管柱中心位置，即可拆除上部施工送柱时所用工具柱，割除永久性钢管柱与送柱工具柱连接部位（内衬管），拆除送柱工具柱后由吊车将 HPE 液压垂直插入机移位。拆除完成的工具柱处理过后可继续与同规格永久性钢管柱连接，重复使用。

（10）钢管柱内浇筑混凝土。

钢管柱四周回填砂或碎石固定好永久性钢管柱中心位置后，下放导管进行永久性钢管柱内的混凝土灌注，永久性钢管柱内混凝土为干作业灌注，混凝土采用 C60 自密实不收缩混凝土，灌注到永久性钢管柱顶标高以下 350～500 mm 后停止灌注，严防超灌造成后期 B1 层钢管柱焊接施工困难。

（11）碎石或砂回填柱顶至地面、拔除钢护筒。

永久性钢管柱内的混凝土达到初凝后，对钢管柱内上口 350～500 mm 未浇筑混凝土的部位回填细砂，便于今后开挖清理。其余部位回填碎石或易密实的砂土至孔口，拔除钢护筒。

4. 节点详图及实例照片

施工中部分节点详图及实例照片如图 1-8～图 1-11 所示。

图 1-8　钻孔施工

图 1-9　钢筋笼安装

图 1-10　钢管柱吊装

图 1-11　HPE 液压垂直插入机下插钢管柱

三、绿色装配式护坡

1. 应用工程

拉林铁路站房、北京朝阳站、长白山站。

2. 技术要求

边坡坡度符合设计要求，锚杆纵横向间距≤1.5 m、误差≤20 mm、偏斜尺寸不得大于长度的 3%，锚杆长度比设计长度多 50～100 mm，面层搭接宽度≥300 mm、缝合宽度≥200 mm。

3. 工艺做法

1）工艺流程

土方开挖、边坡修整→羊角钉定位、打入 GRF01 面层铺装→可拆卸压网钢构件安装、机械固定→装配完毕。

2）工艺要点

（1）土方开挖、修坡。

按照设计要求进行土方开挖，人工配合机械进行坡面修整。挖至羊角钉施工面以下 0.5 m，待羊角钉施工完毕方可进行下一步开挖，遵循一步一开挖的原则。

（2）地锚施工。

① 坡顶及坡脚采用地锚固定，地锚采用 C16 钢筋、长 1 m，间隔 1.5 m 进行布置。地锚制作时，应比设计长度多出 50～100 mm，以满足锁定需要。

② 坡脚采用混凝土与地锚连接进行压脚处理，混凝土截面尺寸为 500 mm×500 mm。

③ 羊角钉施工应按照设计要求的角度、纵横间距，采用人工或机械直接打入土体的方法。

（3）面层铺设。

根据现场情况，确定卷材尺寸，裁剪后予以试铺。检查搭接宽度是否合适，搭接处应平整，松紧适度。面层用人工滚铺，坡面要平整，并适当留有变形余量，面层的安装采用缝合的方法，缝合的宽度在 0.2 m 以上。接缝须与坡面线相交，在坡面上，对面层的一端进行锚固，然后从坡面放下以保证面层保持拉紧的状态。通过连接构件（A6 普通钢丝绳）将羊角钉在纵向与横向进行连接，羊角钉端部用专用卡扣锁死。

（4）坡顶翻边。

在施做完面层、羊角钉、钢丝绳后在距离边坡坡顶 1.0 m 范围内浇筑 10 cm 厚 C20 混凝土。

4. 节点详图及实例照片

施工中部分节点详图及实例照片如图 1-12～图 1-15 所示。

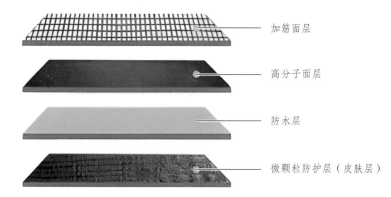

图 1-12　绿色可装配式护坡材料

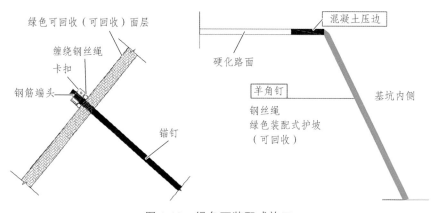

图 1-13　绿色可装配式施工

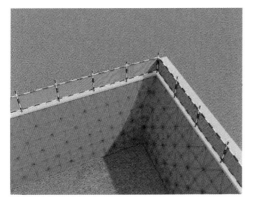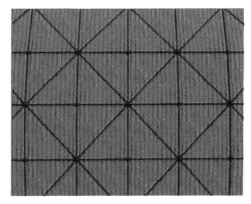

图 1-14　绿色可装配式护坡效果

图 1-15　绿色可装配式护坡

四、地下连续墙

1. 应用工程

北京城市副中心站。

2. 技术要求

地下连续墙成槽垂直精度满足 1/300，成槽后清槽质量应达到相关规范要求，槽底沉淀物淤积厚度不大于 100 mm；槽长误差 50 mm，槽宽误差不超过 ±10 mm，墙顶标高误差 ±30 mm。

3. 工艺做法

1）工艺流程

导墙施工→泥浆制备→单元槽段成槽施工→地下连续墙接头处理→钢筋笼制作、安装→混凝土浇筑。

2）工艺要点

（1）导墙施工。

测量放线完成后，施工人员开始施工导墙。导墙的作用有防止地表土体坍塌、为槽段施工导向和用作机械设备的支撑平台等，其施工质量直接关系到地下连续墙的施工质量。导墙施工必须严格按照规范标准要求进行，且必须严格控制施工质量。

（2）成槽施工。

① 正式施工前，根据施工需要及设计图纸在导墙顶面上测量放线并按编号分段，将划分结果上报设计、监理，经设计、监理批准后，按方案实施，根据重新划分的槽段绘制。

② 在挖槽过程中，通过成槽机上的垂直度检测仪表显示的成槽垂直度情况，及时调整抓斗的垂直度，确保垂直度≤1/300。成槽垂直度的好坏关系到钢筋笼吊装、预埋装置安装及整个地下连续墙工程的质量，故要求在成槽过程中须随时注意槽壁垂直度情况，若发现倾斜指针超出规定范围，应立即启动纠偏系统调整垂直度，确保垂直精度达到规定的要求。

③ 成槽时，派专人负责泥浆的放送，视槽内泥浆液面高度情况，随时补充槽内泥浆，确保泥浆液面高出地下水位 1 m，但不能低于导墙顶面 0.5 m，杜绝出现泥浆供应不足的情况。

④ 由于地下连续墙施工采用顺幅施工方法，成槽完成后在相邻一幅已经完成地下墙的接头位置上必然有黏附的泥土及未脱落的砂土袋，如不及时清除会在混凝土灌注过程中产生夹泥，造成基坑开挖过程中地下墙出现渗漏水，为此必须采取刷壁措施，刷壁 2 次。

⑤ 成槽完毕后，先采用捞抓法清基，即采用抓斗慢放、轻抓，地毯式地对槽底进行清淤。捞抓完成后，采用正循环进行清孔作业，用合格的泥浆置换成槽时的泥浆，待槽内的泥浆置换完成后方可停止清底，并对各个深度泥浆的指标进行测定（比重、黏度），如不符合要求还需重新清底。要求槽底沉渣不大于 10 cm，清孔后槽底泥浆比重不大于 1.15。清槽结束后必须经监理检验成槽质量和泥浆指标，合格后方可下放钢筋笼。

（3）钢筋笼制作。

钢筋加工按以下顺序：首先在拼接接头后铺设横向水平分布筋及纵向主筋，并焊接牢固，焊接底层保护垫块；其次焊接安装纵向及横向架力桁架，再焊接上层纵向筋中间联结筋和上层横向水平分布筋；然后焊接拉筋、封口筋、吊筋，最后焊接预埋件（预埋接驳器需同时焊接中间预埋件定位水平筋）及上层保护垫块。

（4）钢筋笼安装。

不同尺寸的钢筋笼在首次吊装前须全部进行试吊作业，试吊由主、副吊共同抬起，使钢筋笼脱离平台至平台上方 50 cm。质检人员检查钢筋笼、吊点、桁架等关键部位是否有开焊现象，检查钢筋笼整体刚度、变形情况，以及吊点设置是否合理，做好记录以指导后续施工。

（5）混凝土浇筑。

为防止混凝土倒灌，H 型钢后侧人工回填级配碎石。在钢筋笼下放到位以及安放平台下放导管过程中同步对接头背后进行回填处理，防止混凝土灌注过程中混凝土可能出现绕流现象，回填至混凝土灌注面以上即可。

4. 节点详图及实例照片

施工中部分节点详图及实例照片如图 1-16 ~ 图 1-19 所示。

图 1-16　导墙施工

图 1-17　地连墙成槽施工

图 1-18　钢筋笼制作

图 1-19　地下连续墙钢筋笼吊装

五、SMW（型钢水泥土搅拌墙）工法地下连续墙

1. 应用工程

北辰站、宝坻南站。

2. 技术要求

水泥掺量不应小于设计值，水灰比偏差 ± 0.05 g/cm³，桩位偏差 ± 50 mm，垂直度偏差 1%，桩身强度不应小于设计值， -50 mm<桩顶标高 $< +30$ mm。

3. 工艺做法

1）工艺流程

导墙制作→桩机定位→水泥浆制作→SMW 钻掘搅拌施工→置放钢板→固定型钢→废土运输→型钢顶端连接梁施工→钢支撑施工。

2）工艺要点

（1）SMW工法桩施工参数的影响。

影响 SMW 围护结构强度及抗渗性能的主要因素有：地基土层性质、水泥用量、搅拌水泥土的均一性、施工深度等。对于特定土层条件，需要控制好水泥用量及水灰比，确保一定的泵送压力，合理选择下沉与提升速度，使得形成的 SMW 复合桩体满足设计所规定的强度和抗渗要求，从而保证基坑开挖过程中的稳定性。

（2）SMW钻掘搅拌施工。

① SMW工法桩施工顺序。

SMW工法桩的搭接以及成形搅拌桩的垂直度补正是依靠搅拌桩单孔重复套钻来实现的，以确保搅拌桩的隔水帷幕作用。SMW工法桩一般采用跳槽式双孔全套复搅式施工，但在特殊情况下（例如搅拌桩成转角施工或施工间断）也可采用单侧挤压式施工。

② 搅拌桩机钻杆下沉与提升。

按照搅拌桩施工工艺要求，钻杆在下沉和提升时均需注入水泥浆液。钻杆下沉速度不大于 1 m/min，提升速度不大于 2 m/min。现场设专人跟踪检测、监督桩机下沉、提升搅拌速度，可在桩架上每隔 1 m 设明显标记，用秒表测试钻杆速度以便及时调整钻机速度，以达到搅拌均匀的目的，在桩底部分适当持续搅拌注浆至少 15 s，确保水泥土搅拌桩的成桩均匀性，并做好每次成桩的原始记录。

（3）型钢插入。

① 型钢的减摩是型钢插入顶拔顺利进行的关键工序，应在施工中成立专业班组对此严格控制。减摩主要通过涂刷减摩剂实现。

② 型钢起吊前在型钢顶端50 mm处开一中心圆孔，孔径约100 mm，装好吊具和固定钩，根据引设的高程控制点及现场定位型钢标高选择合理的吊筋长度及焊接点，控制型钢顶定位误差小于30 mm，标高误差小于20 mm。

（4）钢支撑施工。

① 定出支撑两头中心点位置，确保支撑轴心受力。量测出两接触点实际长度，根据实测长度下料和拼接钢管。

② 钢支撑先预拼至设计长度，每根支撑设置一个活络端头，根据顺序分段架设钢支撑。用汽车吊整根吊起钢管支撑直到拼装完成。

③ 钢支撑吊装到位拼装完成后，在活络端头中锲紧垫块，用电焊焊接牢固，并施加设计预应力以确保钢支撑对顶牢固，解开起吊钢丝绳，完成该根支撑的安装。

④ 钢支撑拆除顺序为先拆除靠近墙板跨，再拆除中间部分和连接管，采用逐段分解拆除的方法进行。

4. 节点详图及实例照片

施工中部分节点详图及实例照片如图 1-20 ~ 图 1-23 所示。

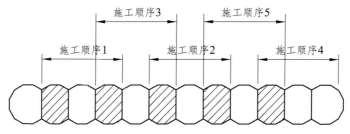

图 1-20　间隔式双孔全套复搅式施工顺序

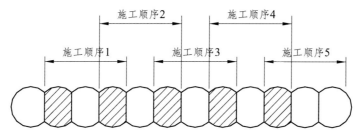

图 1-21　单侧挤压式施工顺序

图 1-22　型钢插入现场

图 1-23　钢支撑施工

六、桩头防水

1. 应用工程

滑浚站、焦作西站。

2. 技术要求

（1）按设计要求将桩顶剔凿至混凝土密实处，并清洗干净。

（2）破桩后如发现渗、漏水情况应及时采取堵漏措施。

（3）桩头顶面和侧面裸露处涂刷水泥基渗透结晶型防水涂料，并延伸至结构底板垫层 150 mm 处；桩头周围 300 mm 范围内抹聚合物水泥防水砂浆过渡层。

（4）涂刷水泥基渗透结晶型防水涂料时应连续、均匀，不得少涂或漏涂，并应及时进行养护。

（5）结构底板防水层设置在聚合物水泥防水砂浆过渡层上并延伸至桩头侧壁，其与桩头侧壁接缝处采用密封材料嵌填。

（6）桩头混凝土不得有缺棱掉角以及有松动的混凝土块等缺陷，桩面平整度≤15 mm。

（7）桩头的受力钢筋根部采用遇水膨胀止水条或止水胶，并采取保护措施。

3. 工艺做法

1）工艺流程

桩头表面清理→桩头受力钢筋根部粘贴遇水膨胀橡胶条→桩头顶面及侧面涂刷水泥基渗透结晶型防水涂料→桩头周围涂抹防水砂浆过渡层。

2）工艺要点

（1）桩头破除。

对挖出的桩头进行水准测量，放出实际的桩顶标高，对桩顶标高统一用红漆标识，采用无齿锯在标识出的桩顶标高线上侧 3～4 cm 处绕桩头环向一周切割，深度为 3～4 cm。切割时，不得损伤桩基钢筋，采用电风镐沿桩头自上而下凿出"V"型槽剥离混凝土。在桩顶标高以上 3 cm 处，水平环向间距 20 cm，采用风钻钻出断桩孔，将钢钎打入各个断桩孔中，反复敲击钢钎，使混凝土在环形断桩孔处断开。最后用吊车将已断裂脱离的桩头吊出，吊出桩头后由人工对桩头进行凿平处理并清理桩头周围浮渣，直至露出新鲜的混凝土，确保桩顶面平整、密实。

（2）桩头受力钢筋根部粘贴遇水膨胀橡胶条。

为防止地下水从桩头钢筋处渗入混凝土中，在剔凿完桩头清理完桩顶后，在桩头的竖向受力钢筋上粘贴遇水膨胀橡胶条。粘贴遇水膨胀橡胶条时，桩头必须清理干净，钢筋保持干燥，遇水膨胀橡胶条与钢筋必须粘贴牢固防止浇筑承台混凝土时发生位移，影响止水效果。

（3）桩头顶面及侧面涂刷水泥基渗透结晶型防水涂料。

桩头清理干净后开始涂刷水泥基渗透结晶型防水涂料，把调制好的水泥基渗透结晶采用毛刷均匀地涂刷在桩头周围。水泥基渗透结晶的厚度控制在 0.8～1.0 mm，涂刷范围由桩顶延伸至结构垫层 150 mm 以外。

（4）桩头周围涂抹防水砂浆过渡层。

水泥基渗透结晶涂刷完成后开始涂刷防水砂浆过渡层，过渡层厚度控制在 10～12 mm，范围控制在桩头外径以外 300 mm 以内，防水砂浆涂刷范围内必须涂刷均匀，不得漏刷。

4. 节点详图及实例照片

工程中部分节点详图及实例照片如图 1-24～图 1-27 所示。

防水钢筋混凝土底板及承台
50 mm厚≥C20细石混凝土保护层
隔离层
附加防水层
防水层
附加防水层
水泥基渗透结晶型涂料防水层
100~150 mm厚C15混凝土垫层
素土夯实

面层（见具体工程设计）
防水钢筋混凝土底板
20 mm厚1：2聚合物水泥砂浆防水层
水泥基渗透结晶型涂料防水层
钢筋混凝土桩头（清理干净）
密封膏密封

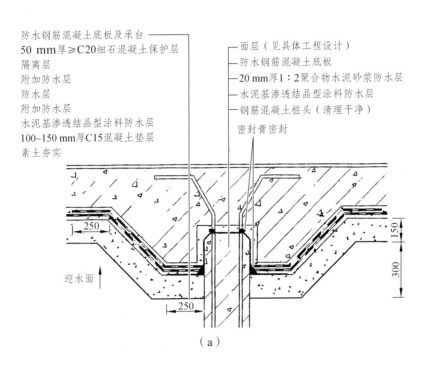

（a）

防水钢筋混凝土底板及承台
50 mm厚>C20细石混凝土保护层
隔离层
附加防水层
防水层
水泥基渗透结晶型涂料防水层
100~150 mm厚C15混凝土垫层，随捣随抹
素土夯实

面层（见具体工程设计）
防水钢筋混凝土底板
20 mm厚1：2聚合物水泥砂浆防水层
水泥基渗透结晶型涂料防水层
钢筋混凝土桩头（清理干净）
密封膏密封

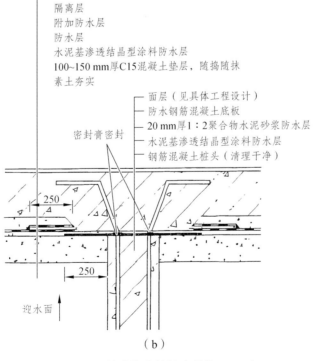

（b）

图 1-24　桩头防水构造（单位：mm）

图 1-25　桩头受力钢筋防水处理

图 1-26　涂刷水泥基渗透结晶涂料

图 1-27　涂刷防水砂浆过渡层

第二章
主体结构

第一节　混凝土结构

一、不同强度等级混凝土梁柱节点

1. 应用工程

长白山站。

2. 技术要求

当柱、墙混凝土设计强度比梁、板混凝土设计强度高两个等级及以上时，应在交界区域采取分隔措施，分隔位置应在低强度等级的构件中，且距高强度等级构件边缘不应小于500 mm。不同强度等级混凝土色泽分界清晰、无冷缝。

3. 工艺做法

1）工艺流程

附加定位钢筋及钢丝网拦截→高标号混凝土浇筑、振捣→低标号混凝土浇筑、振捣。

2）工艺要点

（1）采用钢丝网、竖向钢筋等隔离材料进行分离，分隔位置应在低强度等级的构件中，且距高强度等级构件边缘不应小于500 mm。

（2）为保证隔离界面的强度，防止浇筑过程中遭混凝土流淌冲击破坏，应采用焊接附加定位钢筋与 0.5～0.7 mm 钢丝网做成组合分隔层（作为高低等级混凝土的分界）。焊接附加定位钢筋采用ϕ10（14）竖向钢筋，间距为 100（50）mm。

（3）施工接缝处一定要加强振捣，同时一定要满足高标号混凝土的浇筑量。在浇筑混凝土的过程中要控制好高、低标号混凝土的输送量，要以"宁高勿低、高多低少"的灌入原则进行投料，以防高标号构件误用低标号混凝土。在最先浇筑的混凝土初凝前完成所有混凝土的浇筑。

（4）高标号与低标号混凝土（如 C50 墙柱和 C40 梁板）水泥、外加剂和矿物掺合料保持一致（尤其是外加剂），保证其对混凝土的凝结时间及颜色影响较小，避免产生收缩裂缝。

4. 节点详图及实例照片

施工中部分节点详图及实例照片如图 2-1～图 2-4 所示。

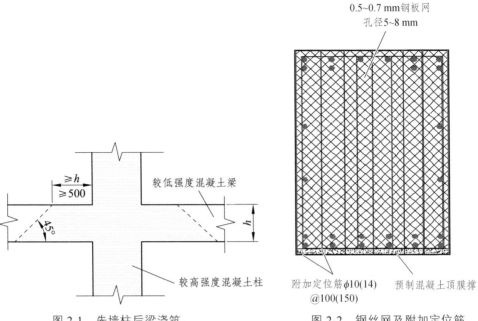

图 2-1 先墙柱后梁浇筑   图 2-2 钢丝网及附加定位筋

图 2-3 梁柱施工现场

图 2-4 梁柱成形现场

二、施工缝处理

1. 应用工程

杭州西动车所盖板工程。

2. 技术要求

施工缝处，混凝土硬化后方可进行剔凿处理。剔凿前，应先使用切割机在距离结构边 3 ~ 5 mm 位置进行切割，再进行剔凿，剔凿深度为 20 ~ 25 mm，直到剔除软弱层及松动石子露出坚硬混凝土为止。

3. 工艺做法

1）工艺流程

施工缝留设→施工缝侧模支设→施工缝处理。

2）工艺要点

（1）施工缝留设。

混凝土施工缝不应随意留设，其位置应事先在施工技术方案中确定。施工缝留设的原则为尽可能留设在受剪力较小的部位，且留设部位应便于施工。

（2）施工缝侧模支设。

施工缝处顶板底部筋垫厚木条，保证底部钢筋保护层厚度。上、下层筋之间用木板保证净距，与底部筋接触的木板侧面按底部钢筋间距锯成豁口，卡在底部钢筋上，并采用压型钢板密封。

（3）施工缝处理。

① 在施工缝处继续浇筑混凝土时，已浇筑的混凝土抗压强度不应小于 1.2 MPa。

② 施工缝应剔除软弱层及松动石子、松动混凝土，以及木条等杂物，露出密实混凝土。

③ 施工缝处碎渣等应清理干净，外露钢筋插铁所沾灰浆油污应清刷干净，接茬处理应到位，接缝平实。

④ 在浇筑混凝土前，要用水润湿施工缝处旧混凝土面和模板，然后再浇筑混凝土。

4. 节点详图及实例照片

施工中部分节点详图及实例照片如图 2-5～图 2-8 所示。

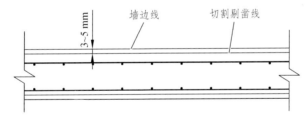

图 2-5　墙柱水平施工缝处理平面

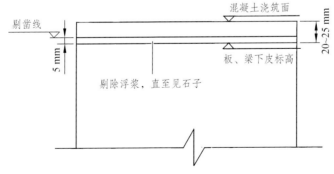

图 2-6　墙柱水平施工缝处理立面

图 2-7　墙柱水平施工缝处理

图 2-8　墙柱施工缝处理

三、超大面积盖板跳仓法浇筑

1. 应用工程

北京朝阳站、杭州西动车所盖板工程。

2. 技术要求

（1）根据结构特点及工期要求，按照封仓时间间隔不少于 7 d 的要求确定跳仓时间。

（2）调整混凝土配合比，降低混凝土凝结过程中水泥的水化反应，有效控制温度应力，防止产生温度裂缝。

3. 工艺做法

1）工艺流程

结构分仓→混凝土试配→施工准备→模板检查与复核→混凝土运输→混凝土浇筑→抹面收光→混凝土养护。

2）工艺要点

（1）结构分仓。

根据原设计的后浇带进行结构分仓，跳仓接缝处按施工缝的要求进行设置和处理。可适当调整施工缝位置，施工缝的留设位置应在混凝土浇筑之前确定。施工缝宜设在结构受剪力较小且便于施工的位置。受力复杂的结构构件或有防水抗渗要求的结构构件，其施工缝位置应经设计单位确认。

跳仓法的原则为"隔一跳一"，即至少隔一仓块跳仓或封仓施工，跳仓后封仓间隔施工的时间不少于 7 d，按照封仓间隔确定跳仓时间，避免出现收缩应力太大的情况，而产生有害裂缝。

（2）混凝土试配。

由于水泥在水化过程中要产生大量的热量，大体积混凝土截面厚度大，水化热聚集在结构内部不易散失。当混凝土的内部与表面温差过大时，就会产生温度应力和温度变形，产生温度裂缝。

在混凝土强度满足要求的前提下，选择低水热化水泥，优化混凝土配合比，严格控制水泥用量，从而有效控制混凝土温度应力和减少混凝土收缩变形。混凝土试配主要从塌落度、水灰比、砂率、单位用水量等方面进行反复的试验调整，以此来确定最优配合比，经相关单位审核通过后确定分仓浇筑的配合比。

4. 节点详图及实例照片

施工中部分节点详图及实例照片如图 2-9、图 2-10 所示。

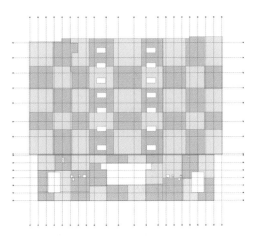

图 2-9 跳仓法施工分区

图 2-10 跳仓法施工现场

四、落客平台匝道桥连接变形缝防排水

1. 应用工程

长白山站。

2．技术要求

无渗漏水、排水通畅，变形缝变形量满足设计规范要求。

3．工艺做法

1）工艺流程

变形缝混凝土结构排水沟施工→变形缝排水沟防水施工→排水板安装→变形缝龙骨安装→变形缝水箅子安装→弹性橡胶条安装。

2）工艺要点

（1）在结构设计施工阶段，在落客平台靠近高架匝道桥的方向，在梁侧下挂混凝土结构排水沟。排水沟底板上设置排水口，水沟内坡向排水口位置，坡度为 0.5%。

（2）变形缝排水沟内防水施工，与落客平台防水形成整体闭合防水层。

（3）安装深灰色镀锌钢板作为排水板，镀锌钢板与匝道桥结构间缝隙采用密封胶封堵，相邻两排水板之间采用自攻钉固定后采用密封胶封堵。

（4）在高架匝道桥箱型钢结构采用方矩钢管每隔 1 m 焊接三角支撑，在高架匝道桥上浇筑混凝土挡台，在变形缝两侧安装热镀锌角钢作为排水箅子的框架，挡台外安装路缘石，顶部同落客平台装饰面做法相同，铺贴毛面花岗岩地砖。

（5）变形缝装饰面中安装可开启式热镀锌排水箅子，箅子的图案样式可结合地方文化进行设计加工，两侧共预留 30 mm 宽位置，安装弹性橡胶条，预留变形空间。

4．节点详图及实例照片

施工中部分节点详图及实例照片如图 2-11 ~ 图 2-13 所示。

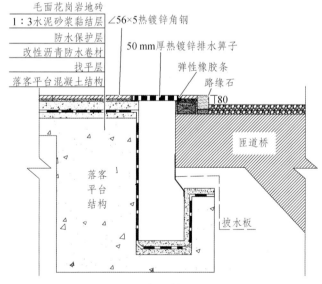

图 2-11　变形缝排水沟节点

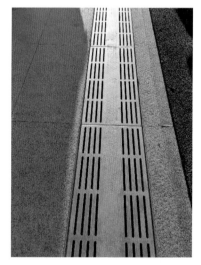

图 2-12　排水沟箅子安装

图 2-13　变形缝排水沟

五、方柱模板加固扣件

1. 应用工程

长白山站。

2. 技术要求

插销固定紧固，加固扣件间距满足方案交底要求，方柱模板垂直度偏差 < 8 mm，相邻模板表面高差偏差 < 2 mm，表面平整度偏差 < 5 mm。

3. 工艺做法

1）工艺流程

模板定位放线→安装模板→安装钢木龙骨→安装加固扣件→安装插销→模板验收。

2）工艺要点

（1）根据控制线进行结构柱边线及 50 控制线（建筑禁高控制线）定位，以确保结构柱平面定位准确。

（2）设置模板定位筋，安装模板，注意在模板的拼合缝处使用双面胶贴紧防止拼缝处漏浆，柱底模板一侧留设 100 mm × 100 mm 清扫口便于清理施工垃圾以保证根部混凝土浇筑质量。

（3）根据方柱截面尺寸，选择相应规格型号加固扣件，在柱的四个阳角位置安装方柱辅助支架，注意卡槽接口的吻合情况，确保辅助支架都在同一平面内，以保证下一步中的加固扣件水平。

（4）将四片方柱扣件尾端依次穿过相邻扣件头端折弯空间，同时要保证每一片加固扣件头端空间卡住另一片卡箍尾端，水平放置在辅助支架上，同时安装插销，敲紧连接牢固后方可拆除辅助支架。

4. 节点详图及实例照片

施工中部分节点详图及实例照片如图2-14、图2-15所示。

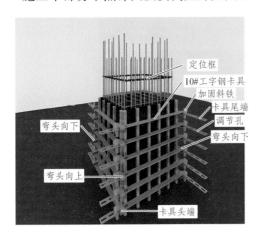

图 2-14　方柱扣安装模型

图 2-15　方柱扣安装现场

六、管线穿梁预埋

1. 应用工程

北京朝阳站、北辰站。

2. 技术要求

定位钢筋需要焊接牢固，同时预埋管、预留孔洞的位置应满足设计和施工方案要求。埋件管、预留孔中心线位置其位置偏差不超过±3 mm，预留洞中心位置偏差不超过±10 mm，预留洞尺寸偏差不超过+10 mm。

3. 工艺做法

1）工艺流程

施工准备→预留洞模板、预埋管加工制作→预留洞模板、预埋管安装固定→混凝土浇筑→模板拆除、表面清理。

2）工艺要点

（1）施工准备。

根据设计要求及管线排布情况对结构梁洞及预埋管位置进行布置，尽可能减少梁洞数量，同时考虑钢筋及预应力钢绞线位置。

（2）预留梁洞模板制作。

根据图纸要求，采用木胶板拼装预留梁洞方盒模板，要求方盒尺寸准确，拼装牢固；埋件管两侧采用胶带进行封堵，避免混凝土漏浆至管内，拆模后不易清洗。

（3）预留梁洞模板、埋件管安装固定。

待梁体主筋、箍筋绑扎完成后，梁体侧模安装前，进行梁洞模板、埋件管安装，采用附加短钢筋与主筋焊接来固定梁洞模板和埋件管。

（4）混凝土浇筑。

混凝土浇筑过程中，应注意振捣棒位置，避免振捣棒直接与梁洞模板、埋件管直接接触。

（5）模板拆除、表面清理。

待混凝土强度等级达到拆模要求时，将梁洞模板同结构梁体模板一同拆除，拆除过程中应注意梁洞转角位置，避免拆模后混凝土缺棱掉角，同时将梁洞位置模板清理干净，避免后期管线无法穿过。

4. 节点详图及实例照片

施工中部分节点详图及实例照片如图 2-16 ~ 图 2-19 所示。

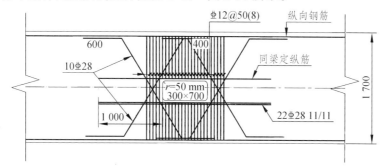

图 2-16　梁体洞口设计图纸（单位：mm）

图 2-17　模板安装现场

图 2-18　梁体预留洞口成形

图 2-19　梁体预留洞口穿线

七、承轨层箱梁一次浇筑

1. 应用工程

菏泽东站。

2. 技术要求

对支撑架及马凳进行设计优化确保钢筋笼整体稳定，同时确保使用模板制作的组合小单元箱体尺寸准确，整个施工工艺衔接过程流畅快速。

3. 工艺做法

1）工艺流程

架体搭设→支设箱梁底模→绑扎箱梁钢筋→安装预应力波纹管及钢绞线→安装箱梁内、外侧模板→分段浇筑箱梁底板混凝土→分层浇筑腹板混凝土→分段浇筑箱梁顶板混凝土→覆盖养护→预应力张拉→孔道灌浆→模板拆除。

2）工艺要点

（1）支设箱梁底模，安装箱梁钢筋及波纹管。由于箱梁钢筋较重，需要设置多道支撑架及马凳。马凳采用直径为 32 mm 的钢筋制作，间距为 1.5 m，并分别在两个方向设置钢筋斜撑。在去除第 1 层钢筋支撑架前，钢筋马凳应全部完成。

（2）箱梁外侧模板采用 15 mm 厚木胶板，主次龙骨采用双钢管和钢木龙骨。模板加固时采用外侧顶撑主龙骨、内部通过在马凳筋上焊接螺杆拉结主龙骨的方式进行加固。

（3）从预留洞口另一端开始浇筑箱梁底板混凝土，高度浇筑至箱体导轨处且露出导轨，长度浇筑至空腔中部，并振捣密实。

（4）从预留洞口处下放组合箱，将钢丝绳置于箱体凹槽内并牵引推进。必要时可人工用撬棍在组合箱的后面助力辅助牵引。待组合箱到达定位位置后用辅绳回抽主绳，微调后立即安装组合箱顶板和两侧的钢筋垫块，起到固定组合箱和抗浮的作用，其中组合箱两侧的垫块可以用镀锌铁丝吊至顶板钢筋，顶部垫块用撬棍辅助安装。

（5）重复上一步，依次向前牵引推进，组合箱拼装要严密、平整，并随着组合箱的到位左右微调，控制腹腔两侧的混凝土保护层厚度。

（6）整个推进过程中，根据混凝土初凝时间适当浇筑已放置组合箱的两侧腹板，每次浇筑不超过 300 mm，防止出现冷缝。所有组合箱安放完毕后，方可进行下一阶段施工，依次浇筑腹板与顶板混凝土，振捣密实，防止漏振、欠振或过振，振捣过程中应避免碰撞组合箱、预应力筋、波纹管、灌浆孔、排气孔、锚固端等。

（7）最后进行洞口封堵，浇筑完毕后要及时覆盖、保湿养护。

4. 节点详图及实例照片

施工中部分节点详图及实例照片如图 2-20 ～ 图 2-25 所示。

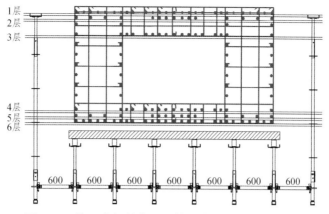

图 2-20　施工中钢筋临设支撑架布置（单位：mm）

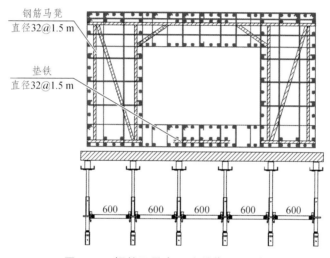

图 2-21　钢筋马凳布置（单位：mm）

图 2-22　混凝土箱梁底板首次浇筑示意（单位：mm）

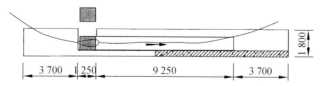

图 2-23　首次安放组合箱（单位：mm）

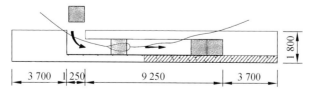

图 2-24　组合箱依次推进到位（单位：mm）

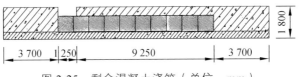

图 2-25　剩余混凝土浇筑（单位：mm）

第二节　砌体结构

一、砌体结构砌筑

1. 应用工程

台州站、菏泽东站、长白山站。

2. 技术要求

墙面垂直度≤5 mm，表面平整度≤8 mm，竖向相邻灰缝错开不小于 1/3 砖长，错缝呈一条直线。

3. 工艺做法

1）工艺流程

结构处理→墙体放线→立皮杆数→打眼、植筋→圈梁、构造柱钢筋绑扎→墙体砌筑。

2）工艺要点

（1）在二次结构砌筑前，应测量放线出建筑 1 米线、二次结构墙身位置线、墙体外 30 cm 控制线、门窗洞口位置线及其他需要预留的位置线，并标识清晰、明确。

（2）二次结构砌筑前应绘制排砖图，排砖应做到统一、整齐、美观。通过排砖实现灰缝位置的控制、洞口位置的控制、拉结筋位置的控制，并对砌体提前统一定尺加工以达到减少损耗的目的。

（3）砌块的相对含水率对砌体的施工质量影响很大，故砌筑前应根据砌块类型、施工工艺、气候条件等确定对砌块何时浇水润湿或是否浇水湿润。当采用普通砂浆砌筑时，块体的湿润程度应符合下列规定：

① 烧结空心砖的相对含水率宜为 60%～70%。

② 吸水率较大的轻骨料混凝土小型空心砌块、蒸压加气混凝土砌块的相对含水率宜为 40%～50%。

（4）砌筑前应设置皮数杆带线，转角处均应设立，保证"上跟线，下跟棱，左右相邻要对平"。

（5）砌筑灰缝横平竖直、厚薄均匀，不得出现假缝、瞎缝、通缝。灰缝饱满度≥80%，水平灰缝平直度≤10 mm。竖向相邻灰缝错开不小于 1/3 砖，错缝呈一条直线。

（6）砌体结构上管线、线盒开凿前应弹线切割，保证开凿顺直、规整。线槽切割开凿宜采用专用器具，未经设计同意，严禁开水平槽。线槽封堵应密实，平整，修补完成面低于墙面 2 mm，以便后续抹灰挂网找平。

（7）为减少砌筑墙体收缩变形的不利影响，墙顶斜砌砖施工应在砌筑完 14 d 后进行。

（8）塞口斜砖水平角度在 60°～90°之间，由墙体中间向两侧呈"倒八字"砌筑。塞口斜砖须采用专用实心砖。中部及两端采用混凝土预制混凝土三角块支垫斜砖。

4. 节点详图及实例照片

施工中部分节点详图及实例照片如图 2-26～图 2-29 所示。

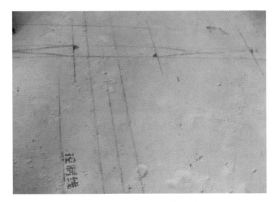
图 2-26　测量放线现场

图 2-27　墙面整体砌筑效果

图 2-28　墙面线槽开槽器具及开槽

图 2-29　墙顶斜砌砖混凝土预制三角块

二、砌体构造柱

1. 应用工程

台州站、菏泽东站、长白山站。

2. 技术要求

构造柱模板加固应采用对拉螺杆穿构造柱加固，马牙槎凹凸尺寸 ≥60 mm，高度 ≤300 mm。

3. 工艺做法

1）工艺流程

钢筋验收→构造柱、圈梁模板支设→混凝土浇筑→拆模、养护→成品保护。

2）工艺要点

（1）二次结构砌构造柱应提前优化确认，在二次结构深化图纸中明确构造柱位置、尺寸及构造做法，并经设计等相关单位签字确认。

（2）拉结筋应提前加工成型，严禁现场弯折。拉结筋间距≤500 mm，入二次结构墙深度≥600 mm，竖向间距差≤100 mm，末端90°弯钩。

（3）马牙槎应先退后进，上下对齐，对称砌筑。马牙槎凹凸尺寸≥60 mm，高度≤300 mm。

（4）构造柱模板加固，应采用对拉螺杆穿构造柱加固，不得在砌体墙上随意开洞。

（5）为保证构造柱混凝土浇筑密实，宜在构造柱模板顶部设置漏斗形下料口，下料口高出构造柱顶面50 mm。浇筑时漏斗中也浇满，拆模后打凿掉即可。

（6）砌体马牙槎与模板接触边缘应粘贴双面胶带，防止漏浆。构造柱与砌体交接处平整，马牙槎棱角清晰，无漏浆、气孔、起皮、烂根等质量通病。

4. 节点详图及实例照片

施工中部分节点详图及实例照片如图2-30～图2-32所示。

图2-30　构造柱模板穿墙螺杆设置在构造柱中

图2-31　顶部漏斗形浇筑口

图2-32　墙体转角处构造柱成形效果

第三节　钢结构

一、大跨度空间钢结构整体提升

1. 应用工程

北京朝阳站、菏泽东站、台州站等。

2. 技术要求

（1）地锚安装时，上、下吊点的垂直偏斜宜小于 1.5°，单根钢绞线偏转角度应小于 15°，上下吊点垂直偏斜应小于 1°。

（2）当采用穿心式液压千斤顶提升桁架时，相邻提升点不同步应为相邻距离的 1/250，且不应大于 25 mm。不同步计算时，最高点与最低点提升差值宜按 50 mm 计算。根据现场设备实际测量精度，各点提升力偏差不超过 10%，计算时按 20%考虑。

（3）提升计算中，同步提升与不同步影响下杆件应力比均控制在 0.85 以下，对同一提升点进行位移和反力不同步影响计算。

（4）被提升结构提升过程中弯曲变形宜小于提升点距离的 1/250。考虑提升过程中风荷载等水平荷载，保证每个提升支架能够承受其提升力 5%的水平力。

3. 工艺做法

1）工艺流程

施工准备（液压专用设备、设施进场）→提升分区→设计提升点→优化结构提升架结构形式→测量放线→拼装钢结构屋盖桁架→提升格构支撑组装→桁架拼装焊接、自检、验收→液压提升装置平台安装→液压提升设备安装→穿钢绞线→专用吊具与提升吊点连接→提升支撑架、钢绞线安装验收→液压提升系统检查→钢绞线张紧，预提升→提升至设计位置→分区固定支撑安装到位、分区嵌补→验收→卸载→液压提升系统、支撑架拆除→完成空间桁架提升→验收。

2）工艺要点

（1）施工准备。

对桁架安装所使用的桁架杆件、铸钢件、檩托、檩条、高强螺栓及提升所需的提升油缸、液压泵站、钢绞线等材料的品种、规格进行现场验收。

（2）主体结构精度控制。

整体提升前，多次对结构复测，采取高空分段合龙的安装方法，使用二级提升法。整体提升前，对屋盖钢结构已安装结构进行复测，获得对接端口的坐标数据，通过计算分析，对提升结构进行适当加固以减小变形。

（3）安装过程精度控制措施。

① 桁架胎架支撑定位测量。对胎架定位、垂直度及标高进行测量，有效控制桁架安装精度误差。

② 主桁架定位测量。主桁架安装过程中保持跟踪测量，控制精度，确保下一阶段能顺利整体提升合龙。

（4）焊接过程控制要点。

为防止焊接应力过度集中，减少焊接变形，严格控制焊接顺序，防止产生厚度方向上的层状撕裂，并严格按照工艺文件中规定的焊接方法、工艺参数、施焊顺序等进行。

（5）提升点及提升架设置。

根据屋盖荷载传递路线，尽可能以原支承结构作为提升吊点，或在原支撑结构附近设置提升支架，布设的提升点应满足桁架变形和应力在相关规范可控范围内。

（6）提升系统安装及验收。

① 系统组成。计算机控制液压同步提升系统由钢绞线及提升油缸集群（承重部件）、液压泵站（驱动部件）、传感检测及计算机控制（控制部件）和远程监视系统等组成。

② 设备调试。连接电源，检查设备的设置参数是否正确，启动设备后，进行一系列的设备测试，包括运行测试/负载测试和控制系统测试等。根据测试结果，适当地调整设备参数，以确保设备的运行稳定和质量达到要求。

③ 提升设备检查。审查提升器进场合格证、检查报告，现场检查提升器设备是否处于完好状态，审查钢绞线合格证、材质证明文件，现场见证取样送检以确保钢绞线质量。提升前，对提升支撑平台、上吊点、下吊点、液压泵站及油路等进行检查验收，以确保提升平台结构合格、稳定。

（7）提升加载及过程监控。

① 结构离地检查时，桁架结构单元离开拼装胎架约 200 mm 后，应利用液压提升系统设备进行锁定，空中停留 12 h 以上的做全面检查（包括吊点结构、承重体系和提升设备等），并将检查结果以书面形式报告现场总指挥部。各项检查结果正常无误后，再进行正式提升。

② 以计算机仿真计算的各提升吊点反力值为依据，对桁架钢结构单元进行分级加载（试提升），各吊点处的液压提升系统伸缸压力应缓慢分级增加，依次为 20%、40%、60%、80%。在确认各部分无异常的情况下，可继续加载到 90%、95%、100%，直至桁架钢结构全部脱离拼装胎架。各吊点微调精确提升到达设计位置，液压提升系统设备暂停工作，保持结构单元的空中姿态进行高空合龙。

③ 根据需要，对整个液压提升系统中各个吊点的液压提升器进行同步微动（上升或下降），或者对单台液压提升器进行微动调整。微动即点动调整精度可达到毫米级，满足桁架钢结构单元安装的精度需要。

④ 卸载与提升设备拆除时，应在后装杆件全部安装完成后进行卸载工作。按计算的提升载荷为基准，所有吊点应同时下降卸载 10%。应调整泵站频率，放慢下降速度，密切监控计算机控制系统中的压力和位移值。当吊点载荷超过卸载前载荷的 10%或者吊点位移不同步达到 10 mm 时，应停止其他点卸载，单独卸载异常点，重复操作直至钢绞线彻底松弛。

4. 节点详图及实例照片

施工中部分节点详图及实例照片如图 2-33 ~ 图 2-41 所示。

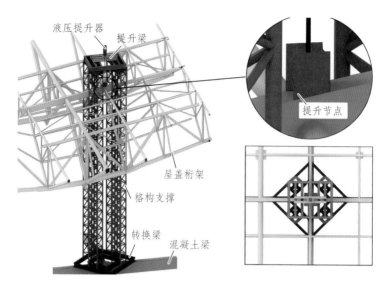

图 2-33 格构式支架及提升节点

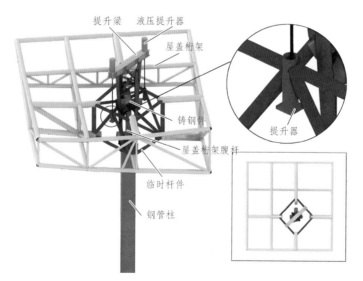

图 2-34 圆管柱提升架及提升节点

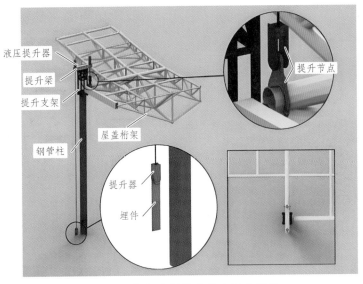

图 2-35　桁架边侧防止偏心受力措施

图 2-36　格构柱安装实例

图 2-37　提升平台安装

图 2-38　提升油缸及提升钢梁安装

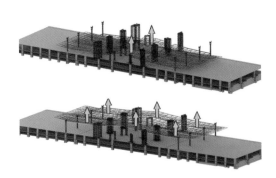

图 2-39　整体提升

图 2-40 整体提升到位实例

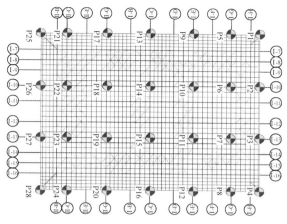

图 2-41 卸载变形观测点设置

二、大型钢桁架高空累积滑移

1. 应用工程

北京朝阳站、长治东站。

2. 技术要求

（1）桁架的滑移速度控制在 5 m/h，两条滑轨控制两组爬行器误差在 10 mm 内，对滑移的距离及桁架的上下弦杆进行测量控制。

（2）桁架滑移及屋面完成后，应分别测定其挠度值，所测的挠度值不应超过相应设计值的 1.15 倍。

（3）桁架滑移时两端不同步值不应大于 50 mm。各工程在滑移时应根据情况，经验算后自行确定不同步值，两点牵引时应小于上述规定值，三点牵引时经验算后值应更小。

3. 工艺做法

1）工艺流程

施工准备（构件制作、运输、操作架搭设）→测量放线→滑移轨道支撑架组装→滑移轨道支撑架底座安装→滑移轨道支撑架吊装→滑移轨道吊装→滑移轨道滑靴吊装→滑移总拼平台吊装→单品桁架拼装、自检、验收→高空组拼第一块滑移单元（坐落在滑靴）→滑移单元全面检查→计算机控制液压同步滑移系统安装→滑移至设计位置→重复上述步骤、逐块拼装滑移到位→桁架支撑焊接、自检、验收→滑轨拆除→结尾清理→验收。

2）工艺要点

（1）施工准备。

对桁架安装所使用的桁架杆件、铸钢件、檩托、檩条、高强螺栓及滑移所需的滑轨、液压泵站、钢绞线等材料的品种、规格进行现场验收。

（2）滑轨安装。

① 根据现场施工轴线对滑移轨道支撑架底座安装位置进行放线，并对其场地的平整

度进行平整测验，将 1.5 m×1.5 m 的标准段格构支撑和底座按照设计图纸位置分别进行安装。

② 滑轨梁、轨道梁腹板上每隔 1.5 m 设一块加劲板，间隔 1.5 m 的轨道梁间用角钢连系，每隔 3 m 设置一道，间隔 22 m 的轨道梁间用型钢连系。滑轨与支撑架之间采用电焊进行连接，对接为一级全熔透焊接。

③ 轨道梁下以 1.5 m×1.5 m 的标准段格构支撑作为支撑体系，格构支撑落于混凝土柱顶或混凝土主梁顶，每个支撑底部设置预埋件以增强结构整体稳定性，滑移支架落于混凝土梁上的部位，需采用圆管回顶梁底，直至回顶。

④ 滑靴包括两种，一种为主动滑靴，一种为被动滑靴。主动滑靴上安装夹轨器，为桁架滑移提供动力；被动滑靴无夹轨器，不提供动力。被动滑靴根据结构形式不同分为两种，一种与圆管柱连接，另一种与格构支架连接，轨道两侧设限位挡板，限位挡板厚度≥20 mm；限位挡板与轨道间预留 50 mm 变形消耗间隙，避免卡轨。

（3）过程监测。

① 首次滑移时，由于桁架的滑移支点最少，为确保滑移的稳定性以及滑移水平力的传递，需设置圆管斜撑，以及水平圆管，从第二次滑移起，只需在滑靴间设水平圆管。

② 滑移单元进行拼装，采用全站仪检查桁架的纵、横向尺寸和桁架高度。

③ 滑移单元的桁架在拼装过程中应及时检查各个支点的变形情况。

④ 滑移单元拼装、焊接完成后，采用超声波探伤仪对桁架进行全面检查。

（4）液压同步滑移系统安装。

① 液压同步滑移技术采用液压爬行器作为滑移驱动设备。

② 计算机控制液压同步滑移系统由夹轨器（含顶推油缸）、液压泵站（驱动部件）、传感检测及计算机控制（控制部件）等几个部分组成。

（5）桁架滑移。

① 桁架滑移前需对液压同步滑移系统进行检查。

② 启动泵站，调节一定的压力（5 MPa 左右），检查伸缩爬行器油缸的油管、截止阀、比例阀等。调节一定的压力（2～3 MPa）进行预加载，使楔形夹块处于基本相同的锁紧状态。

③ 桁架进行预滑移，对监测的各点位置与负载进行记录，根据系统的同步控制状况，比较各点的实际载荷和理论计算载荷，并根据实际载荷对各点载荷参数进行调整。

④ 调整完成后，计算机进入自动操作程序，开始进行钢结构的整体滑移。通过计算机控制整个桁架的同步滑移，直至滑移到位。

⑤ 重复桁架拼装、滑靴安装、桁架滑移步骤，将后续的滑移单元与前一滑移单元进行对接，直至所有的滑移单元滑移到位。

4. 节点详图及实例照片

施工中部分节点详图及实例照片如图 2-42～图 2-50 所示。

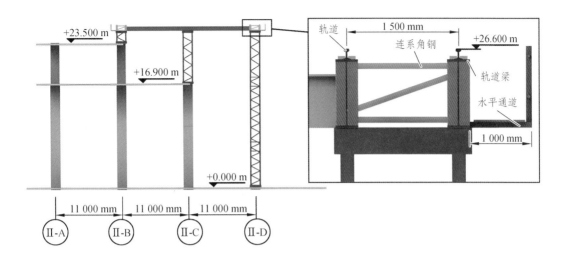

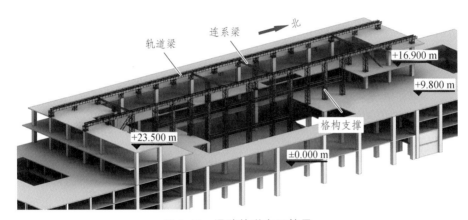

图 2-42　滑移轨道布置效果

图 2-43　滑移轨道支撑架组装实例

图 2-44　滑移轨道吊装实例

图 2-45　滑移桁架总拼平台吊装实例

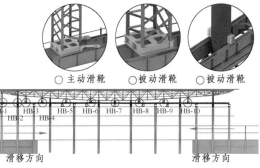

图 2-46　滑靴形式效果

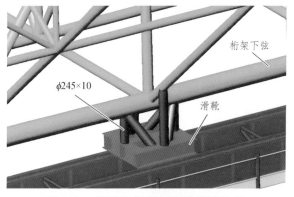

图 2-47　滑靴与桁架间连接措施效果

图 2-48　滑移轨道滑靴吊装焊接实例

图 2-49　高空组拼第一块滑移单元实例

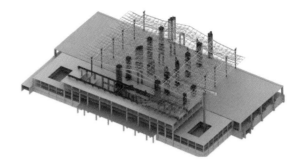

图 2-50　桁架滑移效果

三、钢结构网架液压顶升

1. 应用工程

墨江站。

2. 技术要求

（1）钢结构网架整体顶升时，各顶升点的允许差值为各相邻顶升支柱间距的 1/1 000，且不大于 10 mm。偏差控制在总长的 1/2 000 且不大于 30 mm，中心偏移允许值为跨度的 1/3 000 且不大于 30 mm，网格轴线、锥体允许偏差为 2 mm。

（2）为确保顶升塔架的垂直，在顶升塔架安装过程中应配合经纬仪，垂直度不大于 $2H/1 000$（H 指顶升塔架高度）。应确保千斤顶垂直，千斤顶中心与顶升结构中心线偏移值不应大于 5 mm。

（3）桁架顶升作业时，千斤顶的起重量不应超负荷，千斤顶的起重能力宜大于重物重力的 1.5 倍。使用几台千斤顶联合顶升同一设备时，应选用同一型号的千斤顶，且每台千斤顶的额定起重量不得小于所承担设备重力的 1.2 倍

3. 工艺做法

1）工艺流程

提升点布置→液压提升设备安装→网架顶升前检查→选定临时顶升点→调试顶升设备→试顶升→正式顶升→连续顶升→网架就位→顶升设备拆除。

2）工艺要点

（1）施工准备。

对桁架安装所使用的桁架杆件、铸钢件、檩托、檩条、高强螺栓及顶升所需的顶升油缸、液压泵站、钢绞线等材料的品种、规格进行现场验收。

（2）提升点布置。

根据网架的平面布置及网架网格的尺寸，均匀布置提升点，每一个点位均能承受该区域构件总重量。钢结构网架、桁架顶升前应选择好临时顶升点。如果钢结构网架、桁架顶升过程中刚度不够，应对被顶升的钢结构网架、桁架进行加固。

（3）液压提升设备安装。

根据顶升点布置图，顶升设备的组装是在设备顶端加接钢制顶升帽，钢制顶升帽与网架上弦钢球作为顶点相连。每套提升设备上部使用 4 条紧固件相连接，使网架与提升设备形成几何不变体系成为一体。每一顶点安放一台液压顶升机，顶升机的下端顶帽连接多节格构式承重架，承重架用钢销、高强螺栓相连接。

（4）网架顶升前检查。

钢网架顶升前要进行自检，检查焊缝是否合格，轴线是否准确。确认所有数据均符合设计要求后，才能顶升。

（5）调试顶升设备及预顶升。

应先进行试顶升，液压顶升同步系统采取分级加载的方法进行预加载，宜按设计顶升力的 20%、40%、60%、70%、80%、90%、100%的顺序依次加载，直至网架结构脱离拼装胎架并顶升 150～200 mm，空中停留，单点调整各个顶升点的标高，使得网架结构处于水平状态。观测 12 h，如有变形可及时加固，同时还应观察顶升设备的承载能力，宜保持各顶升点同步，防止倾斜。

（6）正式顶升。

试顶升正常后应进行正式顶升，在确保同步顶升系统设备、临时措施及永久结构（混凝土柱、连廊等）安全的情况下，同步顶升。顶升机每顶升一节格构式承重架，将下一节格构式承重架接好，在顶升过程中，液压顶升设备顶升高度超过 15 m 后，应在顶升设备 4 个方向设置揽绳，每根揽绳靠近地面端设置一个稳定倒链，倒链规格根据计算拉力确定。钢结构网架、桁架顶升完成后，紧固倒链，使揽绳受力，等网架顶升时，放松倒链，使网架能自由顶升。

（7）顶升就位及顶升设备拆除。

钢结构网架、桁架顶升至设计位置，检查钢结构网架、桁架各支座受力情况，检查钢结构网架、桁架的拱度和起拱度，检查钢结构网架、桁架的整体尺寸。焊缝质量检查合格后卸载并拆除设备，拆除设备应缓慢进行，防止网架局部变形，先将合拢用的各种倒链分头拆除，恢复钢结构网架、桁架的自然状态，最后分别拆除每一格构式承重架。

4. 节点详图及实例照片

施工中部分节点详图及实例照片如图 2-51～图 2-57 所示。

图 2-51　地面网架拼装胎架及定位

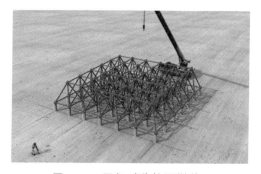

图 2-52　网架对称扩展拼装

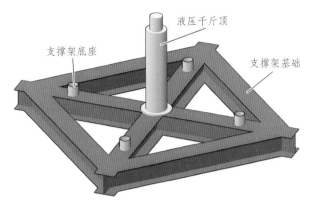

图 2-53 顶升装置

图 2-54 顶升装置示例

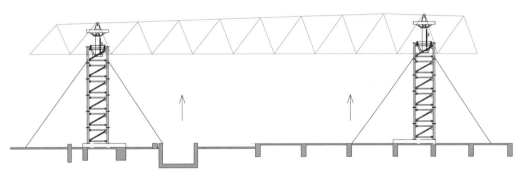

图 2-55 顶升过程中揽绳的布置（单位：mm）

图 2-56 钢网架顶升过程实例

图 2-57 钢网架顶升完成实例

四、钢结构桁架高空吊装

1. 应用工程

菏泽东站。

2. 技术要求

（1）桁架在拼装时可预先起拱，预起拱值应经过计算并经设计单位确认，宜为10~15 mm。

（2）平面呈矩形的周边支承两向正交斜放桁架，总的安装顺序宜由建筑物的一端向另一端呈三角形推进。网片安装中为防止累积误差，应由屋脊网线分别向两边安装。

（3）平面呈矩形的三边支承两向正交斜放桁架，总的安装顺序应在纵向应由建筑物的一端向另一端呈平行四边形推进，在横向应由三边框架内侧逐渐向大门方向逐条安装。

3. 工艺做法

1）工艺流程

施工准备→拼装胎架安装→拼装胎架测量→钢结构分单元组装→钢结构分单元吊装、校正固定→焊接→验收。

2）工艺要点

（1）施工准备。

根据土建提供的纵横轴线和水准点，将验线有关技术问题处理完毕。应复核承重柱的定位轴线，纵横向轴间尺寸应满足设计要求，偏差在标准允许的偏差范围内。宜按施工平面布置图划分材料堆放区、杆件制作区、拼装区、堆放区，构件宜按吊装顺序进场。

（2）拼装胎架安装。

① 胎架设置应与相应的结构设计、分段重量及高度进行全方位优化选择。胎架搭设后不得有明显的晃动，并验收合格。

② 胎架旁应建立观察点，防止因刚性胎架沉降引起的变形。

③ 胎架应根据结构类型进行设计。

（3）拼装胎架测量。

① 胎架设置完成后，对胎架的总长度、宽度、高度等进行全方位测量校正，然后对桁架杆件的搁置位置建立控制网格，对各点的空间位置进行测量放线，设置好杆件的限位块。

② 胎架在完成一次拼装后，对其尺寸进行检查、复核。

（4）钢结构分单元组装。

依据各单元的结构形式对钢结构分单元进行组装，对组装完成的单元体进行质量验收。

（5）钢结构吊装、校正固定。

① 桁架吊装时，若构件较重，需单独分段进行吊装。吊装顺序为先吊装柱节点桁架，然

后吊装柱节点之间的连接桁架，按此顺序依次吊装其他桁架。

② 顺轨桁架吊装时，吊装就位及时与内侧主桁架及外侧框架柱连接，固定牢固后再进行摘钩。当顺轨轴两榀主桁架吊装完成后，应及时与顺轨轴两侧桁架的上下弦杆进行连接，以保证桁架的稳定性。

③ 桁架临时定位拼装可采用限位防坠板进行固定。

（6）焊接过程控制要点。

应防止焊接应力过度集中，减少焊接变形；严格控制焊接顺序，防止产生厚度方向上的层状撕裂；严格按照工艺文件中规定的焊接方法、工艺参数、施焊顺序等进行。

（7）验收。

吊装前对拼装、焊接完成的钢结构分单元进行验收，检测焊缝是否合格。钢结构高空对接接头部位，由于是高空施焊，需单独进行验收、探伤检测。

4. 节点详图及实例照片

施工中部分节点详图及实例照片如图 2-58 ～ 图 2-69 所示。

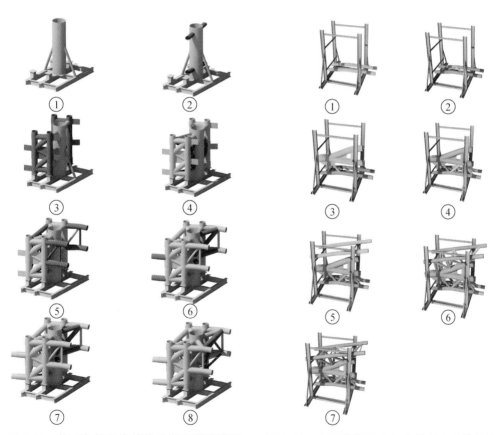

图 2-58　柱顶与桁架交接位置节点拼装流程　　图 2-59　上下弦桁架交叉位置节点拼装流程

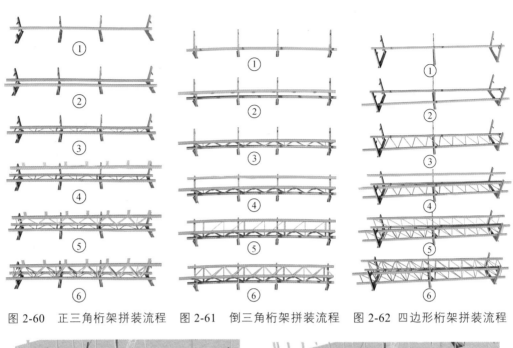

图 2-60　正三角桁架拼装流程　图 2-61　倒三角桁架拼装流程　图 2-62　四边形桁架拼装流程

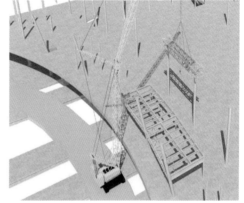

图 2-63　柱帽吊装　　　　　　　　　　　图 2-64　垂轨桁架吊装

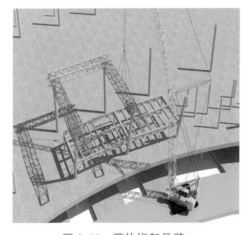

图 2-65　顺轨桁架吊装

图 2-66　弦杆吊装

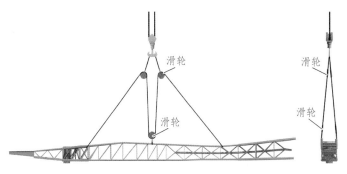

图 2-67　长度大于 30 m 桁架吊点设置

图 2-68　长度小于 30 m 桁架吊点设置

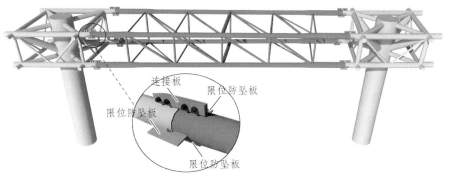

图 2-69　吊装固定措施

第三章

屋面工程

一、混凝土屋面

1. 应用工程

吉安西站、北京朝阳站、桐城南站等。

2. 技术要求

（1）基层应平整、坚实，排水坡度符合设计要求，混凝土表面不得有蜂窝、孔洞等，基层可潮湿但不得有明水。

（2）卷材的搭接缝应黏结或焊接牢固，密封应严密，不得扭曲、皱褶或翘边；卷材防水层的收头应与基层黏结，钉压应牢固，密封应严密。卷材防水层铺贴方向正确搭接宽度允许偏差为 – 10 mm，卷材防水层不得有渗漏积水现象。

（3）找坡层和找平层排水坡度符合设计要求，找坡层表面平整度允许偏差为 7 mm，找平层表面平整度允许偏差为 5 mm，找平层分隔缝的宽度和间距应符合设计要求，找平层要压光、抹平，不得有酥松、起砂、起皮现象。结构找坡不应小于 3%，材料找坡宜为 2%，檐沟、天沟纵向找坡不应小于 1%，沟底水落差不得超过 200 mm。

3. 工艺做法

1）工艺流程

基层处理→涂刷基层处理剂→附加层施工→铺第一层穿根耐刺防水卷材→热熔封边→铺第二层防水卷材→泡沫混凝土浇筑→养护→铺设钢筋网片→C20 细石混凝土浇筑→养护。

2）工艺要点

（1）防水施工。

① 基层处理：基层表面明显凹凸不平时，宜先用水泥砂浆抹平。阴阳角处做成圆弧或钝角，阳角直径大于 10 mm，阴角直角大于 50 mm。

② 涂刷基层处理剂：高聚物改性沥青基层处理剂每平方米用量不少于 0.4 kg，应涂刷均匀、不露底面、不堆积，待干燥不粘手后方可进行卷材的铺贴。

③ 附加层施工：附加层宽度不小于 500 mm，两边均匀搭接 250 mm，要求进行满粘；出屋面的管道根部直径 600 mm 范围内两边均匀搭接 300 mm，要求进行满粘。在由三个面组成的阴角、底板外侧立在与平面交接处阴角，以及防水容易从外侧被损坏的地方，还需在防水层外面加第二层附加保护层。

④ 卷材铺贴：卷材与卷材之间的粘贴采用满粘法连接。

⑤ 搭接宽度：长边搭接不小于 100 mm，短边搭接不小于 100 mm。相邻防水卷材搭接接头相互错开 1/3L（L 为防水卷材宽度）。平行于屋脊的搭接缝顺流水方向搭接，垂直于屋脊的搭接缝顺主导风向搭接。上下两层卷材不得垂直粘贴，两层卷材间必须满粘，热熔施工时压出空气，防止空鼓，封边密实。

（2）泡沫混凝土施工。

① 第一层泡沫混凝土浇筑，浇筑高度 150～200 mm，第二层浇筑间隔 24 h 浇筑至设计标高，每层均需根据标高控制点进行找坡，收面不得出现蜂窝麻面、明显坑洼。

② 试块养护 28 d，7 d 可做强度试验，现场施工养护时间为 3 d，泡沫混凝土浇筑完成后需进行洒水养护，防止开裂。

（3）混凝土配筋垫层施工。

① C20 细石混凝土垫层厚 80 mm，内含 A4@200 钢筋网片，钢网片间采用绑扎搭接方式进行连接，搭接长度为 250 mm。混凝土实际浇筑厚度可根据现场标高进行调整。

② 混凝土配筋垫层表面应抹平压光，并应设分格缝，其纵横间距不应大于 6 m，分格缝宽度宜为 5～20 mm，并应用密封材料嵌填。

③ 当混凝土达到设计强度 25%～30%时，应采用切缝机进行切割，切缝深度不小于垫层厚度的 1/4。

④ 混凝土浇筑完成后需进行洒水养护，在混凝土表面覆盖塑料薄膜，以保证混凝土表面湿润。

4. 节点详图及实例照

施工中部分节点详图及实例照片如图 3-1～图 3-9 所示。

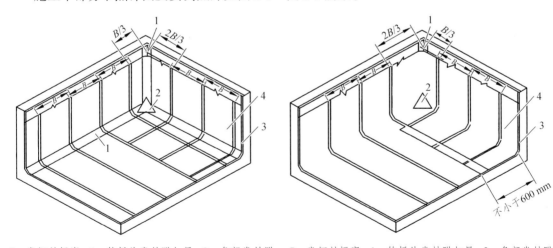

B—卷烟材幅宽；1—转折处卷材附加层；2—角部卷材附加层；3—找平层；4—防水卷材。

B—卷烟材幅宽；1—转折处卷材附加层；2—角部卷材附加层；3—找平层；4—防水卷材。

图 3-1　阴角第一层油毡铺贴法　　　　　图 3-2　阴角第二层油毡铺贴法

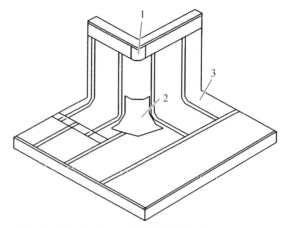

1—转折处卷材附加层；2—角部卷材附加层；3—防水卷材。

图 3-3 阳角第一层油毡铺贴法

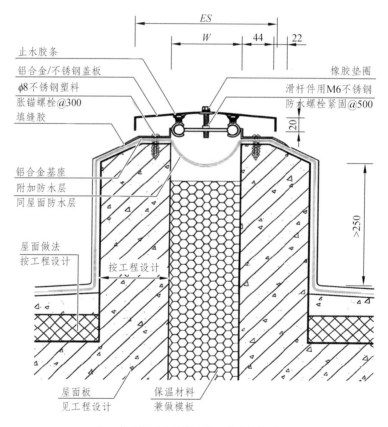

ES—变形缝面板总宽；W—变形缝宽度。

图 3-4 屋面变形缝做法（单位：mm）

图 3-5　防水施工成型效果

图 3-6　闭水试验

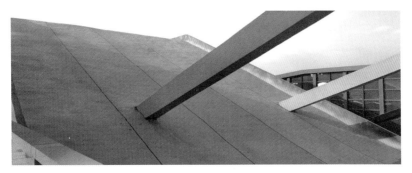

图 3-7　桐城南站混凝土斜屋面

图 3-8　北京朝阳站南北雨棚屋面

图 3-9　吉安西站屋面

二、直立锁边铝镁锰金属屋面

1. 应用工程

北京朝阳站、台州站、长白山站等。

2. 技术要求

屋面板材外形不得有翘曲、脱模和锈蚀等缺陷，支架安装位置准确、牢固，屋面板排水坡度符合设计要求，无渗漏现象，屋面板铺装允许偏差符合表 3-1 要求。

表 3-1　屋面板铺装允许偏差

项目	允许偏差	检验方法
支座直线度	$\pm L/200$ mm	
支座与连接表面垂直度	$\pm 1.0°$	拉线和尺量检查
横向相邻支座位置差	± 5.0 mm	

3. 工艺做法

1）工艺流程

檩托及五次檩条→穿孔底板安装→几字形衬檩支撑→铝合金固定支座→隔汽膜→玻璃棉卷毡→岩棉板→玻璃棉卷毡→防水透气膜→铝镁锰合金屋面板→锁边机咬边→清理屋面。

2）工艺要点

（1）金属屋面施工前对钢构件安装质量进行验收，确保钢结构安装平整度满足设计要求。

（2）金属屋面主、次檩条安装过程中，严格控制檩条安装标高及平整度，通过调整檩托等标高保证次檩条完成面平整度。严格控制檩条直线度，确保在一条直线上。

（3）几字形支座施工前要将檩条位置弹线，确保支座安装在檩条上成排成线，自攻钉数量符合设计要求，不得有缺失遗漏。T 码安装过程中要拉线控制，确保 T 码在横纵方向成排成线，T 码上檐耍与拉线标高一致且平行。

（4）防水透气膜、玻璃棉、岩棉、透气膜要拼缝严密、铺设密实，几字形支座开孔部位要封堵密实。

（5）面板安装时，需先安装端部面板下的泡沫塑料封条，然后进行咬边，要求咬过的边连续、平整，不能出现扭曲和裂口。在咬边机前进的过程中，其前方 1 m 范围内必须用力使搭接边接合紧密。锁边需 360°锁死，确保锁边平整连续。

4. 节点详图及实例照片

施工中部分节点详图及实例照片如图 3-10 ~ 图 3-14 所示。

图 3-10　屋面檩托、次檩条

图 3-11　穿孔底板

图 3-12　铝合金固定支座

图 3-13　屋面板

图 3-14　台州站金属屋面

三、耐腐蚀压型钢板屋面

1. 应用工程

台州站。

2. 技术要求

屋面坡度≤10%时搭接长度为 250 mm，屋面坡度＞10%时搭接长度 200 mm。搭接位置的中心必须确保在檩条上。

3. 工艺做法

1）工艺流程

测量放线→檩条安装→耐腐蚀压型钢板铺设→自攻钉紧固→修边→自检、整修、报验。

2）工艺要点

（1）根据施工图纸，在钢梁上对檩条节点坐标进行复测，确定檩条连接板位置、安装高度。

（2）采取防材料滑动和防人员坠落措施，防止安装过程中存放的钢板发生滑动和人员坠落的事故。

（3）安装过程中由 2 人或者多人同时垂直抬起一块钢板，并保持它与同一包装中的板平行。搬运安装过程中，避免地面与底层面表接触时拖拽钢板，否则可能会造成严重的损伤。沿长度方向搭接耐腐蚀压型钢板的情况下，必须由下方开始安装，顺水流方向搭接，直到安装到屋脊位置的最后一块耐腐蚀压型钢板。

（4）将耐腐蚀压型钢板平行移动到安装位置，对齐安装控制线安放到位，用自攻钉和螺栓固定在檩条上。必须严格控制线性，一般情况为垂直于屋脊线和天沟。

4. 节点详图及实例照片

施工中部分节点详图及实例照片如图 3-15 ~ 图 3-17 所示。

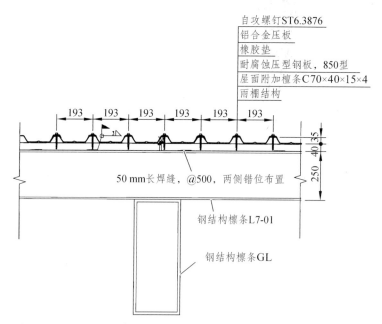

图 3-15　耐腐蚀压型钢板屋面节点（单位：mm）

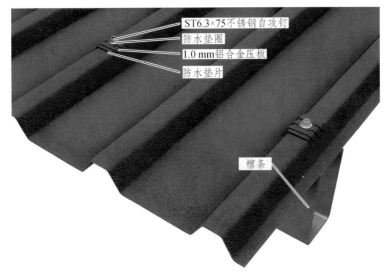

图 3-16 耐腐蚀压型屋面节点固定

图 3-17 台州站耐腐蚀压型钢板屋面

四、TPO（热塑性聚烯烃）柔性屋面

1. 应用工程

菏泽东站。

2. 技术要求

（1）柔性屋面 TPO 防水卷材平行于屋脊方向铺设，理论上需从檐口位置开始铺设，至屋脊位置结束。

（2）柔性屋面 TPO 防水卷材沿长度方向需顺水搭接，搭接尺寸≥80 mm，搭接位置热风焊接，施工需保证热风焊接质量。

（3）卷材宽度方向搭接缝需错开，错缝宽度≥300 mm，避免在同一直线。

3. 工艺做法

1）工艺流程

测量放线→檩条安装→穿孔底板铺设→无纺布、吸音棉及隔汽膜铺设→岩棉保温板铺设→TPO防水卷材铺设→卷材无穿孔固定→搭接区热焊接。

2）工艺要点

（1）檩条吊装前对屋盖钢结构上的主檩条节点坐标进行复测，确定檩条连接板位置、安装高度，并将测量后的实际标高和设计标高进行对比，把两者之间的误差差值均匀地分布在上、下两层主、次檩条标高中进行调整。根据测量值将凛托转角定位、背板加工成可调长圆孔便于次檩条高低调差。

（2）穿孔压型钢底板采用 1.0 mm 厚底板（仅波谷穿孔，穿孔率为 16%，型号为 YX35-190-950），通过自攻螺钉安装在 C 型檩条上。

（3）将两层厚度为 50 mm，容重为 140 kg/m^3 和 180 kg/m^3 的保温岩分别铺盖在隔汽膜上方，要求完全覆盖并贴紧，棉与棉之间的铺设不能有缝隙，相邻两块岩棉板的接口处不得有间隙。

（4）TPO 防水卷材在铺设前首先进行卷材预铺，将卷材自然疏松地平铺在保温层上，保证卷材平整顺直，减少折皱，并根据现场尺寸进行适当剪裁。卷材铺设方向垂直于压型钢板长边方向，平行于屋脊的搭接缝顺流水方向搭接，垂直于屋脊的搭接缝顺着最大频率风向搭接。施工前进行精确放样，尽量减少接头，有接头的部位，接头应相互错开至少 300 mm，搭接缝应按照有关规范进行。卷材长边搭接 80 mm，短边搭接 80 mm，在平面上用自动焊机将两层卷材焊接在一起，热空气焊接宽度至少 40 mm。

（5）卷材的固定采用无穿孔垫片配套无穿孔自动焊机进行。首先使用焊机进行卷材与涂层垫片的试焊，调整焊机到合适的挡位。利用电磁感应原理将带特殊涂层的垫片与 TPO 卷材焊接在一起，然后磁性冷却镇压器压在有垫片的卷材位置，使其具有加固焊接强度及散热冷却的作用。

（6）菏泽东站屋面结构为双曲面形式，采用自动焊机进行焊接不利于焊缝严密性，因而应采用人工焊接，要求 TPO 卷材铺设必须平整，减少褶皱。现场机械固定施工最小搭接宽度为 80 mm，并保证至少 40 mm 的焊接宽度。

4. 节点详图及实例照片

施工中部分节点详图及实例照片如图 3-18 ~ 图 3-26 所示。

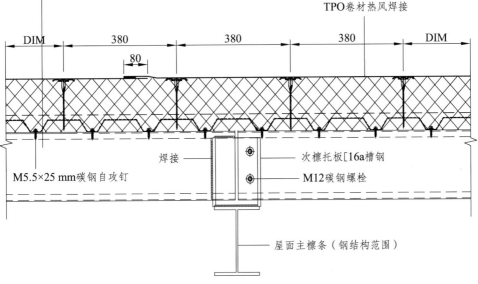

柔性屋面：1.5 mm厚增强型TPO防水卷材
保温层：50 mm厚保温岩棉，容重180 kg/m³
保温层：50 mm厚保温岩棉，容重140 kg/m³
隔汽层：0.3 mm厚隔汽膜
吸音层：50 mm厚玻璃棉，容重24 kg/m³
防尘层：无纺布
底板：1.0 mm厚YX35-190-950压型穿孔钢底板，仅波谷穿孔，穿孔率16%
次檩条

无穿孔机械固定件与
TPO卷材热风焊接

DIM   380   380   380   DIM

80

焊接
M5.5×25 mm碳钢自攻钉

次檩托板[16a槽钢
M12碳钢螺栓

屋面主檩条（钢结构范围）

图 3-18　屋面防水

图 3-19　屋面檩条

图 3-20　穿孔底板铺设

图 3-21　无纺布、吸音棉及隔汽膜

图 3-22　岩棉保温棉铺设

图 3-23　电磁感应焊接机、磁性冷却镇压器

图 3-24　手工焊枪焊接

图 3-25　天沟 TPO 卷材防水做法

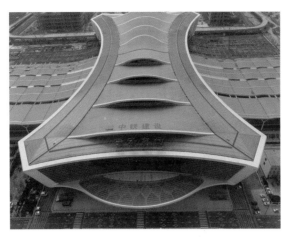

图 3-26 菏泽东站 TPO 柔性屋面

五、嵌入式太阳能板瓦屋面

1. 应用工程

雄安动车所。

2. 技术要求

瓦屋面采用的木质基层、顺水条、挂瓦条的防腐、防火及防蛀处理，以及金属顺水条、挂瓦条的防锈蚀处理均应符合设计要求。屋面木基层应铺钉牢固、表面平整，钢筋混凝土基层的表面应平整、干净、干燥。

3. 工艺做法

1）工艺流程

安装预埋件→测量放线→安装太阳能板→安装顺水条和挂瓦条→铺贴瓦片→配件瓦安装。

2）工艺要点

（1）对太阳能集热器屋顶图纸进行节点深化，优化太阳能板的排布以及节点的安装，保证其可以和屋面瓦在一个平面上，根据节点详图将预埋件与屋面结构配筋进行焊接处理。

（2）顺水条垂直于屋面檐口间隔 500 mm 均匀分布排列。挂瓦条根据屋面坡度大小，确定最小搭接长度。雄安动车所斜屋面的搭接长度为 50 mm。

（3）顺水条尺寸为 30 mm × 30 mm，采用 4 mm × 60 mm 的水泥钢钉，按墨线位置将顺水条固定在屋面上。所有固定顺水条的钉子的最大间距为 600 mm，顺水条两侧可用水泥砂浆另行加固。

（4）挂瓦条尺寸为 30 mm × 30 mm，采用 45 mm 的圆钉固定在顺水条上，挂瓦条与每根顺水条相交处都应用钉子固定。挂瓦条应安装平整、牢固、上棱应成一直线。接头应在顺水条上，上下排之间要相互错开。

（5）正式铺瓦时，在屋檐右下角开始，自右向左，自下而上，每片主瓦必须紧扣挂瓦条，并用一枚 4 mm×60 mm 的水泥钢钉固定。在檐边每一片主瓦都必须使用铝搭扣固定主瓦。

（6）斜脊的脊瓦铺设，应从斜屋脊底端开始，用 1∶2.5 的水泥砂浆将封头固定，再用同样的方法将脊瓦按自身搭接咬边，相互咬接安装，自下而上安装至屋顶。

（7）檐口瓦的铺设，山檐部位下端先用檐口封开始，再用檐口瓦直铺至山檐顶并预留一片用檐口顶瓦铺盖。其底部用水泥砂浆铺满，并用 3.3 mm×50 mm 的钢钉固定于山檐位置的附加顺水条上。

（8）正脊的脊瓦铺设，贯通山墙的山屋脊，由脊瓦封头开始，脊瓦按自身的搭接，相互咬合搭接，并铺至末端的脊瓦封头，所有脊瓦应安装成一条直线，采用 1∶2.5 水泥砂浆固定。

4. 节点详图及实例照片

施工中部分节点详图及实例照片如图 3-27 ~ 图 3-30 所示。

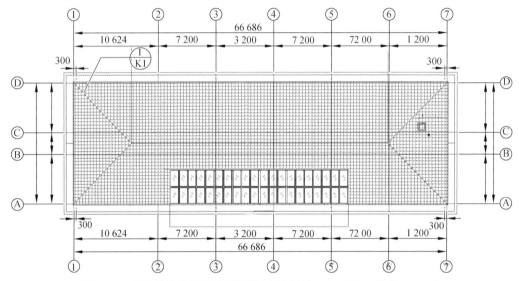

图 3-27　太阳能集热器屋面平面图（比例尺：1∶100，单位：mm）

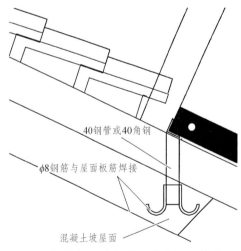

图 3-28　太阳能集热器屋面节点

图 3-29　太阳能集热器屋面

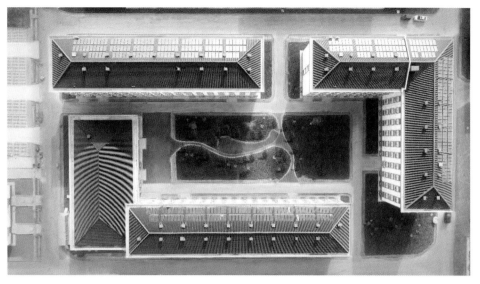

图 3-30 雄安动车所太阳能集热器屋面

第四章
幕墙工程

一、异形铝板幕墙多点连接

1. 应用工程

庐江西站。

2. 技术要求

（1）室内外铝板幕墙距楼、地面 2 m 以下的应加背衬板或后置加强筋，以确保其平整、牢固。

（2）室外铝板幕墙缝宽应与建筑风格相协调，需打胶时，胶缝颜色应与整体协调。

（3）铝板幕墙宜采用卡挂方式系统固定，不得采用拉铆方式固定。

（4）铝板幕墙宜采用铝单板或铝蜂窝板，板块过大时应有加强措施保证产品的平整度。

（5）其他金属板幕墙设计要点可参照本技术要求执行。

（6）铝板表面应平整洁净、色泽一致。密封胶缝应横平竖直、深浅一致、宽窄均匀、光滑顺直。安装允许偏差符合表 4-1 的要求。

表 4-1　金属幕墙安装的允许偏差和检验方法

项次	项目		允许偏差/mm	检验方法
1	幕墙垂直度	幕墙高度≤30 m	10	用经纬仪检查
		30 m<幕墙高度≤60 m	15	
		60 m<幕墙高度≤90 m	20	
		幕墙高度>90 m	25	
2	幕墙水平度	层高≤3 m	3	用水平仪检查
		层高>3 m	5	
3	幕墙表面平整度		2	用 2 m 靠尺和塞尺检查
4	板材立面垂直度		3	用垂直检测尺检查
5	板材上沿水平度		2	用 1 m 水平尺和钢直尺检查
6	相邻板材板角错位		1	用钢直尺检查
7	阳角方正		2	用直角检测尺检查
8	接缝直线度		3	接 5 m 线，不足 5 m 接通线，用钢直尺检查
9	接缝高低差		1	用钢直尺和塞尺检查
10	接缝宽度		1	用钢直尺检查

3. 工艺做法

1）工艺流程

圆形底座、三角角码加工→三角形盒子铝板加工→钢连接件定位安装→三角角码与三角形盒子铝板连接紧固→圆形底座与钢连接件连接紧固→三角形盒子铝板安装→铝板装饰盖安装。

2）工艺要点

（1）圆形底座、三角角码加工。

圆形底座和三角角码选用铝合金型材，先根据设计模型开模预定原材料，再根据装配要求绘制圆形底座和三角角码加工图进行切割加工，加工精度宜控制在 ±1 mm 以内，加工完成后表面进行氟碳喷涂处理，颜色与铝板颜色一致。

（2）三角形盒子铝板加工。

选用 3 mm 厚铝板，根据设计要求加工成厚度为 200 mm 的三角形盒子铝板，加工偏差宜控制在 ±1 mm 以内。盒子铝板三个顶角部位设置有 50 mm 厚的三角角码安装区域，每个顶角端头设置不小于 $\phi 10 \times 20$ mm 的圆排水孔。

（3）钢连接件定位安装。

钢连接件选用 10 mm 厚的 316 不锈钢，钢连接件在玻璃安装之前与玻璃幕墙钢骨架焊接安装，安装位置应根据圆形底座位置拉通长钢丝绳以准确定位，且安装偏差应控制在 ±2 mm 以内。

（4）三角形铝板与三角角码连接紧固。

将加工成 50 mm 长的三角角码，通过 M6×90 mm 螺栓固定在三角形盒子铝板上。三角角码安装前应进行氟碳喷涂，颜色与铝板一致。

（5）圆形底座与钢连接件连接紧固。

加工完成的圆形底座通过 2 个 M12×100 mm 螺栓与已安装好的钢连接件紧固连接，螺栓中螺帽为装饰性螺帽。

（6）三角形盒子铝板安装。

将安装有三角角码的三角形盒子铝板从正面推入已安装紧固的圆形底座槽口中，安装前应先将限位套管套入圆形底座，铝板进出通过限位套管调节，调节完毕后安装固定螺丝进行紧固。

（7）铝板装饰盖安装。

整体三角形盒子铝板全部调整安装完成后，安装圆形底座端头铝板装饰盖，扣盖通过 M5×25 mm 螺钉固定在圆形底座上，装饰盖采用 5 mm 厚的铝板，外漏面氟碳喷涂处理，颜色与铝板颜色一致。

4. 节点详图及实例照片

施工中部分节点详图及实例照片如图 4-1～图 4-9 所示。

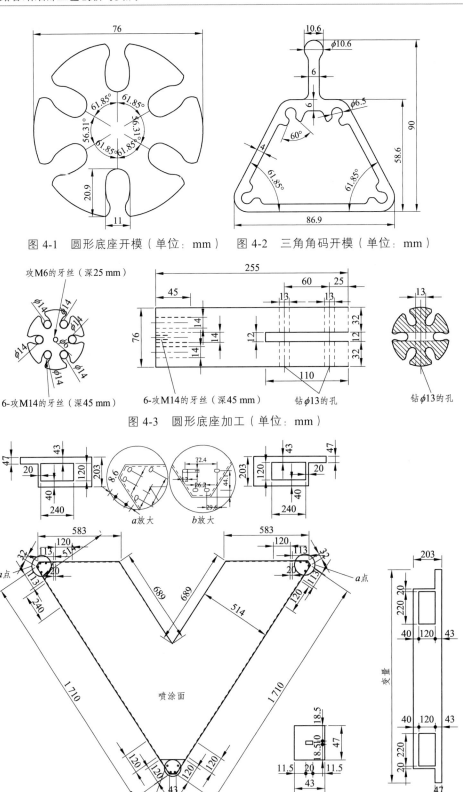

图 4-1 圆形底座开模（单位：mm） 图 4-2 三角角码开模（单位：mm）

图 4-3 圆形底座加工（单位：mm）

图 4-4 三角形铝板盒子加工（单位：mm）

图 4-5　钢连接件现场拉钢丝绳定位

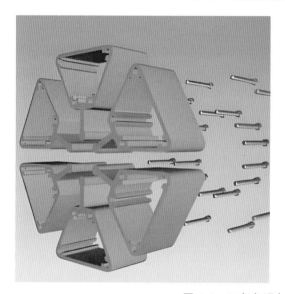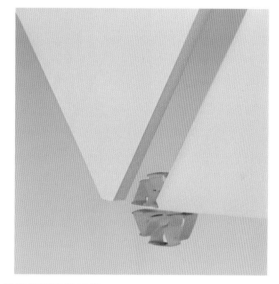

图 4-6　三角角码与铝板紧固连接示意

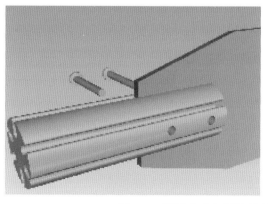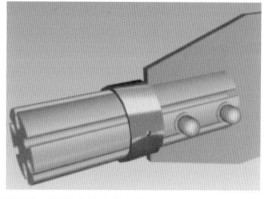

图 4-7　圆形底座与钢连接件紧固连接及限位套管安装示意

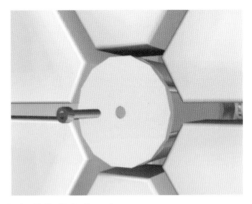

图 4-8　固定螺丝安装及铝板装饰盖安装示意

图 4-9　铝板幕墙安装完成实景效果

5. 文化元素融合

庐江西站针对庐江地区文化土壤及精神脉络，结合当地名人馆、冶父山、汤池温泉及三河古镇等历史文化名迹，将地域文化全面恰当地引入到站房设计中，赋予站房文化内核。铝板幕墙菱形形态元素来源于当地冶父山和温泉水，通过艺术加工和概括，形成一个有机形态的单体，大小变化的菱形窗孔如同镶嵌在墙面上的一颗颗矿石，如图 4-10 所示，与庐江矿业大县的地方特色相呼应。

图 4-10　庐江西站实景

二、开放式铝板幕墙

1. 应用工程

南阳东站。

2. 技术要求

开放式铝板作为新型的铝板幕墙体系，在施工前需进行充足的准备，在排版分格尺寸、节点连接、体系选择需掌握全局，并且在施工过程中严格控制分格定位尺寸。由于铝板间隙较小，每一块的位置影响着整体的效果，要做到精细施工，具体施工质量控制要点有以下几点：

（1）由于钢材的变形量较大，施工过程中要严格检查龙骨体系垂直度，对偏差较大且达不到要求的龙骨进行更换，重新安装反复矫正，直至达到龙骨的使用要求。

（2）严格控制横龙骨进出尺寸，制作横梁定位控制模具对进出端进行限位，减小横梁之间的误差，保证连接点和板块安装过程中的误差在可调节范围内。

（3）横龙骨水平定位根据深化图纸板块分割的大小进行控制，十字接缝位置加强复检，减小层间龙骨错位情况。在施工过程，质检人员、技术人员随时根据排版图跟踪检测，控制线及定位线按照分割尺寸将每道横龙骨位置弹出，保证安装时有线可依。

（4）幕墙钢骨架安装完毕后，再拉通线进行复查，再次校准龙骨位置是否准确，若有偏差大的则进行调整，直至符合设计图纸要求并达到安装条件为止。

（5）幕墙钢骨架安装过程中安排质检员、技术员对现场施工过程随时进行检查，施工过程中对施工工艺及质量标准进行控制，具体控制数值和检验方法详见表4-2。

表 4-2 龙骨具体控制数值和检验方法

序号	项 目		允许偏差/mm	检 验 方 法
1	竖龙骨	立柱标高	3	用激光经纬仪或经纬仪检查
		前后轴线偏差	2	
		左右偏差	3	
2	横龙骨高低差		1	用钢直尺和塞尺检查
3	竖龙骨与横龙骨平整度		2	用钢直尺检查
4	单层竖龙骨垂直度		3	用经纬仪检查

3. 工艺做法

1）工艺流程

施工准备→测量放线→骨架安装→钢基座安装→防水底板安装→隐蔽验收→底板拼缝打胶→连接不锈钢螺杆安装→铝板板块安装→面板安装→施工完成。

2）工艺要点

（1）测量放样。

① 复核现场结构尺寸偏差，结合现场实际情况，对结构各个方向轴线尺寸及标高控制线进行闭合纠偏，测定定位基准线。

② 以复核基准线为基准，按照幕墙分割图纸龙骨排布尺寸将分格线放在结构上，并做好标记。

③ 在单幅幕墙的垂直、水平方向各拉两根 $\phi 0.5 \sim 1.0$ mm 的钢丝，作为安装的控制线。水平钢丝应每层拉一根，垂直钢丝每间隔 20 m 拉一根，同时拉通线复核整体幕墙尺寸及转角造型处细部节点尺寸。

（2）骨架安装。

① 主龙骨根据定位线依次安装，龙骨平面采用拉通线进行控制，龙骨安装完成后对竖龙骨进行校核调整。

② 使用水平仪经纬仪将每根主次龙骨的水平标高位置的进出、左右位置调整好。

③ 当调整完毕，整体检查验收，合格后，进行满焊，并涂刷防锈漆。

（3）钢基座安装。

① 使用水平仪、经纬仪将分格线在龙骨上面全部放线弹出来，再根据板块分割尺寸进行细部检查，确定位置准确无误。

② 按照已经弹好的分格线安装底座，用水平仪控制好底座的高度后再进行加焊。焊接过程中保持底座与龙骨垂直。

（4）防水背板安装。

防水底板采用 1.5 mm 厚的镀锌铁板，背板沿基准线布置，四边采用 6.5 mm × 25 mm 自攻螺丝与钢立柱固定。防水背板与立柱横梁采用自攻螺丝连接，保证背板安装与立柱、横梁可靠连接。

（5）防水底板拼缝打胶、连接螺杆安装。

底板安装完成隐蔽验收后，进行底板拼缝打胶、连接螺杆工序施工。施工中具体要求如下几点：

① 防水背板安装完毕后，所有的接缝均用耐候密封胶嵌缝，以保证幕墙背板层的气密性和水密性。

② 耐候密封胶施工前应对注胶区域进行清洁，做到缝内无水、油渍、灰尘等杂物。清洗时可用丙酮作清洗剂，保证耐候密封胶黏结牢固。

③ 防水背板与立柱、横梁之间的缝隙用聚乙烯发泡材料（泡沫棒）填塞。填塞后最好过半天再进行耐候胶施注，以免胶表面产生气泡。

④ 耐候硅酮密封胶的施工厚度应控制在 3.5 ~ 4.5 mm，施工宽度不应小于施工厚度的 2 倍，施工宽度为一般 12 mm。

⑤ 缝内注胶应密实，注胶过程要匀速进行，保证胶缝饱满、平直、光滑，不得有气泡等缺陷。

⑥ 连接螺杆安装时，靠近底座的 2 个螺母配一平一弹垫片，并固定牢固，以保证螺杆的水平稳定。

（6）铝板附框加工、焊挂钩。

① 铝板附框为 60 mm×40 mm×3 mm 和 40 mm×40 mm×3 mm 的镀锌方管通过不锈钢铆钉与铝板铆接。铝板长边附框为 60 mm×40 mm 方管，短边为 40 mm×40 mm 方管。铆镀锌方管附框增加了铝板边缝位置的强度，使得铝板边缝位置不易变形。

② 挂钩位置提前放线弹好，控制好挂钩的高低位置，再进行挂钩的焊接。

（7）板块安装。

① 面板安装按从下到上、从左到右的顺序进行，每块面板安装前核对安装产生的误差，并在过程中进行调整，减少累积误差。

② 安装过程中沿铝板安装方向拉通线，校正相邻板块的平整度和板缝的水平、垂直度。

③ 安装过程中，如缝宽有误差，应均分在每条胶缝上，防止误差积累在某一条缝中或某一块面材上。

④ 转角及特殊位置板块要提前复核板块安装产生的偏差，提前进行转角位置尺寸定位线校准，防止因累积误差导致铝板交界处无法收口。

（8）卫生清理。

① 铝板清洁时，首先用浸泡过中性溶液的湿棉布将铝板表面的污物等擦去，然后再用干棉布将铝板表面擦干净。

② 表面有灰浆、胶带残留物时，采用木质铲子或合成树脂铲等对表面进行清除，后用棉布将表面残留灰尘清理干净。

③ 禁止使用金属工具对铝板表面进行清理，不得用带有砂纸、砂片、金属屑等金属性质的工具对铝板进行清理。

④ 禁止使用酸性或碱性洗剂清理，防止破坏铝板表面漆膜。

4. 节点详图及实例照片

施工中部分节点详图及实例照片如图 4-11～图 4-18 所示。

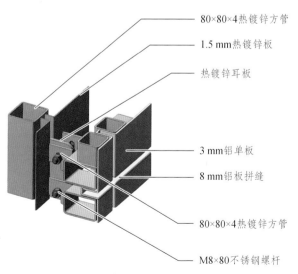

图 4-11　开放式铝板幕墙施工节点（单位：mm）

图 4-12　龙骨安装

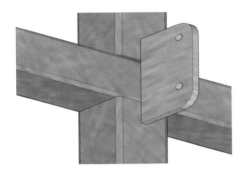

图 4-13　钢基座安装

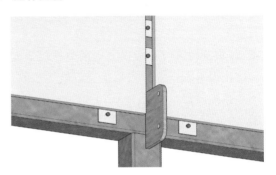

图 4-14　防水背板安装

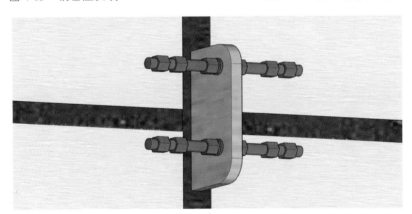

图 4-15　防水底板拼缝打胶、连接螺杆安装

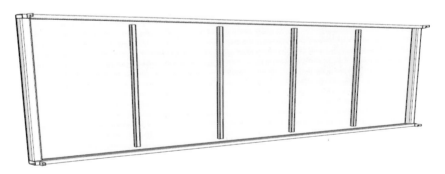

图 4-16　副框加工

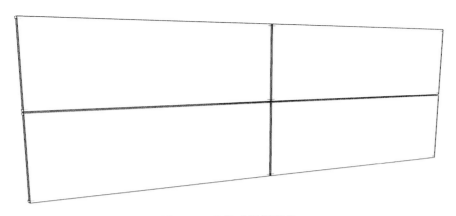

图 4-17 开放式铝板节点

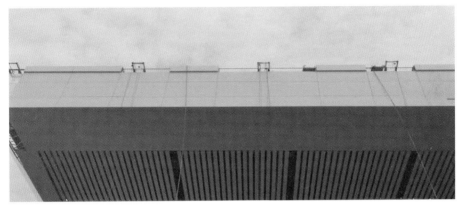

图 4-18 开放式铝板施工完成效果

三、条形玻璃、铝板组合幕墙

1. 应用工程

万象站。

2. 技术要求

无渗漏水，结构体系满足设计要求，施工质量满足设计和规范要求。

3. 工艺做法

1）工艺流程

主龙骨施工→横龙骨施工→龙骨表面氟碳喷涂→玻璃安装→铝板安装→打胶、清理。

2）工艺要点

（1）主龙骨安装时，应将钢材焊接缝设置在隐蔽面，既可避免外漏影响最终装饰效果，也可避免外露面表面打磨影响钢材强度性能。

（2）横向龙骨设置在主龙骨外侧，与主龙骨交接各面均应进行满焊，焊缝长度和高度应符合设计要求。

（3）固定玻璃用 U 形槽钢，宽度不应小于 50 mm，设置间距不应大于 500 mm，且单边数量不应少于 2 个。

（4）条形铝板横向与玻璃交接部位打胶应打圆弧胶（铝板与玻璃交接部位应带有 20 mm 折边），宜进行两次打胶，第一次铝板与玻璃缝隙密封打胶，第二次打胶覆盖铝板和玻璃表面，这样既可密封也可对铝板固定起到加固作用。

（5）条形铝板主要通过竖向角码固定，竖向角码数量不能少于图纸数量，且每个角码均应固定牢固。

（6）施工完成后所有交接缝隙均应采用中性硅酮耐候密封胶打胶密封。

4. 节点详图及实例照片

施工中部分节点详图及实例照片如图 4-19、图 4-20 所示。

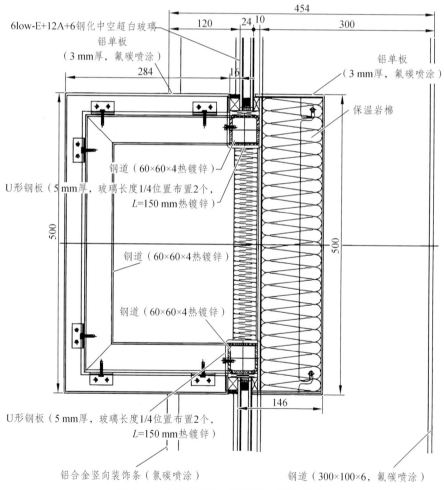

图 4-19　条形玻璃、铝板组合幕墙节点

图 4-20　万象站

四、GFRC（玻璃纤维增强混凝土）幕墙

1. 应用工程

山南站。

2. 技术要求

各类材料须符合相应国家规范、行业标准的最高等级要求，其中：水泥须为低碱度水泥，灰水比 1：10 的水泥浆液，1 h 的 pH 值不得大于 10.5；砂符合《建设用砂》（GB/T 14684—2022）标准中河砂-细规格；玻璃纤维须符合《耐碱玻璃纤维无捻粗纱》（JC/T572—2012）的要求。

预埋板件、钢筋、钢型材采用国产 Q235 碳素钢，均须热镀锌处理，镀锌层厚度≥45 mm，并注意以下几点：

① 在模具加工以及浇筑养护时，须控制好预埋螺栓孔位置及尺寸偏差。

② 运输时，对阳角做好防护措施，因为其被碰撞后易被损坏。

③ 安装时，提前根据实际板材尺寸进行龙骨上预留孔加工。

④ 安装时应拉线，以保证板缝整齐美观。

3. 工艺做法

1）工艺流程

施工放线→埋板画孔安装→骨架安装、满焊、防锈处理→板材安装、固定→清理→嵌缝→完工清整。

2）工艺要点

（1）施工放线。

水准仪、钢丝线、墨盒复测预埋件放样的基准线、点，并依设计施工图固定施工基准标示，即先按图纸设计标高，弹出产品的底标高水平线，然后再弹出产品的中心垂直线。

（2）埋板画孔。

图纸放线完成后，进行埋板画孔，要保证埋板处于水平位置并与线点一致，打孔要根据膨胀螺栓直径和长度确定孔的直径和深度，深度偏差值为+15 mm。紧固要分两步，第一步采用机械紧固来保证螺栓基本受力值；第二步采用人工进行二次紧固，将紧固值做到最佳。

（3）骨架安装。

① 根据原始线点进行二次放线，确定安装位置。

② 依照图纸下料做骨架材料准备并开始对骨架进行固定校正。

③ 固定完成后开始满焊（符合图纸设计要求）。

④ 满焊完成后去掉焊渣，并进行检查，合格后刷防锈漆，进行防锈处理。

（4）板材安装、固定。

将产品连接插槽打上 AB 胶（石材干挂胶）与连接角码进行连接（可在结构胶未固化前把产品调整就位）。

（5）清理。

产品安装结束后，及时清理现场以及擦洗污染的工作面，做好保护。

（6）嵌缝。

全部饰面板安装完毕后，在达到材料规范的使用温度时，进行耐候硅酮胶嵌缝填充。流程：填充泡沫条→GFRC 周边贴美纹纸带→打胶→手工调整胶缝平直饱满顺滑→清理美纹纸带→保护产品。

4. 节点详图及实例照片

施工中部分节点详图及实例照片如图 4-21 ~ 图 4-28 所示。

图 4-21　硅胶磨具雕刻

图 4-22　翻模

图 4-23　浇筑养护

图 4-24　面层质感烧制

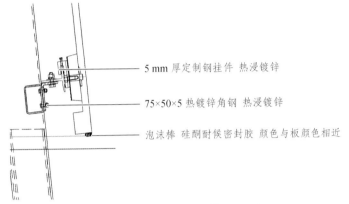

5 mm 厚定制钢挂件 热浸镀锌

75×50×5 热镀锌角钢 热浸镀锌

泡沫棒 硅酮耐候密封胶 颜色与板颜色相近

图 4-25　施工节点（单位：mm）

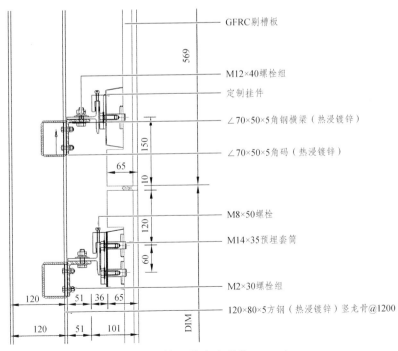

GFRC剔槽板

569

M12×40螺栓组

定制挂件

∠70×50×5角钢横梁（热浸镀锌）

150

∠70×50×5角码（热浸镀锌）

65

10

120

M8×50螺栓

M14×35预埋套筒

60

M2×30螺栓组

120　51　36　65

120×80×5方钢（热浸镀锌）竖龙骨@1200

120　51　101

DIM

图 4-26　施工节点（单位：mm）

图 4-27　现场施工节点实例

图 4-28　GFRC 幕墙安装完成效果

五、折线玻璃幕墙

1. 应用工程

北京朝阳站。

2. 技术要求

（1）玻璃表面平整、洁净，整幅玻璃色泽均匀一致，不得有污染和损坏的镀膜。

（2）幕墙立面设计应简洁明快，分块均匀。幕墙玻璃分块尺寸不应过大，玻璃幕墙从楼、地面向上的第一块玻璃的分格高度不宜小于 2.2 m，颜色不宜过深（有特殊效果要求的除外），宜采用具有安全性能的高透低反射超白安全玻璃，且应满足节能要求。玻璃幕墙第一块分隔范围内不宜出现通风窗。

（3）外玻璃幕墙处可视的室内各构筑物均应做装饰处理。

（4）幕墙玻璃不应直接落地，应采用窗框落地或设置防撞踢脚，设踢脚时高度不宜超过 100 mm，应便于幕墙清洗。

（5）当玻璃幕墙在楼面层设防撞设施时，应采用 ϕ63 的不锈钢扶手及 ϕ50 的不锈钢踢脚栏杆，高度应分别为 1 100 mm 和 100 mm。

（6）幕墙型材及外露钢结构面层应采用氟碳涂层。

3. 工艺做法

1）工艺流程

测量放线→预埋件安装→连接支座安装→上端钢骨架安装→玻璃安装及控制→玻璃吊装→玻璃就位→打胶。

2）工艺要点

（1）预埋件安装。

要控制预埋件点位误差需对预埋件进行准确定位，在定位准确后，对预埋件进行点焊固定。

为了使预埋件在混凝土浇捣过程中不因震动产生移位增加新的误差，必须对预埋铁件进行加固。可采用拉、撑、焊接等措施进行加固，以增强预埋件的抗震力。

（2）连接支座安装。

根据幕墙分格尺寸，在预埋件上标好支座定点位置，施工时首先根据地面水平分格尺寸确定支座位置，然后利用全站仪在两边侧向结构柱放出柱体四周垂直轴线位置，根据两侧结构柱轴线位置确定上端横向轴线。横向轴线位置确定后，根据横向柱体轴线位置划分梁底分格线，用铅锤仪校正上端支座定位点，保证上端支座定位点与下端支座定位点在同一垂直面上。连接支座安装与预埋件焊接时，焊接要采用对称焊，减少因为焊接而产生的变形。

（3）上端钢骨架安装。

钢骨架体系采用 60 mm × 5 mm 的热镀锌钢方管及 8 mm 厚的折热镀锌弯钢板组成的钢构件与上端预埋件焊接，焊接后除焊渣并刷上防锈漆。焊接时需根据玻璃分格尺寸，在钢构件表面放线，确定焊接点位置。

（4）玻璃安装及控制。

在底部钢槽内水平垫入橡胶玻璃垫。安装时，先将玻璃匀速运到待安装位置，当玻璃到位时，脚手架上的工作人员应尽早抓住吸盘，控制再稳定住玻璃，以免发生碰撞；玻璃稳定后，先垫入玻璃垫块，工作人员应注意保护玻璃，将玻璃慢慢摆入槽中，待玻璃定位好后再在上下部的"U"形槽用泡沫填充棒固定住玻璃，防止玻璃在槽内摆动造成意外破裂；然后再进行整体立面平整度的检查，其平面度偏差不得超过 4 mm，确认完全无误、符合图纸设计要求后才能进行注胶。玻璃与钢槽之间的缝隙用相应的泡沫棒或硬质 PVC 垫块塞紧，注意平直。

（5）打胶工艺控制及检测。

① 玻璃板材施工安装后，板材之间的间隙须用双组份硅酮结构胶密封胶嵌缝，外侧采用单组硅酮耐候密封胶封闭。注胶前打胶面干燥程度应符合要求，避免雨天打胶，对注胶间缝隙进行清理，在缝两侧玻璃上贴保护胶纸（普通美纹纸）。

② 垂直节点自下而上地打胶，均从两头注胶，这样可利用胶的自重使它自动填满胶缝。操作时玻璃内外面都需要同时进行注胶，速度要保持一致。使用刮板压胶时，内外要同时进行，防止密封胶产生流挂现象，并去掉多余的胶，使表面光滑平整。

4. 节点详图及实例照片

施工中部分节点详图及实例照片如图 4-29 ~ 图 4-33 所示。

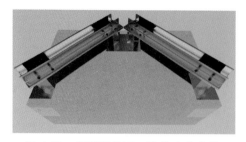

图 4-29　折线幕墙下口连接支座安装

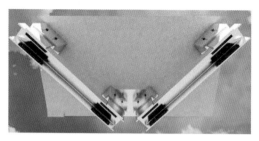

图 4-30　折线幕墙上口钢骨架安装

图 4-31　折线玻璃上端入槽

图 4-32　折线玻璃下端固定

图 4-33　折线玻璃三维效果

六、陶板幕墙鱼刺龙骨及陶板

1. 应用工程

北京朝阳站。

2. 技术要求

陶板表面应平整、洁净，无污染、缺损和裂痕，颜色和花纹应协调一致，无明显色差，无明显修痕。陶板接缝应横平竖直，宽窄均匀。

3. 工艺做法

1）工艺流程

鱼刺龙骨加工→鱼刺龙骨整体吊装→陶板挂件安装。

2）工艺要点

（1）鱼刺龙骨加工。

为保证焊接变形较小，焊接前主龙骨放置在加工平台时，用钢方管焊接成的限位卡件卡在每个横龙骨所在的加工平台的位置上，然后再进行焊接作业。焊接时，先由两名焊工从两端向中间同时点焊，点焊完成后再统一满焊。焊接过程中，若出现微小的焊接变形，应通过千斤顶拉线进行调平。每套加工平台在完成 30 套鱼刺龙骨加工后，由项目质检员对加工尺寸进行复核，检查变形程度是否在误差允许范围内。

为了保证鱼刺龙骨的防腐性能，钢龙骨体系焊接完成后，统一清理焊口焊渣，并由质量工程师验收，验收合格后，在材料码放区统一涂刷两遍不同颜色的防锈漆。此做法方便质量监督验收，加工区焊接提高加工效率及质量。

（2）鱼刺龙骨整体吊装。

鱼刺龙骨根据位置和所采用的龙骨规格大小不同，吊装的方式不同。大规格鱼刺龙骨采用吊车进行辅助吊装，小规格鱼刺龙骨采用单独的卷扬机整体吊装。施工人员在脚手架上就位并对单元式鱼刺龙骨进行与预埋件的焊接连接。

在鱼刺龙骨上设置标高控制点，鱼刺龙骨吊装时，当边角部位距两侧控制线的距离一致、水平标高线与鱼刺龙骨上的标高控制点重合，鱼刺龙骨位置符合要求，方可将转接件与主龙骨之间进行焊接连接。

（3）陶板挂件安装。

陶板挂件是在厂家原有系统的基础上改进得来的，铝合金挂件的定位、安装是更换陶板幕墙安装中至关重要的一环，其位置准确与否直接关系到陶板幕墙的外观效果。将带齿的 20 mm×20 mm×3 mm 方铝板和带齿铝合金陶板挂件啮合用螺栓连接在鱼刺龙骨角钢上，以保证陶板水平板块方向的调整。

先将铝挂件用螺栓连接在鱼刺横龙骨热镀锌角钢上，陶板就位后，将陶板从下往上依次安装。由于站房龙骨干挂高度较高且复杂，可以分区段同时进行。利用水平尺来检验陶板的平整度，利用铝挂件上的螺栓来调节陶板位置，确认无误后，拧紧螺栓即可。调整后的挂件，上、下可调节 5 mm 偏差，进出可调节 7 mm 偏差，加大了调节量，可确保陶板安装的平整度。挂件底口与陶板上口有更换空间，陶板更换更方便。

4. 节点详图及实例照片

施工中部分节点详图及实例照片如图 4-34 ~ 图 4-40 所示。

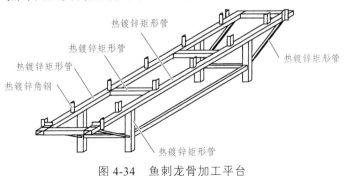

图 4-34 鱼刺龙骨加工平台

图 4-35　鱼刺龙骨加工过程

图 4-36　鱼刺龙骨安装上墙

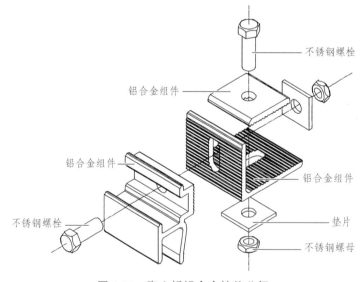

图 4-37　陶土板铝合金挂件分解

图 4-38　陶板鱼刺龙骨节点效果

成品陶棍

∠50×4热镀锌角钢

干挂陶土板墙面

M12化学锚栓
200 mm×200 mm×8 mm
后置钢板
80 mm×40 mm×4 mm
热镀锌方管

保温岩棉

干挂陶土板
成品挂件

8 mm宽
铝合金收边

图 4-39　陶土板幕墙三维

图 4-40　陶土板幕墙室内、外完成效果

七、外立面伸缩缝

1. 应用工程

万象站。

2. 技术要求

无渗漏水，伸缩缝左右侧结构体系独立，伸缩缝变形量满足设计规范要求。

3. 工艺做法

1）工艺流程

玻璃、铝板幕墙龙骨施工→三元乙丙胶条施工→玻璃、铝板安装→伸缩缝铝板安装→打胶、清理。

2）工艺要点

（1）在钢龙骨施工时，主体结构伸缩缝两侧钢龙骨体系不应有连接，无法避免时应设置宽度不小于 50 mm 的可伸缩构造。

（2）伸缩缝宽度不应小于主体结构预留伸缩缝的宽度且不小于 300 mm，可伸缩间隙不小于 50 mm。

（3）伸缩缝部位面板宜采用 3 mm 厚氟碳喷涂铝单板，当面层为石材时，可采用仿石材铝板。

（4）安装伸缩缝面板前三元乙丙胶条与钢龙骨固定和交接部位应采用中性硅酮耐候密封胶进行密封处理，三元乙丙胶条应具有可伸缩性，且可伸缩大小不应小于 50 mm。

（5）伸缩缝部位面板应根据外立面造型进行整体加工，尽量避免横向断开产生缝隙，与左右交接部位缝隙采用中性硅酮耐候密封胶密封。

（6）伸缩缝部位交接两块铝板，可伸缩部位不能打胶密封以免影响伸缩功能。

4. 节点详图及实例照片

施工中部分节点详图及实例照片如图 4-41 ~ 图 4-43 所示。

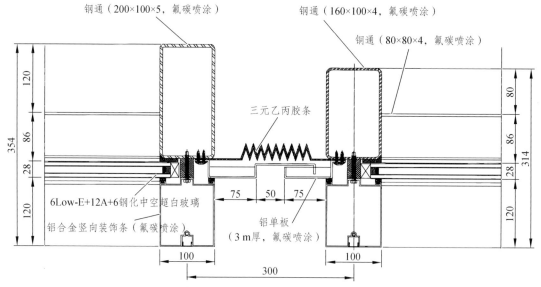

图 4-41　伸缩缝节点（玻璃幕墙）（单位：mm）

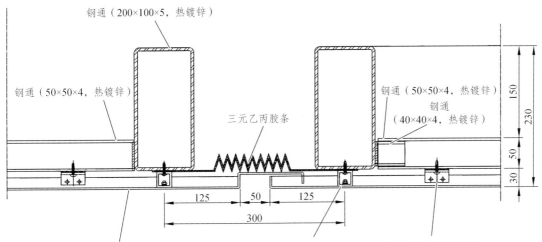

图 4-42 伸缩缝节点（铝板幕墙）（单位：mm）

图 4-43 外立面实例

八、幕墙工程实例

1. 贵阳北站

贵阳北站正立面及夜景如图 4-44、图 4-45 所示。

（1）贵阳北站外立面造型新颖典雅，外立面虚实对比，色彩丰富，展现贵阳的多彩特质。站房两侧线条流畅，现代感强，与贵阳的地理特征相吻合。

图 4-44 贵阳北站正立面

图 4-45　贵阳北站夜景

（2）连续的多曲面幕墙相互交织成 5 道巨型门拱，单面由 586 块镂空花纹板、423 块玻璃、758 块格栅线条组成多曲面，造型复杂，结合了当地花桥、鼓楼等传统建筑元素，如图 4-46 所示。

图 4-46　幕墙造型

（3）采用玻璃幕墙、双层铝板幕墙和石材幕墙相结合的装饰方式，如图 4-47、图 4-48 所示。玻璃幕墙采用中空钢化 Low-E 镀膜玻璃，具有良好的通透性、隔热性和安全性。幕墙造型庄重典雅，线条流畅、色泽均匀，胶缝饱满顺直。单元板块采用 BIM（建筑信息模型）技术预先排版，整齐划一。

图 4-47　外立面玻璃幕墙

图 4-48 站房南立面复合幕墙

2. 合肥南站

合肥南站正立面及夜景如图 4-49、图 4-50 所示。

图 4-49 合肥南站正立面

图 4-50 合肥南站夜景

1）超大面积连续玻璃幕墙

面积为 6 500 m², 最大高度为 25.2 m 的单向单索式玻璃幕墙及面积为 6 400 m² 的索框玻璃幕墙分别由 112 套拉索、156 套索框和 2 150 块 Low-E 玻璃组成。玻璃幕墙占外幕墙面积的 70.1%，整体简洁通透。

2）拉锁幕墙

（1）单向单索玻璃幕墙的主要受力结构为预应力张拉索，饰面玻璃通过菱形夹具固定于竖向拉索前端，具有结构体系简洁大方、整体轻盈通透、极富现代感的特点，如图 4-51～图 4-53 所示。

（2）单向单锁幕墙菱形夹具精巧细致，与幕墙整体协调一致。

（3）单向单索幕墙相较于其他类型玻璃幕墙具备采光通透，观感良好等特点。

（4）精心深化幕墙图纸，细化各个节点的施工做法。

（5）结构体系进行精密计算，同时参考地面铺装分缝情况，确定纵向索具的布设位置及间距。

（6）制定合理施工方案，重点确定索具张拉工艺，做好各项施工的技术交底。

图 4-51　拉锁幕墙实景

图 4-52　拉锁幕墙胶缝平滑饱满

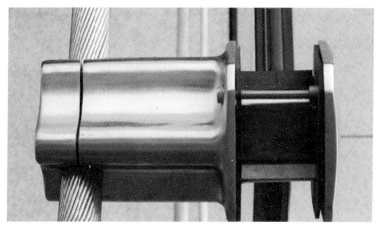

图 4-53　拉锁幕墙夹具

3）索框幕墙

（1）索框幕墙为拉杆与钢桁架组合结构体系，拉杆隐藏于玻璃胶缝内部，结构桁架宛如悬空，整体结构体系新颖独特，如图 4-54 ~ 图 4-56 所示。

（2）顶部拉杆、横向水平拉杆通过玻璃间密封胶隐藏，形成中间钢桁架体系与四周结构不相连，整体轻盈漂浮的景象。

图 4-54　索框幕墙

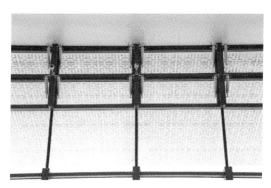

图 4-55　索框幕墙拉杆

图 4-56　索框幕墙支撑臂

3. 宁波站

宁波站正立面及夜景如图 4-57、图 4-58 所示。

图 4-57　宁波站正立面

图 4-58　宁波站夜景

1）外立面复合幕墙

（1）宁波站外幕墙檐口铝板、"水滴"玻璃幕墙上下弧面玻璃、立面玻璃、铝板幕墙及落客平台檐口铝板幕墙、仿石材幕墙排版考究，整体通缝设置，交接处理细腻，整体统一，相互协调，胶缝饱满顺直，宽窄一致，颜色与整体协调一致。

（2）外幕墙装饰应整体简洁、美观大方，各部位板材分格缝对缝整齐、对称统一。

（3）细部节点精雕细琢，确保细部处理细腻美观、尽善尽美。

（4）收口细致，不同板材间衔接良好，过渡自然。

（5）胶缝饱满顺直，宽窄一致（10~15 mm 为宜，根据材质选取），收口细腻，颜色选取与整体环境协调统一。

2）"水滴"玻璃幕墙

（1）"水滴"玻璃幕墙为双层双曲面点支撑玻璃幕墙体系，造型新颖，灵动自然，如图 4-59、图 4-60 所示。该体系由 1 376 块形状、大小各异的多边形玻璃拼接而成，具有表面光滑圆润，弧度自然，曲线感强等特点，内侧用自洁净 ETFE（乙烯-四氟乙烯共聚物）膜封闭，形成晶莹透亮的自然空间，轻盈通透，极富灵动感。

（2）玻璃幕墙结构形式各异，不同类型玻璃幕墙具有不同的特点。"水滴"玻璃幕墙相对于其他类型玻璃幕墙具有造型多样、通透性好、表面光滑、观感良好等特点。

（3）"水滴"幕墙为整个建筑的点睛之笔，具有灵动自然的建筑效果。

（4）双曲面玻璃幕墙表面弧度控制困难，精度要求高，利用计算机三维建模，可深化设计排版，在厂家进行编号排序，并进行预拼装。

（5）现场安装时，对工人进行技术交底，按编号对称安装，及时调整安装误差，并保证表面弧度自然。

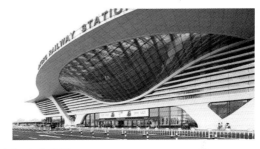

图 4-59　"水滴"玻璃幕墙

图 4-60　"水滴"玻璃幕墙安装效果

4. 黄山北站

（1）黄山北站建筑整体庄重典雅，以"古徽新韵，奇松迎客"为设计理念，从中国写意山水的笔法汲取灵感，黄山北站正立面如图 4-61 所示。

图 4-61　黄山北站正立面

（2）黄山北站独创超长、超大双曲面异形组合幕墙悬挑设计体系，其外幕墙的横向格栅构件模拟迎客松及黄山石的意象。组合幕墙 24 m 大跨度龙骨采用钢桁架支撑结构，两侧伸出悬挑摇臂杆件浮动连接支撑双层异形组合幕墙，如图 4-62 所示。

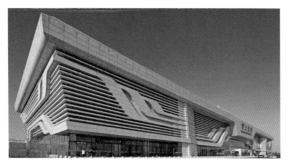

图 4-62　悬挑摇臂杆件浮动连接支撑结构体系

（3）门斗处增设融合"徽派"元素，形成了室外与室内环境的过渡空间，更有效地降低能源消耗，如图 4-63、图 4-64 所示。幕墙玻璃和采光天窗采用 Low-E 双层中空钢化镀膜玻璃，具有良好的隔声、隔热和保温性能。

图 4-63　"徽派"元素门斗　　　　　　　图 4-64　进站厅侧

5. 昆明南站

昆明南站正立面及夜景如图 4-65、图 4-66 所示。

（1）昆明南站建筑造型汇聚云南元素之精华，抽衍动植物王国之形神，简约灵动、气势恢宏，融入云南"仿木构歇山顶棚""孔雀开屏"等元素，彰显七彩云南民族交融、开放进取的精神。

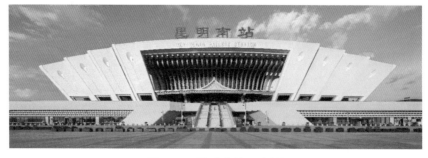

图 4-65　昆明南站正立面

图 4-66　昆明南站夜景

（2）28 根 S 形柱采用金色氟碳喷涂，曲线圆润、色泽亮丽，金色中庭有 14 只孔雀及 100
余个傣族纹样，做工精细、栩栩如生，如图 4-67 所示。八束孔雀翎羽与中部仿木构歇山顶棚
形成"孔雀开屏"的优美意境，成为云南最具代表性的建筑之一。

图 4-67　金色 S 形柱和金色中庭

（3）站房主立面 6 000 m² 羽翼雕花铝板幕墙，15 mm 厚浮雕铝板和 20 mm 厚蜂窝铝板叠
加构建（图 4-68），运用 BIM 建模、无错缝空间拼接、厚浮雕技术，精细美观。

图 4-68　15 mm 厚浮雕铝板和 20 mm 厚蜂窝铝板叠加构建

（4）南北立面超长铝板吊顶最大贯通长 410 m，宽 13 m，五叠级阶梯布置。龙骨创新采
用"地面预拼装、分段提升、高空对接"工艺，提高焊接质量及安装安全稳固性，板面采用
"钢琴键盘"式分隔，结构安全稳定，富有现代气息，如图 4-69 所示。

图 4-69　"钢琴键盘"式超长"橡木"式悬挑吊顶

（5）外立面采用石材-铝板-玻璃复合幕墙形式。室外复合幕墙和谐统一，墙、顶、地三维对缝、立体交圈，如图 4-70 所示。

图 4-70　室外复合幕墙

6. 富阳站

（1）富阳站幕墙具有简洁明快、线条流畅、分格清晰、造型独特等特点，体现了建筑的时尚风格和现代气息，在深化过程中考虑了整体视觉效果，建筑整体由外而内和谐、统一。富阳站正立面如图 4-71 所示。

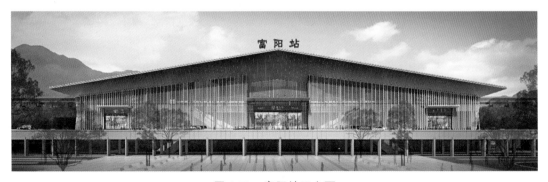

图 4-71　富阳站正立面

（2）檐口造型采用 3 mm 厚的铝单板，对应幕墙立柱分格模数 1 500 mm 做装饰线条，细部用现代设计手法来体现当地传统建筑元素，如图 4-72 所示。

图 4-72　檐口造型

（3）采用双层 Low-E 中空玻璃组合幕墙，横隐竖明玻璃幕墙系统立柱间距 1 500 mm，室内侧采用 150 mm×90 mm 的钢结构造型立柱，室外侧采用 150 mm×90 mm 的铝合金型材立柱，排布均匀线条整齐，整体庄重大气。玻璃幕墙模型如图 4-73 所示。

 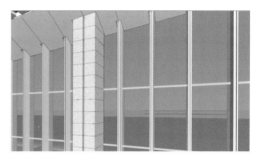

图 4-73　玻璃幕墙模型

（4）幕墙立柱正面细部构造设计为 30 mm×30 mm 凹槽，增加构造细节，使立柱观感更显修长、挺拔，美观精致，如图 4-74~图 4-76 所示。

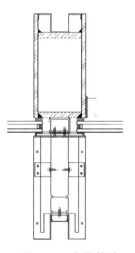  

图 4-74　龙骨构造　　　　图 4-75　外侧细部　　　　图 4-76　内侧细部

（5）复合型幕墙不同材质（玻璃、石材、铝板等）在施工前应提前整体排版策划，不同施工专业轴线、标高提前交圈确认，确保不同材质幕墙、幕墙与地面、幕墙与檐口对缝。复合型幕墙实景如图4-77所示。

图 4-77　复合型幕墙实景

7. 南昌站

南昌站外幕墙黄金麻石材选用同一矿山石料，采用火烧面加工，涂刷两遍水性防护剂，统一整个立面色泽，如图4-78所示。

图 4-78　南昌站侧立面

8. 东花园北站

东花园北站正立面及夜景如图4-79、图4-80所示。

（1）东花园北站室外幕墙为石材、玻璃、铝板复合幕墙。

（2）在形态元素上，提取出牵牛花、海棠花的花冠形状，花蕊采用剪纸镂空工艺，并将整体形式的演变运用到大型公共空间中，营造出"花繁叶茂"的空间意境。

图 4-79　东花园北站正立面

图 4-80　东花园北站夜景

9. 怀来站

（1）怀来站外立面有 12 根象征葡萄美酒夜光杯的 Y 形柱。所用陶土板取意为古建历史变迁"鸡鸣驿古城墙"的陶土板，既显现了怀来的历史底蕴，更是古代建材在现代的发展和延续，如图 4-81 所示。

图 4-81　怀来站侧立面

（2）Y 形柱采用箱型钢加工制作而成，箱型钢直线段边长为 400 mm，圆弧段边长为 314 mm，截面总周长为 2 856 mm。造型钢雨棚框架主次梁均为热轧 H 型钢，材质均为 Q345C。

（3）幕墙北立面四张主体壁画浮雕，分别为怀来的四张名片：一座古城（鸡鸣驿古城）、一位英雄（全国著名战斗英雄董存瑞）、一湖净水（官厅水库）、一瓶美酒（中国第一瓶干白葡萄酒诞生地），展现了怀来的自然人文景观和文化内涵，如图 4-82 所示。

（4）每块浮雕质量为 500 kg，4 块总质量为 2 000 kg。浮雕高度 8.63 m，宽度 3.32 m，采用紫铜手工锻打錾刻工艺。

图 4-82　怀来四张名片

10. 南阳东站

（1）为解决幕墙胶缝老化发黄、发黑的难题，南阳东站自主研发的新型开放式幕墙施工节点，同时解决了幕墙拼缝不打胶、不渗漏的难题，为后期的开放式幕墙施工提供了经验借鉴。南阳东站正立面及开放式幕墙节点如图4-83、图4-84所示。

图 4-83　南阳东站正立面

图 4-84　南阳东站开放式幕墙节点现场效果

（2）南阳东站主进站口门斗大门四周辅以云纹造型铝板，与站房云纹形态铝板幕墙交相辉映，大版面曲线与云纹施工浑然一体，高度结合站房外幕墙"云中卧龙"的整体气息，整体端庄大气，过渡自然，如图4-85、图4-86所示。

图 4-85　南阳东站外幕墙云纹铝板造型

图 4-86　南阳东站"云纹"元素门斗

11. 吉水西站

　　吉水西站站房施工中无法避免使用反吊仿石铝板，对此，结合安全性与美观性，经过数十版的方案对比，将其工艺提升至极致，达到无色差的效果。同时对站房立面造型效果继续提升，将站房两侧的窗棂条石窗采用仿石铝板制作，提升立面完整性。吉水西站正立面如图 4-87 所示。

图 4-87　吉水西站正立面

12. 吉安西站

　　吉安西站外立面造型来源于井冈山五指峰，利用 BIM 及样本研究井冈山五指峰山体的进深感，主要通过檐口外挑长度、光线效果体现与山体的关系，以俊秀挺拔的山体形态烘托井冈山宏伟壮志的革命情怀，如图 4-88、图 4-89 所示。

图 4-88　吉安西站正立面

图 4-89　铝板、玻璃幕墙五指峰造型洞口网格布铺贴节点

九、其他细部做法

其他细部做法如图 4-90 ~ 4-113 所示。

（1）门斗外形原则上应根据设计要求与外墙总体风格确定。

图 4-90　阳高南站正立面图

图 4-91　阳高南站侧视图

（2）门斗外檐口既要和静态标识结合，又要注意考虑地域文化元素或者风格。

图 4-92　广德南站外立面门斗

（3）幕墙排版需考虑从檐口至地面的对缝措施和构造，根据幕墙需体现的效果合理调整板块大小和胶缝宽度。

图 4-93　杭州西站幕墙与大檐口

（4）外立面檐口阳角造型格栅、纹样应对缝、连续。

图 4-94　北京朝阳站外立面　　　图 4-95　南宁北站塔楼石材幕墙纹样不对缝

（5）檐口转角要求整张板，不能有拼缝。檐口下方铝板折口处尽量采用整板，胶缝做样板对比。

图 4-96　檐口转角未采用整板　　　图 4-97　檐口转角采用整板

（6）屋面檐口及檐口吊顶板尽量用加长板整体定制，凡挑出部位，均应仔细考虑泛水或滴水构造。

图 4-98　江阴站外挑檐口　　　　　图 4-99　杭州西站外挑檐口

（7）为更好地发挥屋面檐口的排水和保护作用，防止雨水污染檐口，保持外立面良好的形象；对于屋面檐口铝板宽度超过 600 mm 的，应采用相同颜色、相同材质的铝板，并设置高度 5 cm 的挡水台固定于檐口顶部；对于屋面檐口铝板宽度不足 600 mm 的，利用龙骨向屋面内找坡，使得铝板顶面形成 200 mm 以上的高差。

图 4-100　高度 5 cm 的挡水台实景

（8）加长板应后置加强肋，确保平整度，或采用高强度复合铝板。加强肋的方向应在受力方向做支撑。

图 4-101　加长板

（9）铝板幕墙（檐口）面层铝合金材料要求最低采用 3 系板（Al-Mn 系合金），其是在不降低纯铝的加工性、耐腐蚀性的同时，提高其强度后制成的合金材料。不可采用 1 系板。

图 4-102　铝板幕墙（檐口）面层铝合金材料实景

（10）幕墙龙骨大小选择要适度，除颜色和防腐要求符合设计外，要重点考虑龙骨的接缝位置和龙骨盖板的接缝位置，一是要求定制长板，二是接缝需置于人视线不易到达处或高处。龙骨装饰盖板既要考虑牢固性，也要考虑长板安装且接缝位置密拼。

图 4-103　龙骨盖板精品实景

（11）幕墙门的规格尺寸、上下缝隙宽度、地弹簧作为检查检测的重点，门缝应为 5 mm 加毛条。地弹簧门采用暗装支臂支架顶轴，禁止采用明装平行四孔顶轴。

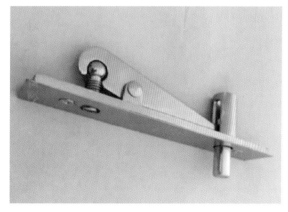

图 4-104　地弹簧门实景　　　　　　图 4-105　暗装支臂支架顶轴

（12）铝板幕墙采用铝单板或复合铝蜂窝板，板块过大时应有加强措施保证产品的平整度。

室内外铝板幕墙距楼、地面 2 m 以下的应加背衬板或后置加强筋，确保铝板幕墙平整、牢固。

图 4-106　板块过大时加强措施

（13）铝板墙面和石材墙面间的胶缝均应作为重点控制内容，胶缝应打凹胶缝，泡沫条塞进深度大。胶缝颜色根据需要购买或者定制，对于反吊铝板，宜选择固化时间短的胶。

图 4-107　凹胶缝精品实景

（14）石材幕墙分格尺寸应适宜，同一区域石材的颜色应均匀一致。石材装饰在人员密集场所和通道的上部严禁采用倒挂（贴）的做法。

图 4-108　石材幕墙精品实景

（15）石材装饰阳角收边板，下料要定厚，并进行打磨、倒圆角处理。

图 4-109　石材幕墙阳角打磨、倒圆角处理

（16）石材幕墙可用 4～8 块石材板块组成一个大的石材板块，石材四周做凹槽处理，凹槽宽 15 mm，中间位置留 6 mm 宽平胶缝，既有层次感，又能体现整体美观。

图 4-110　石材幕墙大板块分格

（17）真石漆（合成树脂乳液砂壁状建筑涂料）幕墙喷涂需考虑耐久性和防脱落构造措施，墙面根部应有石材墙裙（踢脚线）和地面坡度泛水。

图 4-111　真石漆幕墙

（18）在安装玻璃幕墙百叶窗时要增加型材包框，隐藏百叶固定钉，不可外露固定钉。

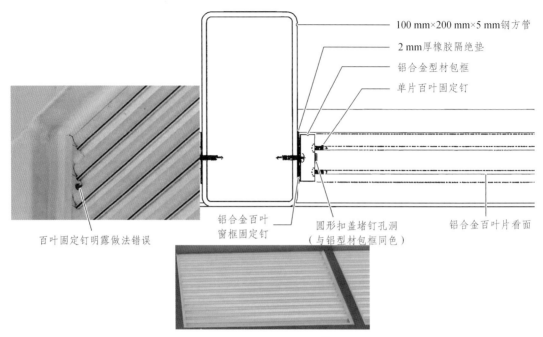

图 4-112　百叶固定钉隐藏做法

（19）应重点关注有玻璃幕墙的部位，在全面施工前，仔细检查玻璃分格，严禁出现小块玻璃、分格不均的情况。

图 4-113　玻璃幕墙小块玻璃、分格不均

第五章
装饰装修

第一节　公共大厅

一、吊顶工程

（一）鱼腹式渐变造型吊顶

1. 应用工程

北京朝阳站。

2. 技术要求

整体吊顶造型曲线流畅顺直，吊顶变形量满足设计规范要求。

3. 工艺做法

1）工艺流程

转换龙骨高空安装→多孔角钢安装→吊杆、专用挂件、U 型铝方通地面安装→反吊提升安装定位。

2）工艺要点

（1）8 mm 厚的三角支撑钢板与屋面钢结构杆件连接，并使用 M12 mm×25 mm 螺栓，将 50 mm×50 mm×4 mm 热镀锌角钢与 60 mm×160 mm×60 mm×2.5 mm 镀锌 C 型钢转换层连接。

（2）50 mm×5 mm 热镀锌多孔角钢通过角钢吊杆与 C 型钢转换层连接。

（3）在地面将 170 mm×150 mm×2 mm U 型铝方通、专用配件及吊杆安装连接。

（4）反吊施工，将 170 mm×150 mm×2 mm U 型铝方通、方通专用配件及吊杆整体提升至安装高度，并将吊杆与多孔角钢连接。

（5）通过吊杆螺丝调节各点位铝方通高度，确保整体顺直。

4. 节点详图及实例照片

施工中部分节点详图及实例照片如图 5-1、图 5-2 所示。

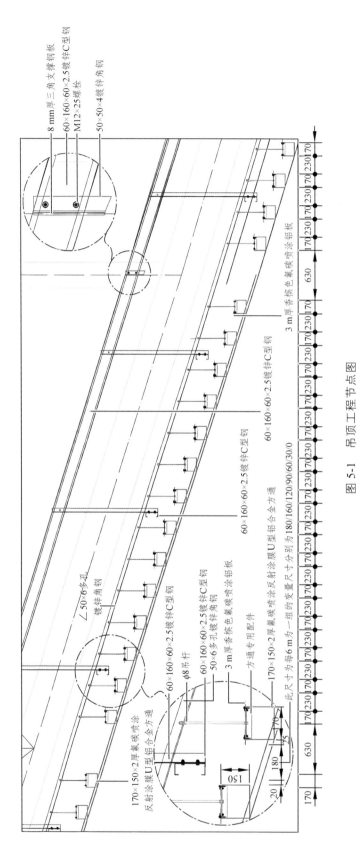

图 5-1 吊顶工程节点图

图 5-2　吊顶工程实例

（二）多层次藻井（吉祥结）拼花构造铝单板吊顶

1. 应用工程

山南站。

2. 技术要求

（1）对于曲线等复杂造型的吊顶工程，应在施工前放样。

（2）金属面板类吊顶工程的吊顶标高应以室内标高基准线为基准，根据要求设计，在房间四周维护结构上标出吊顶标高线，确定吊顶高度位置。吊顶标高线高低误差应为+2 mm。弹线清晰，位置准确。

（3）主龙骨吊点间距及位置应根据施工设计图纸，在室内顶部结构下确定。

（4）根据不同的吊顶系统构造类型，确定吊装形式，选择吊杆类型。

（5）当饰面板安装边为互相咬接的企口或彼此钩搭连接时，应按顺序从一侧开始安装。

（6）安装方格吊顶时，应先将方格组条在地上组成方格组块，然后通过专用扣挂件与吊件连接组装。

（7）在饰面板上留设的各种孔洞必须在地面上用专用机具开孔，灯具、风口等设备应与饰面板同步安装。

3. 工艺做法

1）工艺流程

施工准备→龙骨节点深化设计→弹线→安装主、次龙骨→主、次龙骨隐蔽工程检查和验收→根据图纸对不同层次的饰面板位置在地面放线→分层次对饰面板在地面进行小单元预拼装→外轮廓单元饰面板安装→平整度和缝隙顺直度检查、调整→内部各层次饰面板由下到上以小单元形式预拼装和安装→整体调整平整度和顺直度→验收。

2）工艺要点

（1）龙骨连接点深化设计。根据图纸设计要求，计算各层次吊顶单板的控制高度，丝杆对应长度下料（丝杆长度应在实际需要长度基础上预留 100～200 mm 距离作为可调空间）。

（2）吊顶小单元预拼装：吊顶安装前，首先在地面上画线对小单元外框板进行放样和预拼装。单板和次龙骨的连接通过通丝吊杆和"几字形"镀锌钢转接件进行连接。"几字形"镀锌钢转接件厚度同次龙骨，以保证足够强度。通丝吊杆可更方便地调整不同层次的高度，形成吉祥结藻井吊顶各层之间的高差效果。

（3）每个吉祥结的"菱形单元"地面拼装完成后核实尺寸误差，对方正度或拼缝顺直度误差较大的及时进行修正。

（4）依次安装吉祥结吊顶小单元，通过缝隙宽度变化实现吊顶整体效果，缝隙宽度通过背面固定角码保证缝隙宽度一致。安装过程中控制单元与单元之间的缝隙宽度。

4. 节点详图及实例照片

施工中部分节点详图及实例照片如图 5-3～图 5-7 所示。

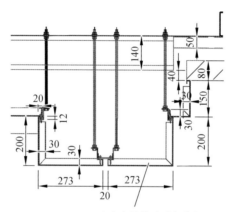

2.5 mm白色吉祥结造型铝单板

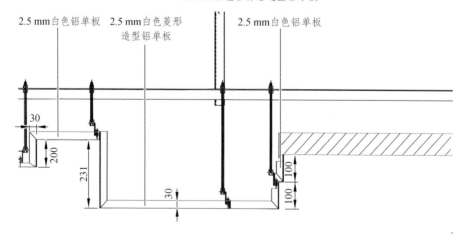

图 5-3　多层次吊顶安装节点

图 5-4　吊顶转接连接点安装实例

图 5-5　吉祥结藻井吊顶地面放线及外轮廓铝单板定位安装

图 5-6　多层次藻井吉祥结吊顶安装

图 5-7　吉祥结造型的多元化

（三）庐陵艺术三级递增型吊顶藻井

1. 应用工程

吉安西站。

2. 技术要求

铝板板面平整，安装牢固可靠。

3. 工艺做法

1）工艺流程

测量定位→龙骨安装→单体框反吊安装→花窗隔板安装→LED 灯膜安装→收边、收口→逐次安装其余 24 个藻井。

2）工艺要点

（1）测量定位。

根据现场实际测量控制点，激光放线确定安装位置。

（2）龙骨安装。

根据放线位置安装主、次龙骨，主、次龙骨之间采用焊接方式连接，焊缝位置涂刷防锈漆。

（3）单体框反吊安装。

单体边框由工厂预制，藻井外框铝板在现场地面联拼，整体采用反吊技术安装，提升至作业面后反扣于次龙骨上。

（4）花窗隔板安装。

外框安装完成后，将定制图案花窗隔板由上到下安装在藻井内，隔板采用铝制锚钉与外框连接。

（5）LED（发岩二极管）灯膜安装。

隔板安装结束后，将灯膜安装在隔板上层，光源朝下，安装到位后，通电测试。

（6）收边、收口。

通电测试，灯膜发光正常，整体效果满足要求后，采用自攻螺丝将灯膜挂耳与次龙骨固定，线路集束。

（7）逐次安装其余 24 个藻井。

单个藻井施工结束，测试正常后，成排逐个安装其余藻井，全部安装后，每排电线单独集束，依次接入电源与信号。

4. 节点详图及实例照片

施工中部分节点详图及实例照片如图 5-8 ～图 5-10 所示。

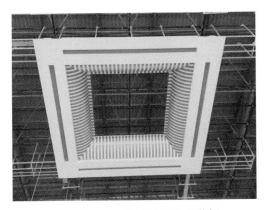

图 5-8　单体框反吊安装板

图 5-9　花窗隔板与 LED 灯膜安装

图 5-10　藻井

5. 文化艺术融合

让灵动的花格窗棂透过轻盈剔透的 LED 灯膜，成为室内最亮丽的一道风景！候车厅庐陵多曲面叠纹艺术吊顶由 6 000 块异形铝板拼接而成，5 000 mm × 650 mm 的藻井弧形侧板采用工厂预拼、整体提升工艺，确保了藻井造型板面衔接准确、级差一致、线条流畅、阴阳角过渡自然。

（四）双反弧密拼铝条板

1. 应用工程

宁波站。

2. 技术要求

双反弧密拼铝条板吊顶，板面弧度变化平顺自然、过渡平滑、线条流畅，板材密拼形成整体无缝效果，离缝控制精确，整体对称，空间感强。柱顶铝条板套割精细，缝隙间距整体一致。

3. 工艺要点

（1）通过加工固定尺寸标准直板密拼，形成大弧线。

（2）通过计算机排版，拉通线保证龙骨弧度控制点精度，保证整体弧度效果。

（3）吊顶内部管线排列合理有序，消防炮、灯具等设备设置合理，有序排列在吊顶离缝位置处。

（4）施工过程中，采用反吊法施工，节约整改成本，提高施工效率。

4. 节点详图及实例照片

节点详图及实例照片如图 5-11 所示。

图 5-11　双反弧密拼铝条板吊顶实景角度

（五）超长密拼铝板双开交替式

1. 应用工程

贵阳北站。

2. 技术要求

$10 \times 10^4\,\mathrm{mm}^2$ 的密拼铝单板最大贯通长度为 418 m，斜面密拼铝单板与两侧红色线条相辅相成、接缝平直、板面平顺。

3. 工艺要点

贵阳北站采用超长密拼铝板双开交替式安装技术和铝单板变速式减振安装技术，成功解决了表面平整度控制难度大的难题。

4. 节点详图及实例照片

节点详图及实例照片如图 5-12 所示。

图 5-12　超长密拼铝板双开交替式

（六）大空间弧形 GRG（预铸式玻璃纤维加强石膏板）拦河

1. 应用工程

苏州南站。

2. 技术要求

（1）GRG 吊顶的深化设计及放样。

结合原始结构施工图，对悬挂吊顶的钢架及 GRG 板进行放样，用于指导拦河制作并确保拦河安装准确。首先采用全站仪、钢尺、线坠等测量工具，将纵、横两方向的轴线测设到建筑物的天棚上。轴线宜测设成方格状，方格网控制在 3 m×3 m 左右（弧形轴线测设成弧线状）。测设完成的轴线用墨线弹出，并醒目地标出轴线编号。不能弹出的部位可将轴线控制点引伸或借线并做标记。轴线测设的重点应该是起点线、终点线、中轴线、转折线、洞口线等具有特征的部位，以作为日后安装的控制线。其次根据现场实测的数据及GRG拦河造型变化，将整个拦河分割成若干排，同排的板设计为相同形状、尺寸，进行标注排号以方便安装。

因GRG拦河本身自重较大（不低于 35 kg/m²），如需对拦河进行调整，需对整个架体及GRG板进行结构荷载计算，并经设计单位审核批准后才能进行施工。

（2）钢结构转接层的制作安装。

用锚栓将 50 mm×50 mm×4 mm 镀锌角钢埋件固定于顶板结构面上，埋件长 300 mm，固定点采用两个 M10 锚栓固定。

焊接时角焊缝最小焊脚尺寸为 5 mm，一律满焊，角焊的焊脚尺寸不得小于 $1.5t$，t 为较厚焊件厚度，但不宜大于较薄焊件厚度。对接焊缝为二级焊缝。

拦河内的大型风管、消防管等应合理布局，采用独立支架，不允许与拦河骨架相连接。

整个钢结构安装前所有焊接连接和后锚固连接均应进行承载受力计算，并经设计单位审核同意后方可进行施工。

3. 工艺做法

1）工艺流程

施工准备→测量复核→深化设计及放样→钢结构转换层放线定位→钢结构制作安装→GRG板加工→GRG板安装→接缝处理及配套设备开孔→饰面处理。

2）工艺要点

（1）根据拦河的设计标高要求，在四周墙上弹线。

（2）根据图纸定出基层龙骨坐标位置。确保基层位置准确，各龙骨受力均衡，避免拦河产生大面积不平整，吊杆与转接层采用焊接连接（焊缝为二级焊缝）。

（3）对到场的GRG板应仔细核对编号和使用部位，利用现场测设的轴线控制线，结合水平仪控制标高，进行板块的粗定位、细定位、精确定位三步骤，经复测无误后进行下一板块的安装，安装的顺序宜以中轴线往两边进行，将出现的误差消化在两边的收口部位。

（4）为了达到减震的要求，在施工安装每一个交接点时，用 3 mm 厚橡胶垫片衬垫，防止声音传导减小震动。

（5）拦河进行大面积安装前，必须保证拦河内的设备安装完毕、消防管道安装并试压完成。拦河上如有设备，开孔前必须先放线，后开孔，保证横平竖直。

（6）拦河GRG板之间采用 50 mm×50 mm×5 mm 镀锌角钢进行刚性连接，拼缝采用GRG专用材料分层嵌满嵌实，可有效防止造型面层开裂。

（7）拼缝处理完成后满刮耐水腻子找平，打磨处理后进行涂料施工。

4. 节点详图及实例照片

节点详图及实例照片如图 5-13 ～ 图 5-19 所示。

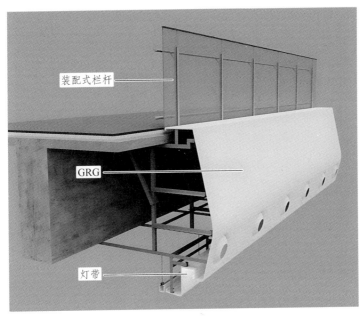

装配式栏杆

GRG

灯带

图 5-13　CRG 模型

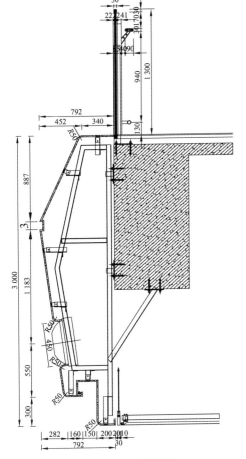

图 5-14　GRG 板节点

图 5-15　GRG 拦河构件剖面模型

图 5-16　GRG 龙骨安装

图 5-17　GRG 版面安装

图 5-18　GRG 样板成形效果

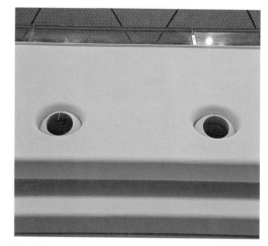

图 5-19　GRG 拦河实景

（七）异形穿孔铝板组合吊顶施工工艺

1. 应用工程

北京大兴机场南航基地。

该工程天花板吊顶工程面积约 $12.6 \times 10^4 \, m^2$，吊顶包括铝板天花板吊顶、无机复合板吊顶、石膏板吊顶、张拉软膜天花板等，其中在五层运控大厅顶部，使用异形穿孔铝板与张拉软膜相结合的形式，运控大厅最大单体房间面积 $3\,260 \, m^2$，安装净高 9.2 m。该吊顶采用现场测量优化设计并出图、工厂精密化加工、到场安装的施工方法。克服了铝板与软膜材料定位难度大、板材尺寸精度要求高、不同材质拼缝复杂的技术难题，保证了较高的施工效率和较好的成形效果。

2. 技术要求

天花板吊顶主材采用定型穿孔铝板。照明板块采用背附式 LED 灯板，照明灯带面层使用热熔张拉软膜材料，使得照明板块与铝板无缝连接。烟雾报警、消防喷淋、升降显示器等设备随天花板吊顶施工进度进行追位，适应专用设备开孔，最大限度地减小了对板材平整度的影响，在不影响天花板排版美观性的同时，大大保证了天花板的整体性。铝板统一由厂家机械化加工生产，该项目考察过负责生产厂家的加工厂，并对其生产能力以及加工精确度表示认可。除去封边铝板，大面积采用同一尺寸的圆弧角等边三角形微孔型穿孔铝板，统一原材尺寸可以减少施工人员在安装时产生的取材错误。

3. 工艺做法

1）工艺流程

弹线定位→吊杆安装→吊架、龙骨安装→铝板安装→设备追位、开洞→封边、清洁→验收。

2）工艺要点

（1）优化设计。

据吊顶选型的材料特点，将原设计条状照明灯带更改为三角形张拉软膜灯照明，利用等边六边形及每边对应的菱形照明达到"满天星"的效果。

根据实测数据重新绘制天花板平面图。依据现场尺寸对天花板重新设计时，需要考虑排版分隔以及边缘板尺寸。铝板深化时预留灯具设备安装孔位，相同专业预留孔位原则上纵横等距布置，并居三角形铝板中，或者六边形中心布置。然后生成详细的位置、尺寸、数量的下料单，经各个专业工程师审核过后下发工厂。避免根据建筑图纸深化后，因现场施工尺寸偏差而导致后期返工和材料浪费。

（2）优化安装方式。

三角形天花板吊顶应统一采用宽 150 mm、厚 2 mm、上翻 8 mm 的定型铝板。再根据功能区分安装整板或空心板。照明带安装空心铝板，在空心处安装热熔张拉软膜。非照明带安装三角形微孔铝板。如此一来，吊顶采用相同的吊杆龙骨，不同功能区域采用统一的安装形式，避免了不同规格型号龙骨交接与烦琐的定位。

为方便安装以及后期设备检修工作，天花板铝板大多采用活板吊顶的方式进行安装。安装灵活且方便拆除。在设备以及关键阀门处，单独留有设备孔，解决在设备检修时还需要大面积拆卸天花板的困扰。

（3）饰面铝板安装。

方钢吊顶龙骨一般可以直接吊挂在天花板的饰面板上，也可以增加次龙骨进行安装。龙骨间距不大于 1 000 mm，龙骨与饰面板安装方式配套。

常规饰面铝板与龙骨连接，分明装 T 行和暗装卡扣两种。北京新机场南航基地经过商讨选用暗装卡扣的方式，以提高安装的契合度并减少吊装部件。

（4）封边、清洁。

综合天花铝板与墙面接触位置的封边型材也选用装饰铝板，即边缘铝合金封边型材（与天花同色），尺寸现场实测，在工厂加工。

4. 节点详图及实例照片

施工中部分节点详图及实例照片如图 5-20 ~ 图 5-33 所示。

图 5-20　组合式天花板吊顶三维效果

图 5-21　天花板成形效果

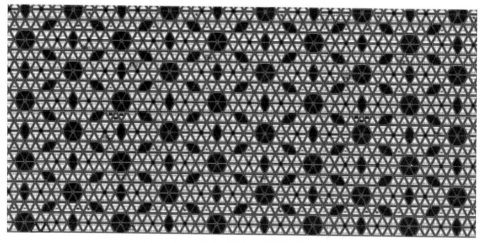

图 5-22　运控大厅实测天花板深化设计排版

1.铝板编号：运控大厅 S7-H1。
2.成品厚度：2.5 mm。
3.颜色：白色，色号：34-93766S。
4.数量：3块。

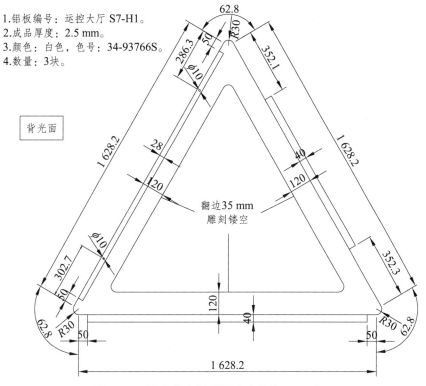

图 5-23　照明带处铝板形式（单位：mm）

图 5-24　照明带处铝板

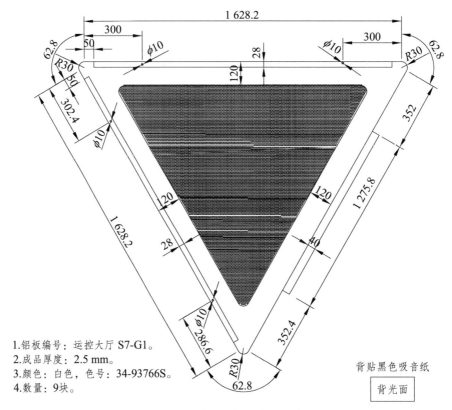

1.铝板编号：运控大厅 S7-G1。
2.成品厚度：2.5 mm。
3.颜色：白色，色号：34-93766S。
4.数量：9块。

图 5-25　非照明带处铝板形式（单位：mm）

图 5-26　非照明带处铝板正面

图 5-27 非照明带处铝板背面

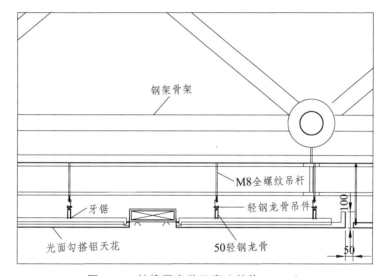

图 5-28 转换层安装示意（单位：mm）

图 5-29 吊件、轻钢龙骨安装节点

图 5-30 吊件安装

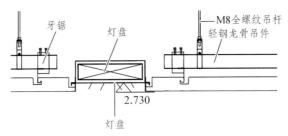

图 5-31　灯轨、灯带龙骨安装

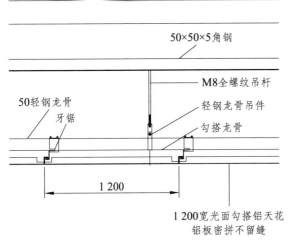

图 5-32　饰面板安装节点（单位：mm）

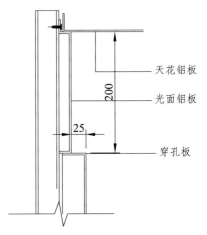

图 5-33　明装轨道安装（单位：mm）

（八）大空间多种角度连续折线型铝方通吊顶

1. 应用工程

马头庄站。

马头庄站室内候车厅吊顶引入当地民间折纸艺术，吊顶主要采用 50 mm × 120 mm × 1 mm 铝方通型材和 2 mm 厚的收边铝单板，并通过不同长度、角度铝方通拼接和标高变化呈现不易表现的文化元素。吊顶铝方通设计标高为 3.8 ~ 4.2 m，阴阳折角为 152° ~ 164°。

2. 技术要求

铝方通吊顶应在下料前进行精确排版，对不同的尺寸和角度标注清楚，并进行分类编号。加工过程中应保证切割尺寸和角度的精度，严格控制焊接变形量，并将所有规格材料对应编号标注清楚。因吊顶材料规格型号较多，安装过程中应严格按照排版编号图进行安装，精确控制折角定位，保证折角顺直、标高一致，主要控制措施：

（1）铝方通第一次切割下料过程中应将长度加长 20 mm，以保证在第二次切割角度时角度的精确度，避免出现圆弧角导致安装过程中接缝拼接不严密的情况。

（2）折角焊接时，应针对不同角度制作焊接加工平台，在加工平台将铝方通固定牢固，减少焊接过程中铝方通的变形量，并在焊接完成后进行校正，保证铝方通的顺直度。

（3）安装过程中重点控制定位铝方通标高和折角定位，通过调整 L 形转接件和吊筋有效长度使不同定位铝方通标高和折角定位一致，为大面积安装提供基础。

3. 技术优化

原装修设计图纸比较粗略，仅体现常规吊顶通用节点图，未专门针对马头庄站吊顶形式进行节点细化。为更好地实现设计方案效果，提高施工质量，降低施工成本，并保证施工工序简单、方便，应在施工前对吊顶体系进行优化。

（1）龙骨体系优化。

常规吊顶体系中的龙骨一般根据吊顶造型来进行安装、定位，对于造型多变的吊顶，按照常规龙骨安装方式施工会导致施工复杂，成本投入增加。根据马头庄站吊顶造型的特点，在常规吊顶龙骨体系吊杆与配套龙骨间增加了 C 型钢连接件和 L 形转接件。L 形转接件与 C 型钢连接件栓接，通过调整 L 形转接件的角度来满足折线吊顶不同角度的定位需求，有效降低了龙骨安装难度，提高了龙骨定位的精度。优化后体系如图 5-34 ~ 图 5-37 所示。

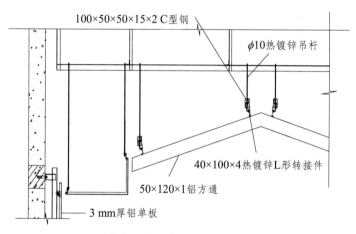

图 5-34　优化后龙骨体系节点（单位：mm）

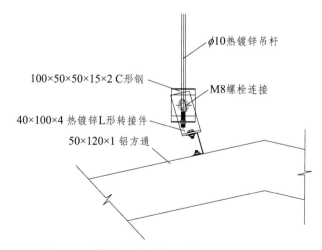

图 5-35　优化后龙骨体系大样（单位：mm）

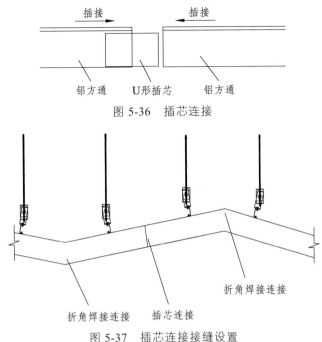

图 5-36　插芯连接

图 5-37　插芯连接接缝设置

（2）铝方通接缝优化。

① 铝方通吊顶在方通接缝处通常采用插芯连接来保证方通的顺直度，避免两根方通在接缝处出现错位，如图 5-38 所示。

② 若马头庄站铝方通接缝采用插芯连接，只能将接缝留设在每根方通折面的中部，折角处采用焊接加工。这种做法因接缝位置明显，降低了整个吊顶折线的连续性，视觉效果较差。另外设计仅有 1 mm 厚的铝方通，铝方通折角焊接难度较大，加工费用按照焊接接头数量进行收费，若全部折角采用焊接会造成材料加工难度和成本提高。

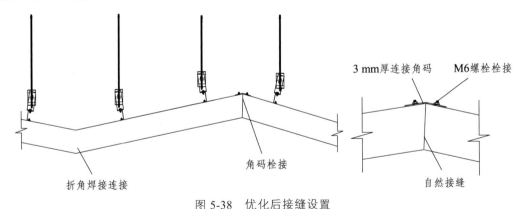

图 5-38　优化后接缝设置

③ 为保证吊顶折线效果的连续性，降低施工成本，实际实施过程中将铝方通接缝优化至折角阴角处，即 4.2 m 标高折角处，采用自然密拼的方式安装，并根据铝方通截面特点在方通上口加设相应角度角码栓接固定，折角阳角处采用焊接方式进行连接。

④ 此优化方案将吊顶铝方通接缝数量和折角焊接数量减少为常规做法的一半，有效降低了安装难度和施工成本。另外在折角阴角处留设接缝，减弱了接缝的视觉变化效果，保证了吊顶折线造型的连续性。

4. 工艺做法

（1）吊顶材料加工。

绘制铝方通和角码连接件加工图，并对不同规格尺寸的材料进行编号，材料出厂前严格按照加工图纸要求对每一构件进行编号。20 mm×40 mm×1.0 mmC 形主龙骨（图 5-39），上翼冲孔 ϕ8.5@200 mm，下翼冲孔 ϕ6.5@200 mm。阴角折角连接角码加工角度 4 种，采用 1.5 mm 厚钢板折弯，两翼居中开 ϕ6.5 mm 孔各一个（图 5-40）。铝方通采用成品型材进行切割、焊接加工（图 5-41）。为保证铝方通拼接处角度切割准确，切割过程中铝方通尺寸应加长 20 mm。加工厂家在加工过程中针对不同角度制作焊接平台固定铝方通，以控制焊接处铝方通的变形量。

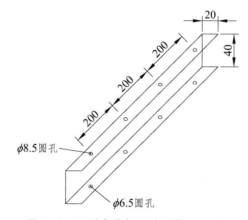

图 5-39　C 形龙骨加工（单位：mm）

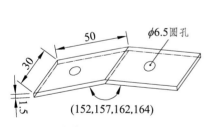

图 5-40　连接角码加工（单位：mm）

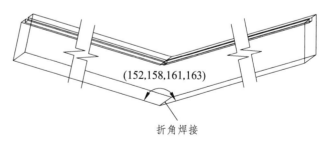

图 5-41　铝方通加工（单位：mm）

（2）安装施工。

① 配套龙骨安装。

厂家配套 C 形龙骨间距不大于 1 000 mm，与 L 形转接件栓接，并通过 ϕ8 通丝镀锌吊杆与转换层水平龙骨连接，转接件和吊杆在安装前采用防霉涂料进行喷涂。龙骨安装过程中，横向拉设通线，保证龙骨顺直，并通过粗调 L 形转接件角度对 C 型龙骨进行初步定位。C 形龙骨端部悬挑长度不得大于 300 mm，接头通过厂家配套连接件进行连接，相邻龙骨接头错开不小于 1 000 mm。

② 铝方通安装。

为保证吊顶整体安装过程中标高和折角位置的精确度，吊顶大面积安装前应安装定位铝方通。定位铝方通每 5 m 一道，定位铝方通通长安装，采用 M6 镀锌螺栓与配套 C 形龙骨栓接，通过调整 L 形转接件角度使 C 形龙骨与铝方通紧密结合，确保铝方通角度定位准确。采用 φ8 通丝镀锌吊杆有效长度使铝方通位于吊顶完成面标高。铝方通阴角折角拼接时，选取相应角度的连接角码，先用螺栓将连接角码与铝方通初步固定，校核铝方通顺直度后将螺栓固定牢固，安装过程中对每一根铝方通重复前述工序。

所有定位铝方通通长安装完成后，再次检查标高和折角定位，确定无误后，定位铝方通拉设通线，展开大面积安装。铝方通安装体系组合如图 5-42 所示。

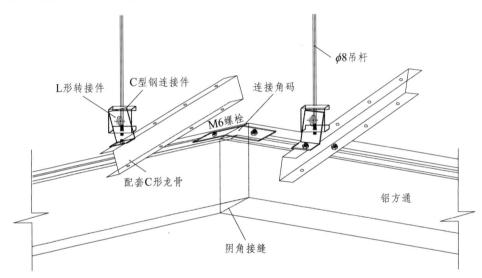

图 5-42　铝方通安装体系组合

5. 节点详图及实例照片

施工中部分节点详图及实例照片如图 5-43、图 5-44 所示。

图 5-43　吊顶设计效果

图 5-44　现场实体样板

（九）吊顶 R 角仿石铝板无拼缝

1. 应用工程

阳高南站。

2. 技术要求

先将铝板间缝隙分两次嵌实，待二次固化后，通过 Photoshop 软件分解仿石铝板实体样板颜色，根据分解后的 RGB 值计算色差ΔE，参考ΔE 差异匹配表，确定底漆及仿石铝板两种花纹颜色是否达到匹配度，方可达到无拼缝效果，如图 5-45 所示。

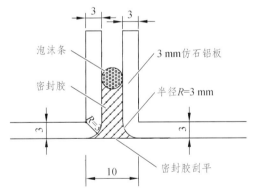

图 5-45　吊顶 R 角仿石铝板

3. 工艺做法

1）工艺流程

缝隙间基层处理→塞入泡沫棒→打胶前成品保护→第一遍打胶→均匀按压、压实→固化后第二次打胶→刮平→Photoshop 软件提取实体铝板 RGB 值→调漆→提取调配好样板的 RGB 值→计算ΔE 并分析→确认仿石铝板底漆及花纹样板→成品保护→喷涂底漆→按比例敲击甩点花纹→局部花纹修整→验收、观察。

2）工艺要点

（1）基层处理。

使用干布清理拼缝的浮灰，且不要附着水渍，避免因水渍影响密封胶的附着力强度。将每条假梁相邻铝板底面调平，防止美化处理后光线照射产生阴影，从而影响无缝效果。

（2）塞入泡沫棒。

打胶前需塞入泡沫棒，节省大量聚氨酯密封胶使用量，且泡沫棒塞入应平整顺直，可控制胶缝厚度一致，为二次打胶成型效果打好基础。

（3）第一次打胶。

打胶前需对实体仿石铝板成品进行保护。打胶时应控制好出胶节奏和打胶速度，胶口嘴应较大，尽量多地填充，用刮刀用力压实，减小收缩量。

（4）第二次打胶。

待第一次打胶 24 h 固化后，进行二次打胶。由于第二次打胶量相对第一次少很多，收缩量也较第一次小很多，聚氨酯密封胶新旧胶黏接性较好，不易脱落，这样可保证拼缝间隙表面平整。

（5）Photoshop 软件提取 RGB 值。

将实体仿石铝板导入 Photoshop 中，根据提取 RGB 数据功能，分别均匀提取底漆色号以及两种花纹色号，并整理提取的 RGB 值，如图 5-46、图 5-47 所示。将底漆数据和两种花纹数据算得的平均值作为后续调漆的标准样板。调漆后的底漆颜色与花纹颜色依旧通过 Photoshop 软件提取出 RGB 值，最后算得的平均值与样板数据进行对比，数据见表 5-1。

表 5-1　提取 RGB 统计

项目	轴线	样板 RGB（底漆）	样板 RGB（深灰）	样板 RGB（浅灰）
样板 1	4/A-E	141，135，123	40，44，45	87，76，72
样板 2	8/A-E	148，142，130	47，47，45	72，78，67
样板 3	11/A-E	156，149，139	41，40，45	83，76，70
RGB 平均值	—	148，142，131	43，44，45	81，77，70

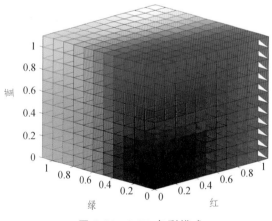

图 5-46　RGB 色彩模式

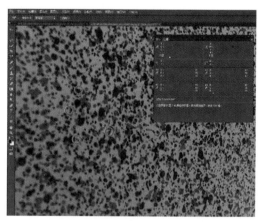

图 5-47　提取 RGB 数据

（6）计算色差ΔE 并分析。

根据选取的 RGB 值以及色差计算公式Δ$E=(\Delta L^2+\Delta A+\Delta B^2)^{1/2}$，对各样板Δ$E$ 求解，根据ΔE 取值范围对照差异匹配表，并确定是否满足理想匹配的要求。具体数据见表 5-2、表 5-3。

表 5-2　ΔE 差异匹配

序号	色差ΔE 取值范围	颜色差异程度	匹配程度
1	0～0.25	非常小	理想匹配
2	0.25～0.5	微小	是可接受的匹配
3	0.5～1.0	微小到中等	在一些应用中可接受
4	1.0～2.0	中等	在特定应用中可接受
5	2.0～4.0	有差距	在特定应用中可接受

表 5-3　ΔE 提计算统计

项目	ΔE（底漆）	ΔE（深灰）	ΔE（浅灰）
样板 1	0.272	0.369	0.311
样板 2	0.164	0.347	0.187
样板 3	0.232	0.233	0.317

最终选取 RGB（面漆底色）样板 2、RGB（深灰色）样板 3、RGB（浅灰色）样板 2 作为最终颜色，并按照各比例进行大量调配，且每次调配量只供当天使用即可。

（7）喷涂底漆。

根据匹配度选取色差ΔE 最小的样板 2（底漆），在拼缝处进行氟碳漆喷涂，喷涂时应注意成品保护，且不得污染两侧实体仿石铝板。喷枪应与仿石铝板平面保持垂直并匀速缓慢喷涂，距离保持一致，避免产生流坠现象。

（8）敲击甩点法装饰花纹（图 5-48）。

同时准备毛刷两个、木棒（或其他类似物件）一个，使用毛刷分别蘸取两种花纹样板漆，对照两侧仿石铝板花纹占用比例，轻轻敲击木棒，产生震动后将漆甩在拼缝处，且力度不能过大（防止因甩出的点过密、过小而与原仿石铝板样式不匹配），直到甩出与周围花纹比例一致后，停止敲击。

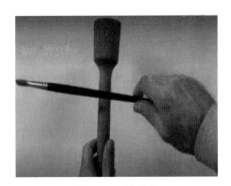

图 5-48　敲击法

（9）局部花纹修整（图5-49、图5-50）。

由于敲击甩点后的个别花纹点较小且过厚，与原仿石铝板不相符，为了最后无缝效果更佳，使用细木棒轻压个别较小花纹点，使其均匀向四周扩散，直到花纹点半径与原仿石铝板相符，修正后使其自然挥发。

将曲臂车水平向两侧平移，并近距离观察无缝处理效果，检查效果达标后再处理下一条密拼缝。

图5-49　花纹修整　　　　　　　　　图5-50　修整后效果

（10）效果检查统计。

8道R角仿石铝板假梁，88条无缝处理全部施工完成，在可观察拼缝的角度范围（13°～167°）内，在候车厅空间中均匀取点进行观察并记录数据。密拼缝共计88个，无可观察到的拼缝点位。

4. 节点详图及实例照片

节点详图及实例照片如图5-51所示。

图5-51　吊顶R角仿石铝板无拼缝效果

（十）金属拉伸网吊顶

1. 应用工程

怀来站。

2. 工艺做法

1）工艺流程

测量放线→安装吊杆转换层→安装吊杆→安装金属网。

2）工艺要点

（1）弹线。

弹出水平控制标高线，弹出主龙骨和次龙骨控制线，主龙骨间距 1 200 mm，次龙骨根据吊顶板设计规格来定。

（2）安装吊挂转换层。

屋顶钢结构为网架球节点结构，吊顶施工必须设置转换层。吊顶转换层采用 M20 的高强度螺栓与网架球节点螺栓连接，配套角码采用 63 mm×100 mm×6 mm 的镀锌角码，角码通过 M20 的高强度螺栓固定于钢结构球上，固定牢固。螺栓及角码纵向间距 1200 mm 一道，横向间距 3 250 mm 一道。

（3）转换层吊杆。

转换层吊杆采用 50 mm×50 mm×5 mm 热镀锌角钢，吊杆通过 2 个 M12 镀锌螺栓在角码上固定牢固。吊杆高度为 400 mm，吊杆横向间距 1 200 mm 一道，纵向间距 3 250 mm 一道。

（4）安装水平主、次 C 型钢和 C 型钢水平转换层。

主 C 型钢采用 140 mm×50 mm×20 mm×2.5 mm 镀锌 C 型钢，横向间距 3 250 mm 一道，其通过栓接在吊杆上固定牢固；次 C 型钢采用 80 mm×40 mm×15 mm×25 mm×2.5 mm 镀锌 C 型钢，纵向间距 1 200 mm 一道，转换层龙骨体系均需喷白漆。

（5）安装吊杆挂件。

$\phi 8$ 吊杆采用全丝镀锌吊杆，与转换层使用螺栓固定。

（6）金属网安装。

弧形金属网沿长边采用专用定制夹具通过螺栓连接固定，定制 U 形、Z 形吊件，采用 $\phi 8$ 镀锌吊筋与钢结构转换层从左到右依次安装。安装时保证金属网弧形及弧度一致、顺直。

3. 节点详图及实例照片

施工中部分节点详图及实例照片如图 5-52、图 5-53 所示。

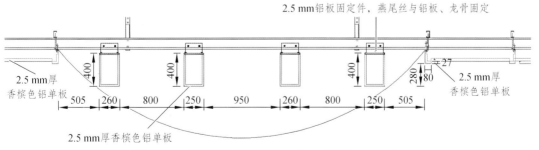

图 5-52　金属拉伸网吊顶施工节点（单位：mm）

图 5-53　金属拉伸网吊顶施工现场实景

（十一）转印铝板吊顶

1. 应用工程

玉磨铁路的峨山站、化念站、元江站、墨江站、野象谷站、橄榄坝站、勐腊站。

2. 技术要求

吊顶安装安全稳固，与吊顶面水平居中。

3. 工艺做法

1）工艺流程

装换层焊接安装→吊杆焊接安装（镀锌角钢）→主龙骨安装→横龙骨安装→转印铝板加工→角钢连接件安装→转印铝板安装。

2）工艺要点

（1）屋面为金属网架结构时，与桁架球连接进行吊顶装换层焊接安装。顶棚为混凝土结构时，在屋面混凝土施工前，提前按布置图完成预埋板的安装，吊顶转换层通过镀锌角钢与顶棚预埋板焊接。

（2）吊顶转换层及主、次龙骨焊接必须满焊，焊接完成清理焊渣后进行防腐涂料喷涂保护。

（3）吊顶铝板镂空部分，如不进行采光照明，所有镂空部分龙骨及顶棚全部喷涂黑色涂料。

（4）转印铝板安装前需对铝板造型、颜色、面漆、尺寸进行复核，复核无误后再进行安装。

（5）转印铝板直接与吊顶次龙骨连接（镀锌六角自攻钉），主次龙骨安装高度误差不得超过 ±5 mm，主龙骨通过镀锌吊杆（角钢）来调整高度。

4. 节点详图及实例照片

施工中部分节点详图及实例照片如图 5-54～图 5-57 所示。

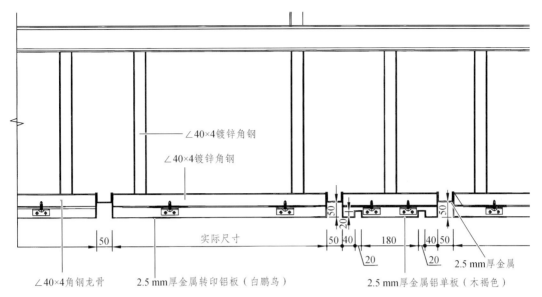

∠40×4镀锌角钢

∠40×4镀锌角钢

实际尺寸

∠40×4角钢龙骨　　　2.5 mm厚金属转印铝板（白鹏鸟）　　　2.5 mm厚金属铝单板（木褐色）　　2.5 mm厚金属

图 5-54　转印铝板吊顶节点（单位：mm）

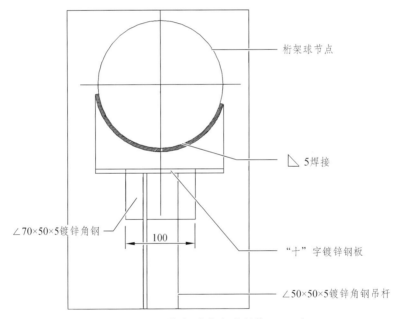

桁架球节点

5焊接

∠70×50×5镀锌角钢

100

"十"字镀锌钢板

∠50×50×5镀锌角钢吊杆

图 5-55　吊顶桁架球节点（单位：mm）

图 5-56　墨江站实例照片

图 5-57　峨山站实例照片

5. 文化艺术融合

墨江站候车大厅吊顶中间装饰有哈尼族群众喜爱的白鹇图案（图 5-58）。在候车大厅中间用九宫格造型形成一个视觉效果，原为铝板雕刻，考虑到下坠掉落危险系数比较大，后用软件把图案处理成 3D 立体效果，再用 UV 喷涂（紫外线固化喷涂）在铝板上，既保证了效果美观又降低了坠落风险。

图 5-58　墨江站吊顶图案

（十二）高大空间装配式双曲面编织铝板水滴吊顶

1. 应用工程

长白山站。

2. 技术要求

（1）镀锌角钢材料加工成圆弧后，角钢表面无破损、裂缝等缺陷。

（2）双曲面编织铝板加工尺寸偏差、氟碳漆厚度必须满足要求，铝板表面洁净、色泽一致，棱角分明，不得出现扭曲、裂缝、破损情况。

（3）水滴曲面圆心、圆弧、龙骨等各点从地面上返到桁架之后，标高偏差控制在 ±2 mm 内。

3. 工艺做法

1）工艺流程

深化设计图→犀牛软件建模→数据整理下料单→工厂加工、运输→材料验收→测量放线→转换层主龙骨安装→龙骨及焊缝检查验收→焊缝防腐处理→弧形次龙骨及吊杆安装→双曲面编织铝板安装→铝板位置复核调整→铝板验收。

2）工艺要点

（1）根据圆心点标高，将地面圆心 O 点位置线引测到桁架上，高低误差控制在 ±2 mm 内，做好标记。根据吊顶平面标高和中轴线位置，将中轴线位置引测到钢结构桁架上，弹线标记。将圆弧分割成 60 个控制点位，通过地面圆心点，用全站仪在地面定出圆弧 1~60 号点在地面的位置。人工悬吊铅垂线，将地面 60 个控制点引测到桁架上，做好标记，形成圆弧边缘控制点。根据引测到桁架上的圆心 O 点和圆半径尺寸，采用人工拉钢丝绳的方式复核控制点位置，控制点复核合格后，将控制点连接成圆弧平面控制线，并进行标记。

（2）抱箍安装完成后，将 180 mm×60 mm×2.5 mm 深灰色镀锌 C 型钢按照轴线位置，采用螺栓与 60 mm×40 mm×5 mm 竖向镀锌角钢固定，先安装中轴线位置，再按照间距依次往两侧安装。将 180 mm×60 mm×2.5 mm 深灰色镀锌 C 型钢安装完成后，倾斜于 180 mm×60 mm×2.5 mm 镀锌 C 型钢 60°方向上，按照设计图间距焊接 80 mm×40 mm×2 mm 深灰色 C 型钢。

（3）在 180 mm×60 mm×2.5 mm 镀锌 C 型钢的侧面焊接 40 mm×40 mm×4 mm 锌镀锌角钢吊杆。焊镀锌角钢吊杆安装完成后，将 50 mm×50 mm×5 mm 的镀锌角钢下料弯弧。加工完成后，将弧形镀锌角钢与吊杆端部用螺栓栓接，弧形龙骨安装时倾斜 60°，隐藏在铝板上方，确保装饰效果。在垂直于中轴线方向上焊接 50 mm×50 mm×5 mm 的弧形镀锌角钢，形成水滴方格网龙骨系统。

（4）位于圆心的铝板安装完成后，依次往两侧安装南、北中轴线上的铝板，铝板安装完成后，对铝板位置、弧度再次进行调整，抵消铝板下挠产生的变形值。南、北中轴线上铝板验收合格后从南北中轴线往两侧安装双曲面铝板。从每条轴线中心往两侧对称进行施工，安装 2~3 块后对位置进行复核，防止累积误差过大。

4. 节点详图及实例照片

施工中部分节点详图及实例照片如图 5-59~图 5-66 所示。

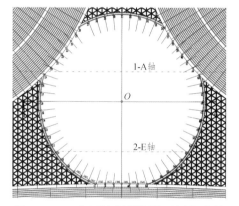

图 5-59　双曲面编制铝板吊顶测量分割

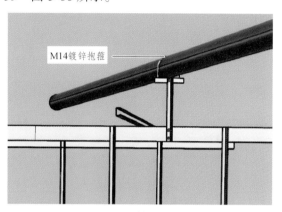

图 5-60　抱箍安装

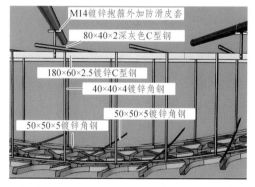

图 5-61　转换层龙骨安装（单位：mm）

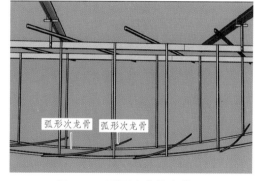

图 5-62　弧形次龙骨安装

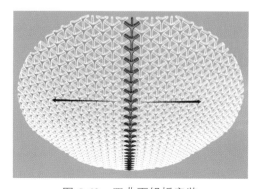

图 5-63　双曲面铝板安装

图 5-64　双曲面铝板地面预拼装

图 5-65　双曲面铝板吊顶正视效果

图 5-66　双曲面铝板吊顶侧视效果

5. 文化元素融入

长白山站（图 5-67）建筑设计依托"三江之源"设计理念，采用三段相切弧线造型，分别象征着鸭绿江、松花江、图们江，中间的合围象征着三江之源——天池，整体造型轻盈、动感，富有张力。

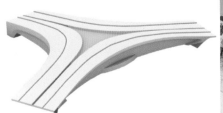

图 5-67　长白山站文化元素

（十三）柱顶节点处理

1. 柱头铝板造型施工工艺

1）应用工程

玉磨铁路的峨山站、墨江站。

2）工艺做法

（1）工艺流程。

柱身预埋板安装→连接件焊接安装→竖龙骨安装→横龙骨安装→柱头预留尺寸复核→柱头造型铝板加工→角钢连接件焊接→柱头造型安装。

（2）工艺要点。

① 柱身预埋板安装需在混凝土结构浇筑前完成提前预埋安装。

② 连接件与预埋板焊接，要求满焊，清理焊渣后再进行防腐处理。

③ 连接件与竖龙骨采用螺栓连接。连接处采用隔离垫片，以避免不同金属连接出现金属腐蚀。

④ 龙骨焊接安装完成后，需对安装的柱头铝板造型预留尺寸复核，避免安装完成后出现缝隙或安装不上的现象。

⑤ 柱头铝板造型加工保证尺寸精度，加工成品精确到毫米。确保柱头造型安装后呈无缝衔接。

3）节点详图及实例照片

施工中部分节点详图及实例照片如图 5-68、图 5-69 所示。

图 5-68 墨江站立柱造型   图 5-69 峨山站柱头造型

2. 柱顶单独增加装饰性柱头

1）应用工程

山南站。

2）工艺做法

通过增加具有地方特色的装饰性柱头造型，将柱身竖向装饰面与吊顶平面装饰面过渡连接，增加的装饰性柱头应具有地域文化代表性，同时具有可实施性。

选择好独立装饰性柱头尺寸比例是方案效果完美展现的关键因素。

西藏拉林铁路山南站候车厅带柱头立柱共分为 3 个高度，分别为进站广厅（20 m）、二层候车厅（11.7 m）和一层候车厅（5.04 m）。为了保证候车空间装修效果的整体性，三种高度的柱头需要采用统一的造型和元素，如图 5-70 ~ 图 5-73 所示。

图 5-70　二层候车厅柱子整体效果

图 5-71　进站广厅柱子整体效果

图 5-72　一层候车厅柱头装修效果

图 5-73　同一视角两种柱子统一效果

从空间效果考虑，尤其是进站广厅和二层候车厅两个对立面的柱子，必须保证所有视觉方位的感官效果合理舒适。两个柱头尺寸必须保持一致，但柱身不一样长，净高相差 8.3 m。柱头尺寸如何选择才能同时满足两种视觉效果使其均合理舒适，需要通过 VR 反复模拟和现场制作样板，多次推敲后决定。另外，针对一层候车厅层高较低的情况，若确需增加柱头来保证空间整体性，可适当缩小柱头尺寸，同时配合勾勒一些线条来弱化柱头相比柱身过大而带来的"头重脚轻"的效果。山南站柱头如图 5-74 所示。

图 5-74　山南站柱头

3. 柱顶无单独增加装饰柱头处的节点处理

对于其他一些层高较低，位置处于空间中部的临空柱，为了增加空间容量，保证空间视线开阔，一般不宜添加单独的装饰性柱头，而更多采用"缩颈"手法进行细部处理，以解决柱子立面和吊顶平面相交处的连接问题，如图 5-75 所示。

此类柱头处理，需要注意缩颈内部柱头的处理：

（1）缩颈内部柱头宜采用不同颜色（深色或亮色）作为视觉效果上区分顶面和立面的视觉分界线。

（2）缩颈后，柱头顶部宜做"灯槽"进行连接过渡处理，灯槽外径应不小于柱身外径。

图 5-75　缩颈柱头

4. 铝条板、方通等离缝吊顶处柱头节点处理

菏泽东站铝条板、方通等离缝吊顶与独立柱柱头交接节点的处理做法与墙面交接节点手法相同，均采用了一定宽度的铝单板外包柱身，离缝吊顶条板、方通搭接在柱身外包铝单板上，以控制外包铝板宽度与整体空间协调，确保吊顶搭接长度，如图 5-76 ~ 图 5-78 所示。

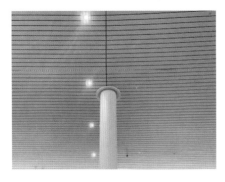 

图 5-76　300 mm 条板离缝 50 mm 吊顶圆柱顶　　图 5-77　90 mm×120 mm 方通离缝 210 mm 吊顶圆柱顶

图 5-78　出站层 90 mm×120 mm 方通离缝 210 mm 吊顶方柱顶

5. 铝单板等密实吊顶处柱头节点处理

菏泽东站采用铝单板等密实吊顶内凹以形成层次感，对于高度较低的吊顶，也可在柱顶增加艺术雕刻不锈钢板进行收口，一般柱脚也应同时增加，如图 5-79、图 5-80 所示。

图 5-79　艺术雕刻不锈钢外包柱头　　　　　图 5-80　铝单板内凹外包柱头

（十四）其他细部做法

（1）室内吊顶造型应该与建筑的结构形式相匹配，以达到整体的和谐和美感，并且满足室内功能需求。

（2）室内应尽量压缩基层及设备空间，最大限度地提高吊顶高度，增加空间感。高吊顶可以给人一种开阔、宽敞的感觉，使室内空间显得更加通透明亮。可以通过隐藏基层和设备，使吊顶线条更加简洁、流畅，从而达到美观整洁的效果。潜山站一层候车厅吊顶如图 5-81 所示。

图 5-81　潜山站一层候车厅吊顶

（3）吊顶应与幕墙分格相协调，不与窗或玻璃幕墙冲突，最好与幕墙横梁交接，无法避免时，应采取处理措施，墙面或吊顶应与幕墙立柱收口、套口切割精细，贴合完整，如图 5-82 所示。

图 5-82　吊顶收边与玻璃幕墙收口

（4）吊顶采用离缝形式时，应根据空间关系及板宽确定板缝宽度。板宽与板缝宽的比例应结合消防要求统筹考虑，可参考表 5-4。吊顶内部的各种构件及管线应平整、有序，颜色应与整体装修风格相适应。离缝吊顶应均匀布置，根据站房轴跨定制卡尺龙骨，尤其注意轴线灯槽板两侧，如不能排布均匀，可紧贴灯槽板，在一跨内消化多余尺寸。离缝条板吊顶排版实景如图 5-83 所示。

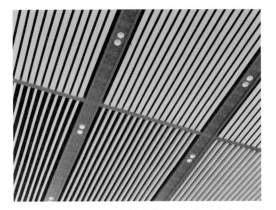

图 5-83　离缝条板吊顶排版实景（圈出部分为错误排版）

表 5-4　板宽与缝宽比例

吊顶后室内净高 H/m	板宽与缝宽的比例	板宽范围/mm
4.0～6.0	2.5：1	80～150
6.0～11.0	2.0：1	80～180
11.0～15.0	2.0：1	100～200
15.0～20.0	1.5：1	150～300
>20.0	根据建筑设计确定	

（5）采用铝合金条板离缝吊顶（图 5-84）时，其周边应设铝单板收边，条板延伸至收边板内，条板应高于收边铝单板并对缝。

图 5-84　铝合金条板离缝吊顶与收边板

（6）采用离缝吊顶时，吊顶内部的各种构件及管线应平整、有序，颜色按深色与白色对比选择，如图 5-85 所示。

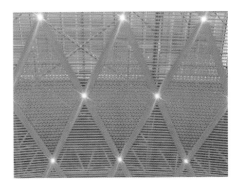

图 5-85 吊顶内部构件及管线（按深色与白色对比）

（7）当吊顶有灯槽板时，灯槽板的深度不宜过深并与灯具匹配，不可挡光，如图 5-86 所示。灯槽板处若有设备末端、喷淋等时，要考虑设备的使用规范。

图 5-86 灯槽板深度参考

（8）吊顶应全面排版（图 5-87），对节点部位进行细化，收口处进行深化设计，做好前期规划。铝条板卡入龙骨的卡槽后，应选用与条板配套的插板与邻板调平，插板插入板缝应固定牢固。

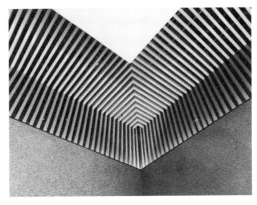

图 5-87 吊顶排版

（9）铝单板与墙面交接时（图 5-88），与墙面离缝 1~3 cm，低矮空间不大于 2 cm。

图 5-88　铝单板与墙面交接节点

（10）柱顶及其他结构杆件与吊顶相交处应进行节点设计（图 5-89）。

图 5-89　柱顶及其他结构杆件与吊顶相交

（11）当吊顶铝方通端头出现在看面时，应在边缘收口（图 5-90）。

图 5-90　铝方通端头处理

二、内墙饰面工程

（一）干挂石材

1. 技术要求

（1）干挂石材墙面的表面应平整、洁净，无污染、缺损和裂痕。石材颜色应协调一致，无色差和明显修痕。

（2）石材接缝应横平竖直、宽窄均匀，与地面砖严格对缝。阴阳角石板压向正确，板边合缝应顺直。凸、凹线出墙厚度应一致，上、下口应平直。石材面板上洞口、槽边应套割吻合，边缘应整齐。

（3）进行图纸深化，细化各类节点、门洞口。转角及阴阳角圆滑平顺。石材不出现色差、裂纹、缺棱掉角及修补打磨痕迹。排版时综合考虑消火栓门、百叶窗等位置。

2. 工艺做法

1）工艺流程

基层处理→吊垂直、套方、找规矩→安装预埋件→龙骨固定和连接→背栓、挂件安装→石板安装。

2）工艺要点

（1）测量放线。

根据设计图纸要求，石材安装前要事先用经纬仪打出大角两个面的竖向控制线，以便随时检查垂直挂线的准确线，保证安装顺利，并在控制线的上下作出标记。

（2）龙骨安装。

在地面上弹出石材完成面线，并标出竖向龙骨位置。固定竖向龙骨后，根据实际石材的单块高度在竖向龙骨上弹出各块的位置线及分块线。钢板用膨胀螺栓与墙面连接形成后置埋件。将竖向龙骨槽钢焊接在埋件上，龙骨与埋件双面满焊。检查合格后按分块线焊接水平龙骨热镀锌角钢。水平龙骨在焊接前应根据石板尺寸、挂件位置提前进行打孔。水平龙骨分三段相邻焊接。经检查水平高度和焊缝符合要求后将焊渣敲干净，涂刷两遍防锈漆。

（3）背栓、挂件安装。

将石材水平放置在有橡胶垫的操作平台上，将背栓装进石材孔内，背栓安装完成后要进行组件抗拉拔试验，合格后安装挂件。

（4）安装石材。

将安装好挂件的石材嵌入龙骨转接件内，根据控制钢丝线复核石材位置，石材位置调整完成后紧固螺栓。

3. 节点详图及实例照片

施工中部分节点详图及实例照片如图 5-91 ~ 图 5-94 所示。

图 5-91　角码固定牢固

图 5-92　石材平整光滑无色差

图 5-93　墙面伸缩缝

（a）石材消火栓门

（b）石材消火栓内部封堵

图 5-94　石材消火栓门

（二）一体化无缝缀花结晶

1. 应用工程

吉安西站站房。

2. 技术要求

接缝处高低错台不超过 1 mm，接缝宽度不超过 1 mm。

3. 工艺做法

1）工艺流程

石材干挂安装→切缝处理→石材胶填缝→玉石胶仿石点缀→打磨抛光→表面除尘清理→表面封釉。

2）工艺要点

（1）切缝。

石材切缝片对石材接缝处进行切割处理，目的是石材接缝缝隙宽窄一致。

（2）嵌缝及缀花处理。

用调配好的石材胶（含玉石胶）嵌缝。嵌缝材料和打磨材料均是根据花岗石石材岩性和矿物质成分采用的专用材料。

（3）打磨抛光。

金刚石磨料和树脂磨料对其从粗到细进行物理打磨直至石材真光。

（4）表面清理。

使用干吸尘布进行表面清理，避免封釉时留下预胶或粉尘颗粒。

（5）表面封釉。

在表面采用石材封釉剂进行封釉处理（保留石材的透气性，不会变色），精加工后的石材表面晶莹剔透、光亮润泽，整根柱子浑然一体无明显接缝。

4. 节点详图及实例照片

施工中部分节点详图及实例照片如图 5-95 所示。

图 5-95　一体化无缝缀花结晶打磨施工现场

（三）背漆玻璃墙面

1. 应用工程

贵阳北站、合肥南站、宁波站。

2. 技术要求

背漆玻璃墙面表面平整光滑，排版合理，分格缝整齐一致，细部处理细致，阴阳角顺直，采用弧边转角设计。

3. 工艺做法

（1）做好前期策划、整体排版，对节点部位、门洞口进行细化，收口处理细腻。墙面排版综合考虑地面装修面层分缝情况，做到墙、地分缝统一。

（2）转角及各阴阳角采用弧边转角设计，圆滑平顺。

（3）对厂家进行技术交底。

（4）现场根据编号对号安装，及时调整施工误差，保证安装效果横平竖直、分缝整齐一致。

4. 节点详图及实例照片

施工中部分节点详图及实例照片如图 5-96 所示。

图 5-96　背漆玻璃墙面

（四）清水板墙面

1. 应用工程

北京朝阳站。

2. 技术要求

墙面垂直度、平整度满足设计规范要求，仿清水混凝土颜色均匀，花形大小、深浅均匀一致。

3. 工艺做法

1）工艺流程

基层清理→分格弹线→埋件安装→转接件焊接及竖龙骨安装→保温岩棉安装→横龙骨安装→第一层硅酸钙板安装→第二层硅酸钙板安装→防锈漆涂刷→嵌缝处理→网格布粘贴→第一遍腻子施工→第二遍腻子施工→打磨处理→墙面粉末清理→仿清水拍花处理→面层涂料涂刷。

2）工艺要点

（1）埋件施工前，要在二次结构施工阶段前进行清水板墙面图纸深化，并根据龙骨生根间距需求进行圈梁布置，提前进行埋件预埋施工。

（2）龙骨安装时要根据墙面完成面位置确定转接件长度及竖龙骨位置。转接件采用四面焊接方式与后置埋件焊接固定，竖龙骨采用 40 mm×80 mm×4 mm 热镀锌方管与转接件先进行点焊确定竖龙骨位置，待竖龙骨位置确定无误后对横龙骨进行焊接横龙骨采用 20 mm×40 mm×2 mm 镀锌方管与竖龙骨进行焊接固定，待位置确定无误后再进行满焊固定、焊渣清理、涂刷防锈漆（两遍防锈漆和一遍银粉漆）。

（3）硅酸钙板安装时，要根据墙面尺寸对墙面硅酸钙板进行有序切割，封第一层硅酸钙板需对每块板的缝隙大小进行控制（3~5 mm），根据基层龙骨位置在第一层硅酸钙板上进行弹线，确定龙骨位置使固定点更加准确；采用防锈自攻丝对第一层硅酸盖板进行固定，自攻丝间距≤200 mm；待第一层硅酸盖板固定完成后对所有固定点进行防锈漆涂刷（加强防锈处理，增加耐久性，避免后期出现返锈情况）。第二层硅酸钙板安装方式与第一层硅酸钙板相同，但需注意自攻丝安装时需与第一层硅酸钙板位置错开。

（4）仿清水基层施工需先对硅酸钙板板块间缝隙进行填缝处理，待填缝剂达到 80%干燥时需对硅酸钙板间缝隙用耐酸碱网格布进行修补，待补缝处理完全干透后，进行仿清水混凝土墙面基层第一遍腻子施工。待第一遍腻子完全晾干后进行第二遍腻子施工，待第二遍腻子完全干透后进行墙面腻子打磨处理。打磨时需严格控制墙面的平整度。

（5）仿清水混凝土面层施工，需根据设计及甲方面层花形要求进行仿清水混凝土拍花处理。拍花涂料需调匀，所使用的工具需提前进行清理，确保使用工具上无杂质，以及所做出来的花形大小、花形深浅均匀一致。

4. 节点详图及实例照片

施工中部分节点详图及实例照片如图 5-97 ~ 图 5-100 所示。

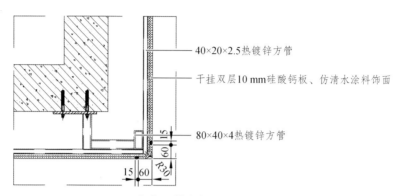

40×20×2.5热镀锌方管

干挂双层10 mm硅酸钙板、仿清水涂料饰面

80×40×4热镀锌方管

图 5-97 阳角位置横向剖面节点（单位：mm）

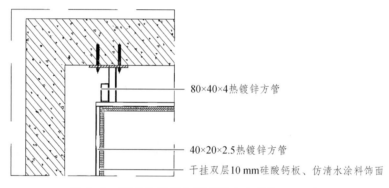

80×40×4热镀锌方管

40×20×2.5热镀锌方管

干挂双层10 mm硅酸钙板、仿清水涂料饰面

图 5-98 阴角位置横向剖面节点（单位：mm）

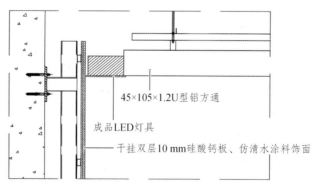

45×105×1.2U型铝方通

成品LED灯具

干挂双层10 mm硅酸钙板、仿清水涂料饰面

图 5-99 吊顶部位收口竖向剖面节点（单位：mm）

图 5-100　清水板墙面现场实际效果

（五）陶土板墙面

1. 应用工程

北京朝阳站。

2. 技术要求

整体墙面对缝整齐，墙面垂直度、平整度满足设计规范要求。

3. 工艺做法

1）工艺流程

钢板埋件预埋施工→鱼刺龙骨后台焊接施工→鱼刺龙骨安装→角码安装→铝合金挂件定位安装→陶土板安装→板面清洗及成品保护。

2）工艺要点

（1）在结构设计施工阶段，提前进行陶土板墙面图纸深化，根据陶土板龙骨生根间距需求进行圈梁布置，并且在圈梁钢筋施工完成后进行埋件预埋施工。

（2）鱼刺龙骨竖向龙骨采用方管、横向龙骨采用角钢，横向角钢数量较多，焊接量大，间距变化较大，存在一定的操作误差，因此建议制作标准龙骨焊接平台，在后台地面集中加工焊接。

（3）根据鱼刺龙骨位置、大小的不同，可采用吊车或者卷扬机进行吊装。施工作业人员在脚手架上人工对位并将单元式鱼刺龙骨与埋件焊接连接。

（4）铝合金挂件的定位、安装是可更换背栓式陶板幕墙安装中至关重要的一环，带齿 20 mm × 20 mm × 3 mm 方铝板和带齿铝合金陶板挂件通过啮合并用螺栓连接在横向角钢龙骨上，可以方便陶土板水平板块方向的调整。

（5）整个立面陶土板安装完毕后，对整体板面进行清洗，同时对于墙面转角位置进行成品保护。

4. 节点详图及实例照片

施工中部分节点详图及实例照片如图 5-101 ~ 图 5-104 所示。

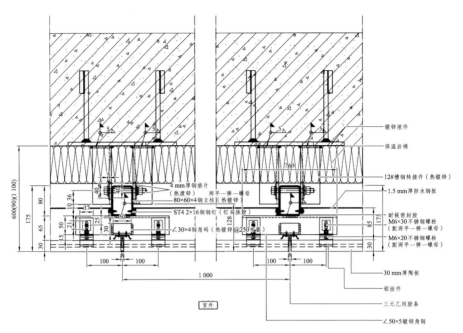

图 5-101　陶土板墙面平面节点（单位：mm）

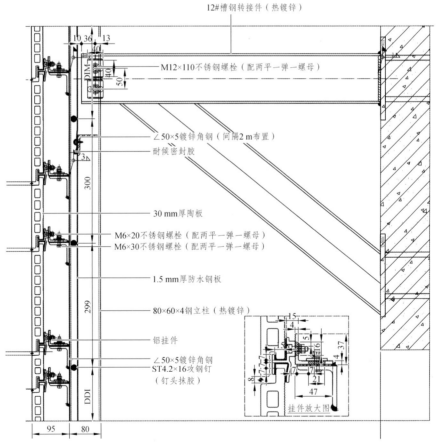

图 5-102　陶土板墙面立面节点（单位：mm）

图 5-103　陶土板墙面鱼刺龙骨加工、安装

图 5-104　陶土板墙面实例照片

（六）石材幕墙单横梁式背栓干挂施工工艺

1. 应用工程

北辰站。

2. 技术要求

常规背栓干挂体系中，横向龙骨用量为 $2n$ 道（n 为石材墙面水平向排数）。在满足受力计算的前提下，采用新型单龙骨背栓体系，横龙骨用量为 $n+1$，整体减少龙骨体系中钢材用量，且在安全性、稳定性方面与常规背栓干挂体系持平。但新型单龙骨背栓干挂体系对横龙骨定位及横龙骨开孔点位要求精度相对较高，需要施工作业人员精准实施。

3. 工艺做法

（1）排版定位。

根据现场测量具体尺寸，对墙面石材进行排版，根据排版图纸，确定每一块石材的规格型号；由于采用单龙骨体系进行石材干挂，因此每块石材所加工上下两排背栓孔必须错位开孔，同时要确定好背栓挂件的宽度，要预留挂件调节位置，以免在安装过程中出现问题。

（2）横龙骨开孔。

根据整体墙面排版图，及石材背栓开孔位置，将每根横龙骨提前在地面进行开孔，这样便于操作施工，尽量避免先焊接横龙骨后开孔。

（3）挂件安装。

背栓挂件采用定制石材单龙骨铝合金挂件。单龙骨挂件分为上挂件及下挂件，因此在安装过程中需根据石材的背栓开孔位置进行背栓挂件定位安装。上挂件及下挂件与石材交接部位需采用专用石材 M8 不锈钢膨胀螺栓进行固定，同时挂件与石材交接处采用橡胶垫片进行隔开。与副龙骨交接处采用 M10 不锈钢对穿螺栓进行固定，挂件与钢龙骨交接处采用橡胶垫片进行隔开。

（4）石材安装。

根据图纸排版对墙面石材进行分类摆放，根据所测量完成面线对墙面石材自下而上进行安装。

先安装最下面一排端头的两块石材，确定最底下一排的墙面石材完成面及位置；墙面石材安装时需对应好上挂件及下挂件位置，单块石材安装完成后需对石材高低及水平方向进行调整，确保每块石材水平及高低方向保持一致。调整完成后需把挂件处调节螺丝紧固到位，以免后期石材出现松动造成石材偏位；第一排安装完成后后续石材以此类推，如遇末端设备洞口处需进行石材预留。

4. 节点详图及实例照片

施工中部分节点详图及实例照片如图 5-105、图 5-106 所示。

图 5-105　单横梁式背栓干挂体系实景

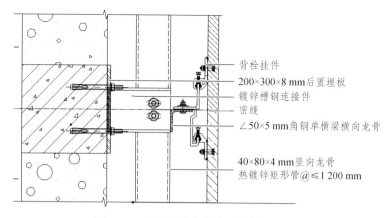

图 5-106　单横梁式背栓干挂体系节点

（七）艺术壁画、浮雕

1. 应用工程
庐江西站。

2. 技术要求
拼缝严密、安装牢固、平整度符合要求。

3. 工艺做法

1）工艺流程

放控制线→基层处理→安装预埋板及打膨胀螺栓→安装钢骨架→安装浮雕与钢龙骨焊接牢固→浮雕四周石材压边收口→清理、成品保护。

2）工艺要点

（1）使用全站仪将水平标高控制线、垂直控制线标记出来，使用墨斗将浮雕安装控制线标记出来。

（2）对锻造好的浮雕成品背面使用镀锌方管进行加固，镀锌方管型号根据浮雕大小以及墙面承重来选择，分别是 80 mm × 40 mm、50 mm × 40 mm、40 mm × 40 mm。遵循主框架大管材，辅助框架为小管材的原则。这样既能起到加固和支撑的作用，也能很好地减轻浮雕自身的重量。

（3）在预留好的安装浮雕的墙面上，留有石材干挂的结构框架，这样浮雕背面的框架与墙面结构框架焊接牢固。安装完成后浮雕四周石材压边收口。最后，将浮雕表面的浮灰清理干净，统一进行补色或调整，以到达最佳的视觉观赏性。

4. 节点详图及实例照片
施工中部分节点详图及实例照片如图 5-107 所示。

图 5-107　浮雕工艺实例

（八）石材雕花

1. 应用工程

桐城东站。

2. 技术要求

拼缝严密、安装牢固、平整度符合要求。

3. 工艺做法

1）工艺流程

放控制线→基层处理→石材排版放线→安装预埋板及打膨胀螺栓→安装钢骨架→挑选石材→预排石材→安装背栓挂件→石材固定→清理、成品保护。

2）工艺要点

（1）使用全站仪把水平标高控制线、垂直标高控制线标记出来，使用墨斗将石材安装控制线进行标记出来。

（2）石材雕刻图案方案深化设计，在工厂进行样板加工，经对比后确认加工图案深浅比例，加工后工厂预拼无问题再打包发货。

（3）安装过程注意半成品及成品的保护，确保图案拼接处拼缝细腻和拼接处的观感效果。

4. 节点详图及实例照片

施工中部分节点详图及实例照片如图 5-108 所示。

图 5-108　石材雕花实例

（九）UV 印制技术主题装饰画

1. 应用工程

怀来站。

2. 技术要求

整体墙面对缝整齐，墙面垂直度、平整度满足设计规范要求。

3. 工艺做法

1）工艺流程

基层清理→弹线找规矩→安装预埋件→龙骨固定和连接→铝板 UV 打印喷绘→铝板安装。

2）工艺要点

（1）测量放线。

清理预做饰面铝板的结构表面，并同时进行结构套方，规矩，弹出垂直线和水平线。根据设计图纸和实际需要弹出安装时的位置线和分块线。

（2）龙骨安装。

① 纵龙骨固定：竖向龙骨为 40 mm × 60 mm × 4 mm 镀锌方管。先用 M12 mm × 120 mm 膨胀螺栓将 200 mm × 200 mm × 8 mm 后置埋件对角固定在墙面上（空间狭小部位无法使用 200 mm × 200 mm 埋板时，在保证相同强度前提下可使用同厚度 150 mm × 150 mm 的热镀锌埋板），竖向间距 ≤ 3 000 mm，镀锌角码转接件与墙面后置埋件满焊固定，焊缝高度为 4 mm，镀锌方钢通与镀锌钢板转接件通过 M12 mm × 110 mm 不锈钢螺栓连接，竖龙骨横向间距 ≤ 1 200 mm。

② 横龙骨固定。

横龙骨采用 40 mm × 40 mm × 3 mm 镀锌角钢。竖、横龙骨按照铝板规格与纵龙骨焊接固定，需满焊。

（3）铝板加工。

铝板油漆加工完成后转运到专业厂家进行 UV 打印喷绘施工。

（4）设计图案。

首先需提供高清打印矢量图形。然后根据设计对图案大小、分割等需求进行二次图案排版，并根据图案确定打印基材铝板的尺寸，也可以根据客户需求自主设计来确定最终方案。

（5）处理基材。

首先依据不同的材质，采用不同的基材处理方法。如铝板表面需要进行表面平整与清灰处理，以及需要添加图层，防止图像脱落。由于 UV 喷绘技术对制品表面的平整度有一定要求，因此需要对表面不平整的原材料进行适当的砂光，使其符合喷印标准。

（6）数码喷绘。

确定图案喷绘的尺寸、位置，连接 UV 平板打印机，在平台上打印样图。确定样图合适后，再进行正式打印。

（7）安装铝板。

铝板安装顺序为从下往上、从左到右。安装前根据控制钢丝线复核铝板位置，铝板边线排列顺直之后，用手电钻拧紧螺丝，使铝板保持最佳位置。按上述方法进行各层的铝板安装。

4. 节点详图及实例照片

施工中部分节点详图及实例照片如图 5-109 所示。

图 5-109　UV 印制技术主题装饰画实例照片

（十）铝板饰面画覆膜

1. 应用工程

长治东站。

2. 技术要求

整体墙面对缝整齐，墙面垂直度、平整度满足设计规范要求。

3. 工艺做法

1）工艺流程

基层清理→弹线找规矩→安装预埋件→龙骨固定和连接→铝板 UV 打印喷绘→铝板安装。

2）工艺要点

（1）覆膜排版。

主要结合铝板尺寸和规格进行放样，确保铝板和膜之间吻合，其次画面排版尽量结合铝板模数设计，确保覆膜画能够结合紧密，尤其在铝板拼缝位置结合紧密。

（2）覆膜。

覆膜前要对安装后的铝板基层进行清理，否则贴膜后容易出现起鼓、粘贴不牢固等现象。边清理边贴敷，使用硬质聚合树脂刮子将气泡清除干净，压刮顺序从一侧开始往另一侧，从左到右，从上到下。拼缝处使用刮子从上到下反复压刮，直到面层平整无翻边为准。

（3）细部处理。

一张膜贴敷完成后，将上下左右局部预留粘贴层用刀具顺折线清除，然后使用刮子从上到下压刮平整。拼接处按照拼装线放置，待线对平后再进行下一道施工工序。下一张贴敷完成后对拼缝处反复压刮，直至无气泡及翻卷等现象。

4. 节点详图及实例照片

施工中部分节点详图及实例照片如图 5-110 所示。

图 5-110　铝板饰面画覆膜实例照片

（十一）大厅墙面艺术风口

1. 应用工程

菏泽东站、橄榄坝站、墨江站、滑浚站。

2. 技术要求

大厅墙面风口一般尺寸比较大，若处理不当会对大厅整体效果有极大影响，可在设计阶段将风口进行隐藏。若风口直面公共区域大厅，则应进行专门的深化设计，在保证其通风功能的前提下（孔隙率），确保外观装修效果与候车大厅整体装修相协调，采用有文化元素的铝板进行装饰。

3. 工艺做法

1）工艺流程

预埋板安装→连接件焊接安装→竖龙骨安装→横龙骨安装→回风口内部喷黑→穿孔铝板及龙骨同色→艺术造型回风口墙面铝板安装。

2）工艺要点

（1）预埋板安装需在圈梁结构浇筑完成前提前预埋安装，也可在圈梁及构造柱上后置埋板。

（2）连接件与预埋板焊接要求满焊，清理焊渣后再进行防腐处理。

（3）连接件与竖龙骨采用螺栓连接，连接处采用隔离垫片，避免不同金属连接出现金属腐蚀。

（4）龙骨焊接安装前，需采用涂料对回风口背部墙体做喷黑或喷灰等颜色处理。

（5）穿孔铝板安装前，需采用氟碳漆对龙骨喷涂处理。

（6）回风口艺术造型饰面安装固定好后，可采用同回风口造型饰面同色硅酮密封胶，对石材墙面与造型饰面交界处缝隙进行勾缝处理，缝宽不宜大于 5 mm，要求胶封平直、顺滑。

4. 节点详图及实例照片

施工中部分节点详图及实例照片如图 5-111 所示。

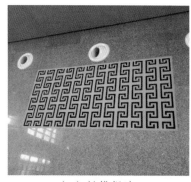

（a）橄榄坝站

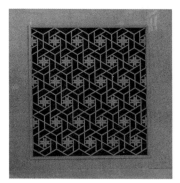

（b）墨江站

（c）滑浚站

图 5-111　艺术风口实例

（十二）蜂窝铝板与石材结合的新型墙面暗藏消防门

1. 应用工程

菏泽东站。

2. 工艺做法

公共区域墙面消火栓箱门一般应进行装饰装修，其面层材质、颜色应与周边墙面相同或相近。位于铝板墙面的箱门一般采用与周边墙面一致的铝板进行制作安装。对于位于石材墙面的箱门，若是位于花岗石类的箱门，一般采用仿石铝板进行制作安装；若是位于大理石墙面的箱门，为确保整体效果，且门体重量不宜过重，可采用 6～8 mm 大理石背贴蜂窝铝板，在保证效果的情况下减小门体自重。

3. 节点详图及实例照片

施工中部分节点详图及实例照片如图 5-112～图 5-116 所示。

图 5-112　门轴铰接件　　图 5-113　6～8 mm 大理石背贴　　图 5-114　新型墙门暗藏消防门成品
　　　　　　　　　　　　　　　　　蜂窝铝板

图 5-115　仿石铝板箱门　　　　图 5-116　铝单板箱门

（十三）柱身艺术性提升

1. 铁路站房候车大厅柱身艺术性造型安装施工工艺

1）应用工程

峨山站、墨江站、野象谷站、勐腊站。

2）技术要求

安装安全稳固、与柱面平整居中。

3）工艺做法

（1）工艺流程。

柱身预埋板安装→连接件焊接安装→竖龙骨安装→横龙骨安装→柱身造型预留尺寸复核→柱身造型铝板加工→角钢连接件安装→柱身艺术性造型安装。

（2）工艺要点。

① 柱身预埋板安装需在混凝土结构浇筑完成前提前预埋安装。

② 连接件与预埋板焊接要求满焊，清理焊渣后再进行防腐处理。

③ 连接件与竖龙骨采用螺栓连接，连接处采用隔离垫片，避免不同金属连接出现金属腐蚀。

④ 龙骨焊接安装完成后，需对安装的柱身铝板造型预留尺寸复核。预留尺寸宽度、长度及垂直度误差不超过 2 mm，避免安装完成后出现缝隙或安装不上等现象。

⑤ 柱头铝板造型加工保证尺寸精度，加工成品精确到毫米，确保柱头造型安装后呈无缝衔接。

⑥ 柱身造型铝板安装前需对铝板造型、颜色、面漆、尺寸进行复核，复核无误后再进行安装。

⑦ 柱身造型铝板通过角钢连接件与龙骨连接安装。安装完成后，如果柱身造型铝板与柱身石材安装缝隙宽度不一致，可采用同铝板同色硅酮密封胶勾缝，缝宽不宜大于 5 mm，要求胶封平直、顺滑。

4）节点详图及实例照片

施工中部分节点详图及实例照片如图 5-117、图 5-118 所示。

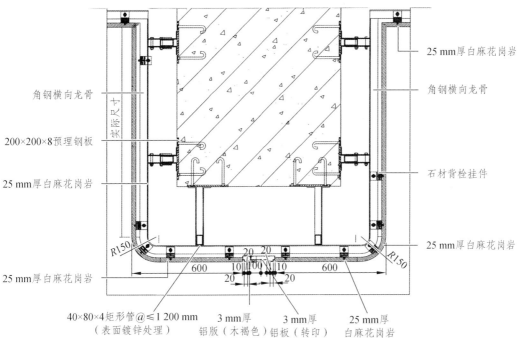

图 5-117　柱身艺术性造型节点详图（单位：mm）

（a）墨江站

（b）峨山站

（c）勐腊站

（d）野象谷站

图 5-118　柱身艺术性造型实例

2. 拉林铁路山南站柱身艺术性提升

山南站候车厅柱身嵌入吉祥结雕刻图案，红底金边，细节之处通过吉祥结纹样为整体建筑空间增添祥和的气息。

柱身宜采用地方特有元素进行填充，一方面弱化候车厅高大柱子的粗壮感，另一方面可以巧妙地融入地域文化元素。拉林铁路山南站候车厅柱中部内嵌藏红色铝单板衬板+10 mm 厚的吉祥结雕刻版组合成双层雕刻版，增加了柱体本身的细节文化。在吉祥结元素的表现上，为了更加突出图案的立体感和厚重感，采用金黄色 10 mm 厚铝单板雕刻。

山南站柱身吉祥给造型细部效果及一、二层柱身整体效果如图 5-119、图 5-120 所示。

图 5-119　山南站柱身吉祥结造型细部效果　　　图 5-120　山南站一、二层柱身整体效果

3. 菏泽东站柱身艺术性提升

菏泽东站出站城市通廊柱面采用嵌入釉料彩绘高温烧制瓷板壁画，壁画内容主体为菏泽曹州牡丹，如图 5-121 所示。曹州牡丹有黑、绿、黄、白、蓝、粉、红、紫、复色等 9 大色系、10 大花型、1 280 余个品种。关于牡丹花的背后有许多历史、典故、传说，如魏紫牡丹、荷苞牡丹、葛巾玉版的传说……菏泽牡丹的每一束枝干、每一片花瓣似乎都承载着浓重的中国文化。

图 5-121　菏泽东站牡丹壁画

（十四）其他细部做法

（1）二次结构砌筑一般按照建筑蓝图施工，微调结构墙体可使装饰墙地砖排版模数配合得更好，避免出现小砖。故在二次结构砌筑前需要提前把大厅墙地砖、门洞口进行排版，及时调整需要微调部分，如墙面为铝板面材，门头上应排版为一整块面板。墙面排版如图 5-122所示。

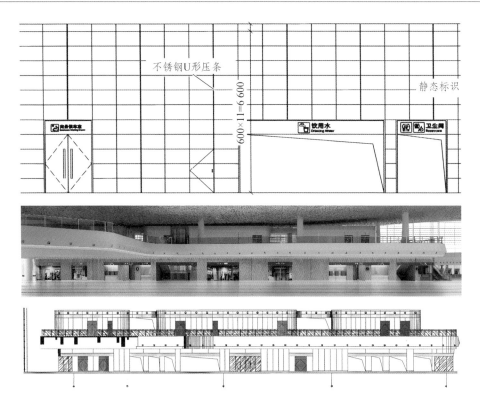

图 5-122　墙面排版

（2）一般情况下，中小型客站候车厅正背立面易设置横梁（图 5-123），由于结构受力问题极易出现横梁截面大小、高度不一致的情况，在会审结构图纸时需调整装饰面层，使其完成面高度、宽度保持一致。如横梁截面过大，外侧包封铝板面层时可设置两道凹槽，以增强层次效果。

图 5-123　横梁（墨江站）

（3）同一墙面门洞口、广告、回风口宜在同一高度，与候车厅相连的门洞需采用石材、铝板做门套，其色彩、样式应与整体装修风格相协调。墙面门楣正中不应出现拼缝（图 5-124），收边应压住候车厅墙面幕墙，不可留槽处理。设备末端根据墙面砖排版进行布置，不能错乱放置。回风口设置在墙面时，回风口材质应选用与墙面相同或相近的材料。

图 5-124 墙面门洞口与门套

（4）墙面上设置的各类控制面板和风口应与墙面分格协调，控制面板不宜设置在公共区域，并宜按功能集中设置。严格根据墙面砖排版布置控制面板（图 5-125），如不得已设置在公共区域，应挪移到旅客流线隐蔽处，绝不可设置在出入口两侧。

图 5-125　根据墙面砖排版布置控制面板

（5）墙面与水平面夹角小于 75°时，严禁采用倒挂石材的做法。考虑空间色彩整体性，可选用仿石铝板（图 5-126）。多选用几种仿石铝板样板与真实石材对比，使其差异达到最小。

图 5-126　仿石铝板

（6）公共空间内部的方形柱子和实体墙面阳角（图 5-127），均应做半径不小于 15 mm 的圆弧处理。所有墙面阳角处做圆弧处理，圆弧半径不超过砖厚，下料时须定厚处理，保证阳角的顺直，能与周围石材贴合。如圆弧半径超过单块砖厚，须采用单独块材进行下料，并规划砖缝。

图 5-127　方形柱子和实体墙面阳角

（7）墙体设有变形缝时（图 5-128），装饰面层及基层设计应充分考虑变形构造措施，并满足装饰美观的需求。装饰面层不得采用断缝变形构造，应采用凹槽隐藏式变形构造。

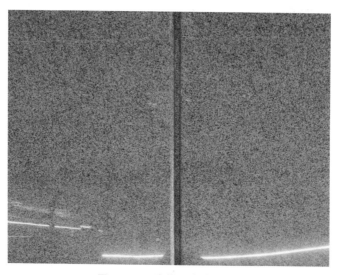

图 5-128　墙体设有变形缝

（8）室内所有块材之间的拼接缝严禁打胶处理，根据效果可采用密封与凹槽或压扣条的形式进行构造处理，具体块材大小与拼接缝宽的比例关系应在现场打印样板研究后确定。室内块材拼接缝节点构造如图 5-129 所示。

图 5-129　室内块材拼接缝节点构造

（9）墙面回风口（图 5-130）应增加文化元素，在满足通风率的前提下，后背穿孔网，消除安全隐患。

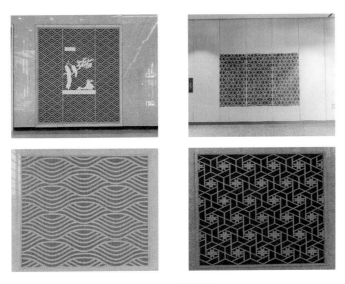

图 5-130　墙面回风口

三、地面工程

（一）石材铺装

1. 应用工程

站房公共大厅。

2. 技术要求

砖面层的表面应洁净、图案清晰、色泽一致、接缝平整、周边顺直，板块无裂纹、掉角和缺棱等缺陷。

砖面层边角块材及尺寸应符合设计要求，边角整齐、光滑。

砖面层表面的坡度应符合设计要求，不倒泛水、无积水，与地漏、管道结合处应严密牢固，无渗漏。

3. 工艺做法

1）工艺流程

测量放线→素土夯实→级配砂石换填→混凝土垫层浇筑→基层处理→细石混凝土找坡层→干性水泥砂浆结合层→花岗岩铺设→勾缝→养护。

2）工艺要点

（1）石材进场验收。

石材进场严格按照规范要求进行外观、规格验收，并按要求进行见证取样，保证进场材料合格。将有缺陷和局部污染的石材挑出来，对完好的石材进行平整度几何尺寸测量和套方检查，确保用料合格。所有石材均应进行六面防护处理，未经处理的石材不得取用。

（2）基层处理。

将基层表面的浮土或砂浆铲掉，清扫干净，有油污时，应用 10%火碱水刷净，并用清水冲洗干净。

（3）放线。

先根据排砖图确定铺砌的缝隙宽度。根据排砖图及缝宽在地面上弹纵、横控制线。注意该十字线与墙面抹灰时控制房间方正的十字线是否对应平行，同时注意开间方向的控制线是否与走廊的纵向控制线平行，不平行时应调整至平行，以避免在门口位置的分色砖出现大小头。

（4）铺设。

正式铺设前进行试拼，达到品种、颜色、纹路基本一致、符合设计要求后统一按两个方向编号。石材背后浇水、阴干码放后备用。一般房间的控制应先里后外进行铺设，即先以远离门口的一边开始，按照试拼编号，依次铺砌，逐步退至门口。铺前应将板材预先浸湿阴干后备用，先进行试铺，对好纵横缝，用橡皮锤敲击木垫板，振实砂浆至铺设高度后，将石材掀起移至一旁，检查砂浆上表面与板材之间是否吻合，如发现有空余之处，应用砂浆填补，然后正式铺设。铺设时先在石材背面均匀抹一层水灰比为 0.5 的素水泥浆结合层，再铺石材板块，安放时四角同时往下落，用橡皮锤轻击木垫板，根据水平线用水平尺找平，铺完第一块后向侧边和背后方向顺序铺设。石材板块之间，接缝要严，不留缝隙。

（5）勾缝。

石材饰面板铺设 1～2 d 干硬后，再用专用填缝剂填缝嵌实，面层用干布擦拭干净。

（6）养护。

养护期 7 d 之内禁止踩踏。

4. 节点详图及实例照片

施工中部分节点详图及实例照片如图 5-131～图 5-134 所示。

图 5-131　橡胶锤轻敲石材及用力按压防止空鼓

图 5-132　拉线铺贴地面石材

图 5-133　地面石材平整，砖缝顺直　　　　图 5-134　伸缩缝打胶顺直

（二）不同材质地面拼花

1. 应用工程

北京朝阳站。

2. 技术要求

（1）地面石材主要使用 1 000 mm×1 000 mm×25 mm 的灰麻花岗石，主要用于售票厅、候车厅、出站厅施工。

（2）石板的品种、规格、颜色和性能应符合设计要求及国家现行标准的有关规定。

（3）石板孔、槽的数量、位置和尺寸应符合设计要求。

（4）石板安装工程的预埋件（或后置埋件）、连接件的材质、数量、规格、位置、连接方法和防腐处理应符合设计要求。后置埋件的现场拉拔力应符合设计要求。石板安装应牢固。

（5）采用满粘法施工的石板工程，石板与基层之间的黏结料应饱满、无空鼓。石板黏结应牢固。

（6）石板表面应平整、洁净、色泽一致，应无裂痕和缺损。石板表面应无泛碱等污染。

（7）石板填缝应密实、平直，宽度和深度应符合设计要求，填缝材料色泽应一致。

（8）采用湿作业法施工的石板安装工程，石板应进行防碱封闭处理。石板与基体之间的灌注材料应饱满、密实。

（9）石板上的孔洞应套割吻合，边缘应整齐。

（10）石板安装的允许偏差和检验方法应符合表 5-5 的规定。

表 5-5　石板安装的允许偏差和检验方法

项次	项目	允许偏差/mm			检验方法
		光面	剁斧石	蘑菇石	
1	立面垂直度直度	2	3	3	用 2 m 垂直检测尺检查
2	表面平整度	2	3	—	用 2 m 靠尺和塞尺检查
3	阴阳角方正	2	4	4	用直角检测尺检查
4	接缝直线度	2	4	4	拉 5 m 线，不足 5 m 拉通线，用钢直尺检查
5	墙裙、勒脚上口直线度	2	3	3	拉 5 m 线，不足 5 m 拉通线，用钢直尺检查
6	接缝高低差	1	3		用钢直尺和塞尺检查
7	接缝宽度	1	2	2	用钢直尺检查

3. 工艺做法

1）工艺流程

清理基层→弹线→试拼→刷水泥砂浆结合层→铺砂浆→铺石材板块→擦缝。

2）工艺要点

（1）基层处理。

将地面垫层上的杂物清净，用钢丝刷刷掉黏结在垫层上的砂浆并清扫干净。

（2）弹线。

在售票厅、候车厅墙柱面引出 1 000 mm 标高线，并根据 1 000 mm 标高线下反出地面完成面的位置，根据深化设计图通过经纬仪将南北方向、东西方向控制线弹至地面进行套方，通过控制线测量出墙面完成面线，并将完成面线弹至地面。

（3）试拼。

地面石材在正式铺设前，应进行试拼，检查同一空间的石材颜色、图案、纹理是否一致，如不一致，要求厂家调换。

（4）刷水泥砂浆结合层。

在铺砂浆之前再次将混凝土垫层清扫干净，然后用喷壶洒水湿润，随刷随铺砂浆。

（5）铺砂浆。

根据地面完成面高度，确定出地面黏接层厚度，使用 1∶3 干硬性水泥砂浆（拌制程度以手抓落地即散为宜）。因干硬性砂浆铺装时未经敲打，较为松散，铺设时应高出实际高度 3～4 mm，砂浆不可一次性铺设过多。干硬性砂浆不可一次性拌制过多，应根据铺装石材的多少核算干硬性砂浆拌制工程量，避免拌制过多浪费材料，同时也应避免拌制过少影响施工生产。现场所用干硬性砂浆必须使用机械拌制，不得使用人工拌制砂浆。

（6）铺石材板块。

现场施工人员首先根据现场排版图纸找出施工区域所用的石材板块，将崩边、掉角、面层损坏的石材剔除。根据图纸找出地面排版和控制线的关系，首先根据套房铺贴出东西方向、南北方向石材主筋。为了保证铺贴的地面石材不空鼓，石材铺贴需采用石材背面抹水泥膏法，不得使用浇浆法。两石材板缝为 1.5 mm。地面石材每隔 6～10 m 预留 5 mm 宽伸缩缝。石材铺装完毕后，需将表面的水泥砂浆、砂砾用抹布擦干净，防止长时间留在石材表面硬化。同时施工人员对该处进行保护管理，严禁任何人在刚铺贴完毕的石材面层走动、踩踏。

4. 节点详图及实例照片

施工中部分节点详图及实例照片如图 5-135 所示。

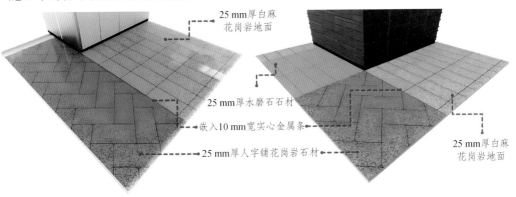

图 5-135　拼花施工三维效果

（三）单列嵌平型地面变形缝

1. 应用工程

菏泽东站。

2. 技术要求

石材地面伸缩变形缝，一般隔 6～8 m 纵横向设置，其排布应与地面站房整体排版协调统一。菏泽东站室内伸缩缝采用了 8 mm×25 mm 的铝合金地面分割条，其材质有不锈钢、黄铜等可供选择。两侧金属材料压紧中心弹性胶条，利用橡胶的弹性保证产品的伸缩性，其宽度一般为 8～20 mm，高度一般为 15～25 mm。

3. 工艺流程

粘贴美纹纸→弹线切割→清理并刷防护液→灌水泥→嵌入分割条。

4. 节点详图及实例照片

施工中部分节点详图及实例照片如图 5-136 ~ 图 5-138 所示。

图 5-136　单列嵌平型地面施工节点

图 5-137　材料样品

图 5-138　单列嵌平型地面效果

（四）地面耐压承重型地面变形缝（金属盖板）

1. 应用工程

北京朝阳站。

2. 技术要求

无渗漏水，盖板拼缝严密，平整顺直，与地面高度无高差。

3. 工艺做法

1）工艺流程

钢板埋件预埋施工→鱼刺龙骨后台焊接施工→鱼刺龙骨安装→角码安装→铝合金挂件定位安装→陶土板安装→板面清洗及成品保护。

2）工艺要点

（1）不锈钢接水槽通过 M10 mm × 100 mm 的膨胀螺栓固定在结构楼板上方，接水槽要在向排水管方向设置坡度，避免积水。

（2）变形缝两侧增加结构挡水措施，采用 220 mm × 300 mm 现浇混凝土挡水基座。

（3）采用 SBS（某乙烯—丁二烯—苯乙烯）防水卷材沿着混凝土基座外侧位置进行防水处理。

（4）在变形缝的中间增加橡胶止水带并于中间位置预留一定变形余量。

（5）金属盖板上可根据文化元素设置创意图案，增加建筑亮点。

4. 节点详图及实例照片

施工中部分节点详图及实例照片如图 5-139、图 5-140 所示。

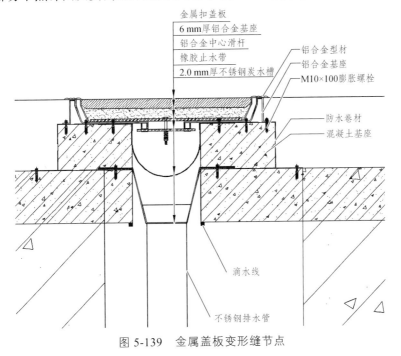

图 5-139　金属盖板变形缝节点

图 5-140　金属盖板现场

（五）柱脚收口节点处理

1. 采用文化元素雕刻外包柱脚

（1）应用工程：菏泽东站。

外包柱脚雕刻融入文化元素，材质一般为耐久性较好的石材、不锈钢，如图 5-141 所示。对于有一定倾斜度的柱子，采用不锈钢材质便于加工。

（a）柱脚石材阳刻

（b）柱脚不锈刚雕刻

图 5-141　菏泽东站柱脚

（2）应用工程：山南站。

① 山南站候车厅立柱柱身装饰面层主要采用白色铝单板，在柱脚处增加了定制的石材雕刻板，不仅增加了立柱整体基座的稳固感，而且从使用角度出发，在最后 1.2 m 高位置采用石材雕刻板可以有效防止日常人、物碰撞对柱身铝板造成破坏。另外，从立柱整体出发，应做到"上有装饰柱头，中部柱身有花，下有稳重柱脚"。

② 山南站柱脚雕刻板总体细节工艺可分为三部分组成：顶部刻有雪莲花瓣的装饰线条（高 225 mm），中部刻有"藏源山南"象形文字字样的主题雕刻板，底部采用内凹八字脚定制的弧形踢脚线条（高 124 mm）。

③ 三个板块之间均采用倒圆角处理，且踢脚处采用内凹八字脚，避免堆积灰尘。

山南站柱脚雕刻板细部构造节点及实景如图 5-142、图 5-143 所示。

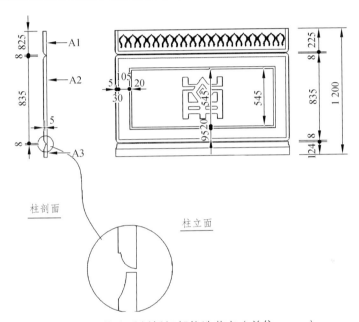

图 5-142　柱脚雕刻板细部构造节点（单位：mm）

图 5-143　柱脚雕刻板细部实景

④ 雕刻板凹槽的抛光度选择时要进行深入的细节比选。凹槽不抛光图案显示明显，但质感略显粗糙；凹槽抛光，图案相对不明显但质感有所提升。为进一步实现品质工程，在优化抛光工艺的基础上，宜采用磨料端面与板材接触，线磨抛的方式，使用 5 种粗细不同的磨料，最终达到既有观感又有质感的平整度和光度。雕刻板实体抛光工艺效果如图 5-144 所示。

图 5-144 雕刻板实体抛光工艺效果

2. 普通石材踢脚收口

菏泽东站城市通廊柱面为大理石柱面，其踢脚采用与柱面颜色对比鲜明的宝石蓝踢脚，并向内收 100～150 mm，与柱面形成层次感，美观大方且不易损坏，如图 5-145 所示。

图 5-145 菏泽东站城市通廊石材柱脚实景

（六）其他细部做法

（1）综合考虑幕墙分格模数，一般采用 800 mm×800 mm 地砖，根据效果、成本可采用 1 000 mm×1 000 mm 地砖。地面石材严禁出现错台、错缝，平整度误差≤0.5 mm。公共区域地面石材排版设计充分考虑整砖铺贴，分缝顺直。边角区域排版避免出现小于 1/3 标准版的石材。地面铺贴如图 5-146 所示。

图 5-146　地面铺贴实例

（2）地面温度缝中、大型和重要意义的站房采用成品变形缝（图 5-147），其他站房可采用胶缝处理。温度缝间距一般为 6 ~ 12 m，缝宽为 5 mm（铺贴地砖时留 3 mm 缝隙，后采用 5 mm 细刀切缝处理）。

（a）地面温度缝

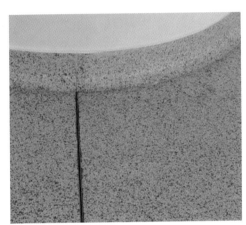

（b）成品变形缝

（c）成品变形缝构件

图 5-147　地面温度缝和成品变形缝

（3）地面变形缝盖板应满足清扫车辆通行承载要求，宜选用铝合金盖板（图 5-148）。石材地面变形缝采用定制不锈钢变形缝，当缝宽大于 100 mm 时，注意变形缝的加强（盖板厚度不小于 4 mm），变形缝原则上不得采用嵌板石材类型（易压坏）。

图 5-148　铝合金变形缝盖板

第二节　售票厅

一、综合服务中心

综合服务中心细部要点如下：

（1）售票厅与综合服务中心室内净高（图 5-149）应根据空间比例大小和设备管线布置综合确定，大型及以上客站室内净高不小于 5.0 m，中小型客站室内净高不小于 4.0 m。

图 5-149　综合服务中心室内净高

（2）综合服务中心服务台（图 5-150）应进行开敞式设计，使空间的整体设计风格更延续统一。背景墙不宜设置门，一般将门隐蔽在两侧墙面，避免破坏背景墙的美观感。

图 5-150　综合服务中心服务台

（3）窗口服务台（图 5-151）的设计风格应与综合服务中心整体风格协调统一，开放式服务窗口台面高应按 0.8 m 设计。服务窗口应设置无障碍窗口，残疾人窗口应按高 0.76 m 设计，残疾人售票窗口窗台墙体应内退 150 mm。服务台台面宜采用人造石材质，台面高度应便于旅客使用。

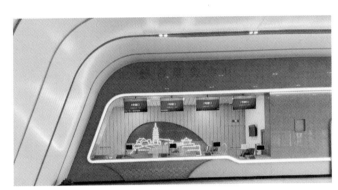

图 5-151　窗口服务台

（4）综合服务中心柜台前不应设固定排队栏杆，避免影响安检及售票取票。一般情况下，综合服务中心柜台前设置黄色等候线（图 5-152），可采用金属条镶嵌文字的方式。

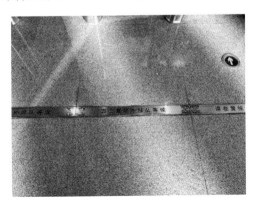

图 5-152　等待线

（5）售票室内，售票窗口对面的墙体（图 5-153）不应设置窗、不宜设置门，确需设门时，应采用隐藏门。消火栓和各类控制面板应设于售票室内侧墙上并进行隐蔽处理。

图 5-153　售票室墙体

（一）玉磨铁路开敞式窗口

1. 应用工程

峨山站、化念站、元江站、墨江站、野象谷站、橄榄坝站、勐腊站。

2. 优化做法

（1）透明亚克力板做通长，根据工位分出板块、板缝，增加了售票台的整体性。

（2）人造石上方铝板盒子与扩音器、二维码扫描器相结合，增加旅客可以放置小物品的凹槽（宽 300 mm，高 200 mm），更加人性化，让旅客能智能进站，便捷进站。

（3）增加工位隔板，在开敞式售票厅中，提高了单独工位的私密性。

3. 节点详图及实例照片

施工中部分节点详图及实例照片如图 5-154 所示。

（a）峨山站售票厅

（b）元江站售票厅

（c）墨江站售票厅

图 5-154　玉磨铁路开敞式窗口

（二）焦作西站开敞式窗口

1. 应用工程

焦作西站。

2. 优化做法

焦作西站售票厅均采用开敞式布局，信息屏与自动售票机结合布置，人工柜台窗口统一采用 800 mm 高的柜台，满足无障碍旅客的需求。桌面设置玻璃内嵌式旅客显示屏，并设置了木质摆件摆放 POS（销售时点系统）机、笔架等旅客服务设施。新增置物架，方便旅客放置轻型随身物品，解放双手，专注办理业务。

3. 节点详图及实例照片

施工中部分节点详图及实例照片如图 5-155、图 5-156 所示。

图 5-155　开敞式售票厅

图 5-156　置物架

（三）台州中心站开敞式窗口

1. 应用工程

台州中心站。

2. 优化做法

背景墙以当地著名景点及神仙居的火山流纹岩地貌为剪影，采用特色铝板幕墙造型，铝板吊顶采用不同颜色差异的铝方通，通过错位调节布置，展现出极具视觉冲击的海浪条纹，两者相互结合，与台州"山海水城，丝路浪涌"的地貌特色相呼应。

3. 节点详图及实例照片

施工中部分节点详图及实例照片如图 5-157 所示。

图 5-157 台州中心站开敞式窗口

（四）拉林铁路山南站开敞式窗口

1. 应用工程

山南站。

2. 优化做法

根据山南站外形轮廓设计站房元素符号，并在其中增加"藏源山南"字符，突出山南是藏源文化发源地。

以"藏之源、山之南、河之畔、湖之蓝"十二字体现山南文化。"藏之源"意为山南乃藏源文化发源地，"山之南"意为山南处于青藏高原冈底斯山—念青唐古拉山脉以南，"河之畔"意为山南位于雅砻河畔，"湖之蓝"意为三大圣湖之一的羊卓雍错位于山南境内。

3. 节点详图及实例照片

施工中部分节点详图及实例照片如图 5-158 所示。

图 5-158　拉林铁路山南站开敞式窗口

二、自动售/取票机

自动售/取票机细部要点如下：

（1）自动售/取票机排布方式应满足旅客购票流线组织要求，成组设备间距应满足旅客走行空间要求。自动售/取票机与人工售票窗口不宜呈 L 形布置。

（2）自动售/取票机宜采用墙体嵌入式安装，与墙面装修整体协调。

（3）自动售/取票机洞口上方应设置过梁。

施工中部分节点详图及实例照片如图 5-159 ~ 图 5-162 所示。

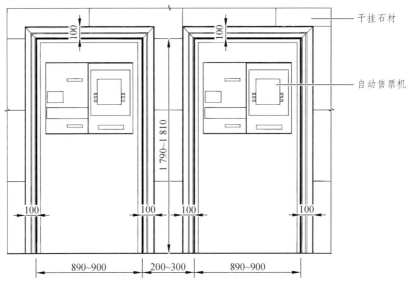

图 5-159　自动售/取票机安装立面（单位：mm）

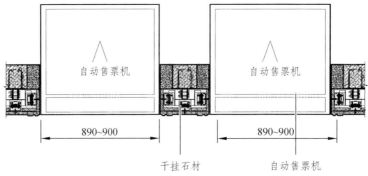

图 5-160　自动售/取票机安装平面（单位：mm）

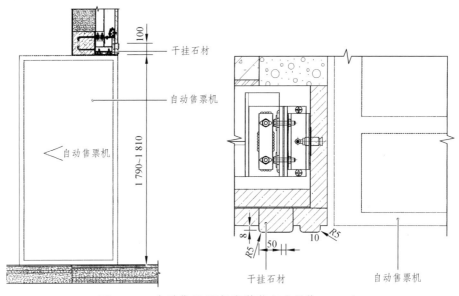

图 5-161　自动售/取票机安装节点（单位：mm）

（a）非嵌入式安装

（b）嵌入式安装

图 5-162　自动售/取票机

第三节　卫生间

卫生间细部要点如下：

（1）公共卫生间平面布局（图 5-163）应注意私密性，避免通视和盥洗镜折射干扰，不宜设门。公共卫生间平面布局应满足旅客通行要求。盥洗间通行净距不应小于 2 m，双侧厕所隔间的净距及单侧厕所隔间至对面墙面或小便器的净距不应小于 2 m。卫生间内应提前考虑流线，根据排版调整布局，保证地面通铺，不宜采用在垭口处设置门槛石解决通铺问题的方式。从候车大厅进入公共卫生间的通道应着重打造。平面布置允许的条件下建议采用岛式洗手台，环形通道，方便通行，可以有效防止通视。

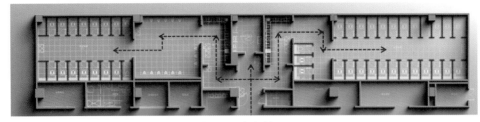

（a）深化前布局平面

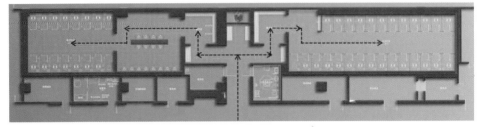

（b）深化后布局平面

图 5-163　公共卫生间平面布局

（2）公共卫生间出入口（图 5-164）宽度不应小于 1 800 mm，入口处不应设门，男、女厕进门的门洞宽度不宜小于 1 500 mm。进门厅正立面和厕位空间端头墙面应采用装饰艺术处理。残疾人卫生间门和外墙应统一处理，宜采用双开电动门。男、女厕进门处要进行视线测量，防止镜面反射卫生间内部空间，保证私密性要求。

图 5-164　公共卫生间出入口

（3）候车厅内公共卫生间厕位数和洗手盆数应与候车厅有效候车面积相匹配。

（4）公共卫生间应设机械排风，其应始终处于负压区，以防止气味流入其他公共区域，公共卫生间门洞和可开启外窗可作为补风口。机械排风系统应结合吊顶形式设置排风，排风口宜靠近蹲便器、小便器的隔墙顶部布置，同时尽量远离补风口，以免气流短路。采用下排风时，隐藏排风管道，且下排风空间不应占用规定的进深和开间轴线尺寸。下排风不可明装（图 5-165），以免旅客误扔垃圾。

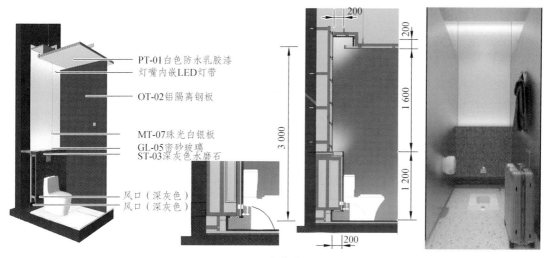

PT-01白色防水乳胶漆
灯嘴内嵌LED灯带
OT-02铝隔离钢板
MT-07珠光白银板
GL-05密砂玻璃
ST-03深灰色水磨石
风口（深灰色）
风口（深灰色）

图 5-165　暗藏式下排风

（5）严寒、寒冷和夏热冬冷地区的公共盥洗室宜提供热水盥洗服务。公共卫生间区域的照明度应与候车区照明度保持一致。热水器不可直接落地，应设置底隔板与地面隔离。

（6）所有车站均应设置第三卫生间，其数量应与候车厅有效候车面积相匹配，分布应均匀。第三卫生间是用于协助老、幼及行动不便者使用的卫生间。

（7）卫生间墙地面应采用易清洁、耐腐蚀、防水性能好的饰面材料，墙面宜采用表面光滑的通体玻化砖，地面宜采用防滑、抗渗性能好的防滑地砖。小便斗下方地面不应设凹槽。墙面材料可采用多种装饰材料，墙面的对缝方式可以有多种艺术设计，具有规则性秩序感即可。若采用玻化砖，若非必要不建议采用美缝胶，墙缝可采用二次上墙开缝，以保证缝隙宽窄均匀。不得有小于半砖的小块砖排版，墙面排版尽量减少切割，推荐采用 600 mm 以上的大砖铺排。卫生间地面及墙面排版如图 5-166 所示。

图 5-166　卫生间地面及墙面排版

（8）地面与墙面铺贴应整体设计，墙砖地砖对缝应横平竖直、大小一致，墙砖应垂直平整，墙砖应至少高出吊顶标高 200 mm。隔间板应与墙地面砖对缝，小便斗应与墙地面砖对中或对缝。

（9）卫生间墙面阳角处应做圆弧处理（图 5-167），不宜设压条。可采用通体玻化砖磨圆角或者云石胶倒圆角两种处理方式。采用磨圆角处理时，门洞及拐角处的阳角正面墙砖应压侧面墙砖以确保正面效果。墙面阳角处应保证墙砖、地砖十字对缝。

图 5-167　卫生间墙面阳角圆弧

（10）卫生间不宜采用离缝吊顶，吊顶上所有末端应统筹设置，避免凌乱无序。吊顶排风口宜与灯槽隐藏设置于靠墙处。吊顶应采用防潮、防水、防腐蚀材料，墙面与吊顶交接应留出 5 mm 凹槽或采用暗藏灯槽形式留出距离。吊顶可采用硅酸钙板或者定制大铝板，功能用房小型卫生间可采用铝扣板等。吊顶应结合灯光进行跌级、镂空等艺术设计（图 5-168）。吊顶安装必须采用离墙缝型式。抽回风应设置于靠墙位置且隐藏设计（图 5-169），密闭性卫生间要加大排风量和风机功率。

图 5-168　吊顶结合灯光进行跌级、镂空等艺术设计

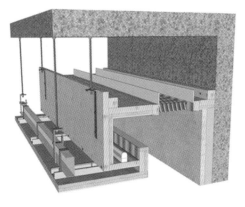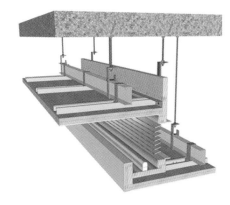

图 5-169　抽回风暗藏设计

（11）卫生间墙与地面交接处宜做圆弧处理。

（12）门套实测实量，精细加工，门套应压住墙面砖（图 5-170），同时墙面应注意平整度，不宜打胶处理。

图 5-170　卫生间门套

（13）厕位隔间不宜采用全封闭式，隔间应采用内开门。中型及以上客站厕位隔间的进深和开间轴线尺寸采用 1.8 m×1.2 m，小型客站厕位隔间的进深和开间轴线尺寸可采用 1.5 m×1.0 m。厕位隔间门宽应为 700 mm，卫生间隔断必须采用蜂窝钢板等高强度类型，不推荐采用抗倍特板等容易变形的常规板。卫生间隔断应用整板（图 5-171），厕位隔间的隔板采用 U形卡槽，不露角码的安装方式。板不得有拼接缝，不宜采用拼接板。隔断采用结实耐用的五金材料。隔断面板门在关闭的位置需加设减震条。

（14）厕位隔间的隔板选用金属复合板，隔间基座下边框采用不锈钢包边（图 5-172），且颜色应结合整体装修风格进行选择。厕位隔间的隔板应与墙面地面安装牢固，五金件连接点宜采用不锈钢材质，隔板与隔板之间的五金件连接点不应少于 3 个，隔间门合页不应少于 3个，应选用轴式或穿通螺栓式且带有自闭功能的合页。厕位隔间内应设挂钩。隔间门锁应具有防自锁功能。

图 5-171　厕位隔断面板

图 5-172　隔间基座下边框不锈钢包边

（15）小便斗之间应设隔板（图 5-173），小便斗隔板隐藏角码内嵌式安装，要牢固美观，不能晃动，应与过梁或构造柱安装牢固，固定点不应少于 3 处，隔板下边离地 300 mm。

图 5-173　小便斗隔板

（16）隔断面板部（图 5-174）位因旅客需放行李箱，应采用偏置设置留出空间，一侧边板不应小于 300 mm。

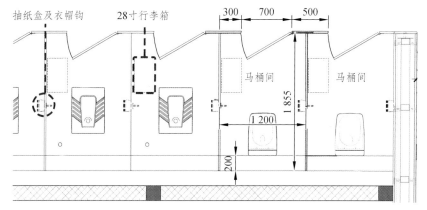

图 5-174　隔断面板布置

（17）卫生间隔断五金（图 5-175）采用不锈钢加厚材质，隐藏固定钉，固定要牢固可靠，固定点不少于 3 个，避免活动变形。隔断下口采用支架安装，不得有尖锐阳角的包边，防止刮伤旅客。

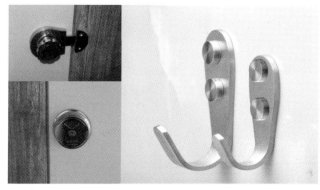

图 5-175　卫生间隔断五金

（18）蹲便器（图 5-176）上边缘标高应比四周地砖低 2 mm，并在隔间内左右居中布置（图 5-177）。蹲便器后边缘距离后方墙面不应小于 250 mm。蹲便器应采用后排水型，其内腔尺寸长度不应小于 470 mm。并采用带有脚踏冲水功能的感应式冲水阀。感应式冲洗阀应符合现行《非接触式给水器具》（CJ/T 194—2014）对产品材料要求的相关规定。蹲便器标高比地砖低 2 mm，可方便保洁人员清洁。感应式冲水阀应直通电源，不应采用电池装置。

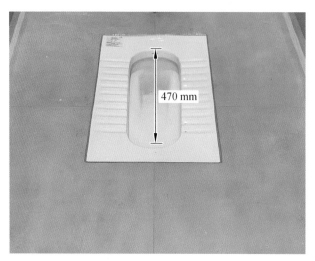

图 5-176　蹲便器

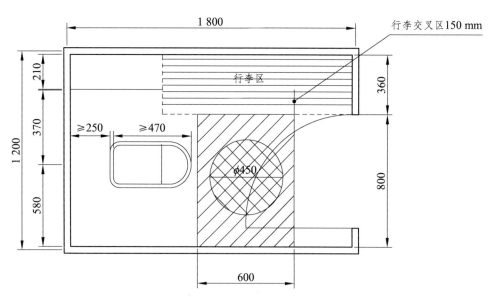

图 5-177　公共卫生间隔间内平面布置

（19）厕位不应设台阶，卫生间区域梁、板（图 5-178）均应下降，确保卫生设备的安装。

图 5-178　卫生间区域梁板

（20）盥洗台（图 5-179）应采用抗渗、耐污的材料。盥洗台应选用台下盆的安装方式，大小、深浅应适度。盥洗台下方管道应仅留弯头，管道设置在墙体内。盥洗台下部应设置挡板，避免外露给排水管。台面需有翻边挡水构造，镜面采用一盆一镜。台面背景墙要采用镜面+艺术墙面+灯光的艺术设计，地漏藏于台面下方。

 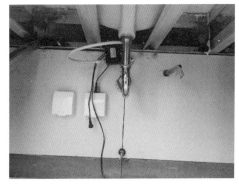

图 5-179　盥洗台

（21）盥洗台下部应设置便于检修的底柜或可拆卸的挡板（图 5-180）。挡板采用平开式，不易生锈，方便开启。挡板上不应安装拉手。底柜不应采用推拉式，推拉式易生锈，维护成本高。

图 5-180　盥洗台挡板

（22）洗手盆间距不小于 750 mm，洗手盆应均匀布置，应与墙砖对中或对缝。洗手盆下应设钢支架（图 5-181）。

图 5-181　洗手盆下设钢支架

（23）水龙头采用感应式。洗手盆下水口应设滤网（图 5-182），不设闭水阀，防止下水管堵塞。

图 5-182　滤网下水口

（24）每个盥洗室应设抽纸盒或干手器，且数量不少于 2 处。抽纸盒可采用成品不锈钢三合一嵌入式（图 5-183）。

图 5-183　嵌入式干手器三合一

一、吊顶铝条板

1. 应用工程

北京朝阳站。

2. 技术要求

（1）吊顶标高、尺寸、起拱和造型应符合设计要求。

（2）面层材料的材质、品种、规格、图案、颜色和性能应符合设计要求及国家现行标准的有关规定。当面层材料为玻璃板时，应使用安全玻璃并采取可靠的安全措施。

（3）面板的安装应稳固严密。面板与龙骨的搭接宽度应大于龙骨受力面宽度的2/3。

（4）吊杆和龙骨的材质、规格、安装间距及连接方式应符合设计要求。金属吊杆和龙骨应进行表面防腐处理。木龙骨应进行防腐、防火处理。

（5）板块面层吊顶工程的吊杆和龙骨安装应牢固。

（6）面层材料表面应洁净、色泽一致，不得有翘曲、裂缝及缺损。面板与龙骨的搭接应平整、吻合，压条应平直、宽窄一致。

（7）面板上的灯具、烟感器、喷淋头、风口箅子和检修口等设备设施的位置应合理、美观。

（8）金属龙骨的接缝应平整、吻合、颜色一致，不得有划伤和擦伤等表面缺陷。木质龙骨应平整、顺直、无劈裂。

（9）吊顶内填充吸声材料的品种和铺设厚度应符合设计要求，并有防散落措施。

（10）板块面层吊顶工程安装的允许偏差和检验方法应符合表5-6的规定。

表5-6 板块面层吊顶工程安装的允许偏差和检验方法

项次	项目	允许偏差/mm				检验方法
		石膏板	金属板	矿棉板	木板、塑料板、玻璃板、复合板	
1	表面平整度	3	2	3	2	用2m靠尺和塞尺检查
2	接缝直线度	3	2	3	3	拉5m线，不足5m拉通线，用钢直尺检查
3	接缝高低差	1	1	2	1	用钢直尺和塞尺检查

3. 工艺做法

1）工艺流程

施工放线→基层结构喷黑→基层钢龙骨安装→安装铝条板→清理。

2）工艺要点

（1）放线。

放吊顶标高及龙骨位置线，根据室内标高控制线（点），用塔尺及水准仪找出吊顶设计标高位置，在四周墙上弹一道墨线，作为吊顶标高控制线。弹线应清晰，位置应准确。室内装修为墙面、顶面、地面通缝排版，测量放线施工时，需根据吊顶排版图在主体楼板及网架钢结构上弹出配套龙骨位置线。配套龙骨宜从吊顶中心开始，向两边均匀布置（应尽量避开嵌入式设备），最大间距应根据设计要求，不大于 1 200 mm。

（2）固定吊杆。

通丝吊杆长度小于 1 000 mm 时，直径宜不小于 $\phi6$；吊杆长度大于 1 000 mm 时，直径宜不小于 $\phi8$。当吊杆长度大于 1 500 mm 时，应设置反向支撑杆。制作好的金属吊杆应做防腐处理，吊杆用金属膨胀螺栓固定到楼板上。吊顶用吊杆与钢结构网架球形接口栓接。吊杆应通直并有足够的承载力。吊顶上的灯具、风口及检修口和其他设备应设独立吊杆安装，不得固定在龙骨吊杆上。吊杆、角码等金属件和焊接处应做防腐处理。

（3）安装配套龙骨。

配套龙骨安装时采用螺栓与吊杆连接，吊杆中心应在主龙骨中心线上。配套龙骨的间距一般为 900 ~ 1 200 mm。配套龙骨端部悬挑应不大于 300 mm，否则应增加吊杆。配套龙骨接长时，必须对接，不得搭接，应采取专用连接件连接固定。每段配套龙骨的吊挂点不得少于 2 处，相邻两根配套龙骨的接头要相互错开，不得放在同一吊杆挡内。

（4）安装铝条板。

安装时，将铝条板双手托起，把铝条板的一边卡入龙骨的卡槽内，再顺势将另一边压入龙骨的卡槽内。铝条板卡入龙骨的卡槽后，应选用与条板配套的插板与邻板调平，插板插入板缝应固定牢固。施工时应从空间一端开始，按一个方向依次进行，并拉通线进行调整，将板面调平。板边与接缝调匀、调直，以确保板边和接缝严密、顺直，板面平整。

（5）清理。

在整个施工过程中，应保护好金属饰面板的保护膜。待交工前再撕去保护膜，用专用清洗剂擦洗金属饰面板表面，将板面清理干净。

4. 节点详图及实例照片

施工中部分节点详图及实例照片如图 5-184 所示。

图 5-184　卫生间吊顶铝条板

二、墙面玻化砖铺贴

1. 应用工程

焦作西站。

2. 技术要求

地面与墙面铺贴整体设计，墙砖、地砖对缝横平竖直、大小一致，墙砖垂直平整。卫生间排砖一般采用 600 mm 模块（地面 600 mm×600 mm，墙面 600 mm×300 mm），以便解决隔间板墙地面砖对缝，蹲位和小便斗与墙地面砖对中或对缝（隔断 1 200 mm，蹲位 1 200 mm）的问题。不得出现碎小模块。

3. 工艺做法

1）工艺流程

找标高弹水平控制线→基层处理→洒水湿润→吊垂直、套方、找规矩→贴灰饼→抹底层砂浆→弹线分格→排砖→浸砖→镶贴面砖→面砖勾缝与擦缝。

2）工艺要点

（1）基层处理。

将墙面清理干净，各种穿墙管根处混凝土封堵密实，表面凿毛，再浇水湿润。

（2）吊垂直、套方、找规矩、贴灰饼。

在每个房间四角和门窗口边用经纬仪打垂直线找直，然后根据面砖的规格尺寸分层设点、做灰饼，以 50 线为水平基准。

（3）弹线分格。

待基层灰六至七成干时，即按图纸要求进行分段分格弹线。同时亦可进行面层贴标准点的工作，以控制面层出墙尺寸及垂直、平整。

（4）排砖。

根据大样图及墙面尺寸进行横竖向排砖，以保证面砖缝隙均匀，符合设计图纸要求，墙面和柱子要排整砖，并在同一墙面上横竖排列，不得有一行以上的非整砖。非整砖行应排在次要部位，如窗间墙或阴角处等，但是必须一致和对称。遇有突出的卡件，应用整砖套割吻合，不得用非整砖随意拼凑镶贴。

（5）浸砖。

釉面砖首先要将面砖清扫干净，放入净水中浸泡 2 h 以上取出，待表面晾干或擦干净后采用 1∶1 素水泥砂浆进行拉毛，毛长小于 3 mm，待晾干后方可使用。

（6）贴墙砖应自下而上进行。

在每一分段或分块内的面砖，均自下而上镶贴。从最下一层砖下皮的位置线先稳好靠尺，以此托住第一皮面砖。在面砖外皮上口拉水平通线，作为镶贴的标准。墙面砖之间预留 1.5 mm 的缝隙。在抹灰面上贴上砖后用橡皮锤轻轻敲打，使之附线，再用钢片开刀调整竖缝，并用小杠通过标准点调整平面和垂直度。墙砖之间的水平缝宽度用米厘条控制，米厘条用贴砖用砂浆与中层灰临时镶贴，米厘条贴在已镶贴好的面砖上口。墙砖压地砖，最下一皮墙砖待地砖贴完后再贴，在贴彩绘砖时要预先排版并在彩绘砖背面标记编号，按照编号贴砖。

（7）面砖勾缝与擦缝。

面砖使用专用勾缝剂，墙面均使用白色勾缝剂。面砖勾缝完后，用布或棉丝蘸稀盐酸擦洗干净。

4. 节点详图及实例照片

施工中部分节点详图及实例照片如图 5-185 ~ 图 5-189 所示。

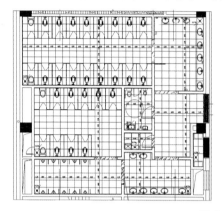 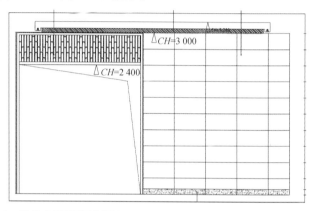

图 5-185　卫生间平面及剖面

图 5-186　隔断与墙、地对缝　　　　图 5-187　过门石上防滑条分割均匀

图 5-188　墙地对缝，表面整洁

图 5-189　标志、烘干机居中对缝

三、墙面马赛克砖铺贴

1. 应用工程

拉林站。

2. 技术要求

（1）马赛克砖应表面平整，颜色一致，每张砖长宽规格一致，尺寸正确，边棱整齐，一次进场，材料应有检测报告。

（2）采用普通硅酸盐水泥或矿渣硅酸盐水泥和白水泥、粗砂或中砂。

（3）采用无浑浊物或污染变色现象的乳液或 107 胶。

（4）材料需准备马赛克嵌缝专用腻子。

3. 工艺做法

1）工艺流程

基层处理→贴灰饼→做冲筋→分格弹线→润湿基层→贴砖→润湿面纸→揭纸调缝→擦缝→擦缝清洗。

2）工艺要点

（1）清理基层。

将即将施工的墙面清理干净，对表面光滑的基层应进行"毛化处理"。用 1∶3 水泥砂浆打底，阴阳角必须抹得垂直、方正，墙面做到干净、平整。

（2）贴灰饼、做冲筋。

吊垂直、找规矩、贴灰饼、冲筋。找规矩时，应从墙面的窗台、腰线、阳角立边等部位砖块贴面排列方法对称性以及室内地面块料铺贴方正等综合考虑，力求整体完美。

（3）分格弹线。

按照设计图纸要求，一个空间、一整幅墙柱面贴同一分类规格的砖块，砖块排列应自阴角开始，于阳角停止（收口）。自顶棚开始，至地面停止（收口）。排好图案变异分界线及垂直与水平控制线。

（4）湿润基层。

墙面基层洒水湿润，刷一遍水泥素浆，随铺随刷。

（5）贴砖。

将马赛克表面灰尘擦干净，把白水泥膏用铁抹子将马赛克的缝隙填满，然后贴上墙面。砖块贴上后，应用铁抹子着力压实使其粘牢，并校正。检查缝子大小是否均匀，及时将歪斜、宽度不一的缝隙调正并拍实，调缝顺序宜先横后竖进行。

（6）润湿面纸。

马赛克粘贴牢固后，用毛刷蘸水，把纸面擦湿，将纸皮揭去（无纸皮的马赛克铺贴可省去此步骤）。

（7）擦缝。

清理干净揭纸后残留的纸毛及粘贴时被挤出缝隙的水泥。用白水泥将缝隙填满，再用棉纱或布片将砖面擦干净至不留残浆为止。

4. 节点详图及实例照片

施工中部分节点详图及实例照片如图 5-190、图 5-191 所示。

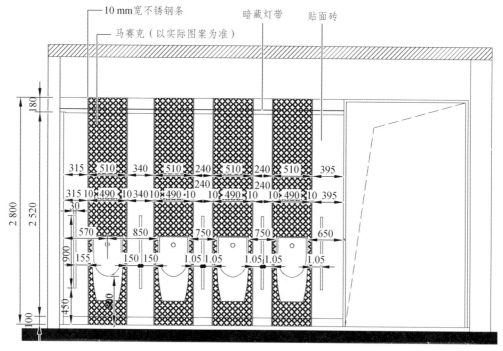

图 5-190　马赛克铺贴节点尺寸（单位：mm）

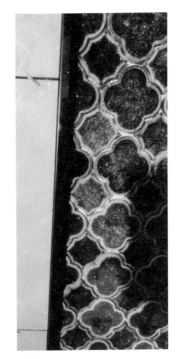

（a）如皋南站马赛克铺贴

（b）拉林站房马赛克铺贴

图 5-191　马赛克铺贴

5. 文化元素融合

拉林站房墙面使用 100 mm×100 mm 釉面砖湿铺的方式，将高原地区"格桑花"的元素融入其中，两侧镶嵌金黄色线条，显得更有整体性，并与站房主要颜色之一的金黄色相呼应，如图 5-192 所示。吊顶增加镂空铝单板，将"雪莲花"图案融入其中，并将灯具、喷淋等末端集中排布在此区域，显得整体更加干净整洁。

图 5-192　拉林站房文化元素融合

四、地面防滑玻化砖铺贴

1. 应用工程

北京朝阳站。

2. 技术要求

（1）地面玻化砖主要使用 500 mm×500 mm×10 mm、600 mm×600 mm×10 mm 的米黄色玻化砖，主要用于办公室、设备机房、卫生间地面施工。

（2）陶瓷板的品种、规格、颜色和性能应符合设计要求及国家现行标准的有关规定。

（3）陶瓷板孔、槽的数量、位置和尺寸应符合设计要求。

（4）陶瓷板安装工程的预埋件（或后置埋件）、连接件的材质、数量、规格、位置、连接方法和防腐处理应符合设计要求。后置埋件的现场拉拔力应符合设计要求。陶瓷板安装应牢固。

（5）采用满粘法施工的陶瓷板工程，陶瓷板与基层之间的黏结料应饱满、无空鼓。陶瓷板黏结应牢固。

（6）陶瓷板表面应平整、洁净、色泽一致，无裂痕和缺损。

（7）陶瓷板填缝应密实、平直，宽度和深度应符合设计要求，填缝材料色泽应一致。

（8）陶瓷板安装的允许偏差和检验方法应符合表5-7的规定。

表 5-7　陶瓷板安装的允许偏差和检验方法

项次	项目	允许偏差/mm	检验方法
1	立面垂直度	2	用 2 m 垂直检测尺检查
2	表面平整度	2	用 2 m 靠尺和塞尺检查
3	阴阳角方正	2	用 200 mm 直角检测尺检查
4	接缝直线度	2	拉 5 m 线，不足 5 m 拉通线，用钢直尺检查
5	墙裙、勒脚上口直线度	2	拉 5 m 线，不足 5 m 拉通线，用钢直尺检查
6	接缝高低差	1	用钢直尺和塞尺检查
7	接缝宽度	1	用钢直尺检查

3. 工艺做法

1）工艺流程

基层处理、定标高→弹控制线→铺砖→勾缝、擦缝→养护→贴踢脚线。

2）工艺要点

（1）基层处理、定标高。

将基层表面的浮土或砂浆铲掉，清扫干净，有油污时，应用 10%火碱水刷净，并用清水冲洗干净。根据+1 000 mm 水平线和设计图纸找出板面标高。

（2）弹控制线。

深化图纸根据现场门洞口、柱面、垭口、阴阳角位置进行排版，确保每一面墙面玻化砖、地面玻化砖对缝。现场避免出现小于1/2尺寸的半块玻化砖，严禁出现"刀把"形玻化砖。

根据深化图及缝宽在地面上弹纵向、横向控制线，核实该十字线与墙面抹灰时控制房间方正钉的十字线是否对应平行。同时注意开间方向的控制线是否与走廊的纵向控制线平行，不平行时应调整至平行，以避免门口位置的分色砖出现大小头。

（3）铺砖。

根据深化设计排版图纸，铺砖时应从里向外后退着操作，人不得踏在刚铺好的砖面上，每块砖应跟线，操作程序如下：

① 铺砌前将砖板块放入半截水桶中浸水湿润，晾干后表面无明水时，方可使用。找平层上洒水湿润，均匀涂刷素水泥浆（水灰比为 0.4～0.5），涂刷面积不要过大，铺多少刷多少。

② 结合层采用 1∶3 干硬性水泥砂浆（内掺建筑构胶），厚度为 30 mm，铺设厚度以放上面砖时高出面层标高线 3～4 mm 为宜，铺好后用大杠尺刮平，再用抹子拍实找平（铺设面积不得过大）。

③ 结合层拌和采用干硬性砂浆，配合比为 1∶3（体积比），应随拌随用，初凝前用完，

防止影响黏结质量。干硬性程度以手捏成团、落地即散为宜。

④ 铺贴时，砖的背面朝上抹黏结砂浆，铺砌到已刷好的水泥砂浆找平层上，砖上楞略高出水平标高线，找正、找直、找方后，砖上面垫木板，用橡皮锤拍实，顺序从内往外后退着铺贴，做到面砖砂浆饱满、相接紧密、结实，与地漏相接处，用云石机将加工砖以与地漏相吻合。铺地砖时最好一次铺一间，大面积施工时，应采取分段、分部位铺贴。地面砖横向、纵向均留 1.5 mm 的缝隙。

⑤ 铺完二至三行时，应随时拉线检查缝格的平直度，如超出规定应立即修整，将缝拔直，并用橡皮锤拍实。此项工作应在结合层凝结之前完成。

（4）勾缝、擦缝。

应在面层铺贴 24 h 后进行勾缝、擦缝的工作，并应采用同一品种、同一标号、同一颜色的水泥，或用专门的嵌缝材料。

用纯水泥勾缝，缝内深度宜为砖厚的 1/3，要求缝内砂浆密实、平整、光滑。边勾缝边将剩余水泥砂浆清走、擦净。

（5）养护。

铺完砖 24 h 后，洒水养护，时间不应小于 7 d。

（6）贴踢脚线。

根据设计图纸，进行玻化砖等踢脚线安装。

五、隔断板安装

1. 应用工程

焦作西站。

2. 技术要求

公共卫生间厕位隔断采用铝饰面蜂窝板，隔板基座下边采用宽 100 mm 压光不锈钢包边。必须保证隔板平直稳定，连接完整牢固，外表整体美观。

3. 工艺做法

1）工艺流程

划分格线→加工卫生间隔断板→安装底座→安装卫生间隔断侧板→安装卫生间隔断小横板装拉杆→安装卫生间隔断门→安装五金件→打胶。

2）工艺要点

（1）划分格线。

根据现场尺寸和设计要求，合理划分格线。

（2）加工卫生间隔断板。

根据现场划的分格线加工卫生间隔断板，完成面高出地面 2 000 mm。

（3）安装底座。

根据现场实际尺寸和设计要求划分的分格线安装隔断板底座，用长铁钉与地面连接牢固。

（4）安装卫生间隔断侧板。

根据已安装好的卫生间隔断底座，将隔断侧板放置在底座槽内，然后用角码将侧板固定在墙面上，保证侧板能够与地面和墙面垂直。

（5）安装卫生间隔断横板。

将横板放置在蹲台上，使得与地面和侧板能够垂直，再用角码将侧板固定在侧板上。

（6）安装拉杆。

在卫生间隔断横板上方安装拉杆，把一排横板连接在一起。

（7）安装卫生间隔断门。

安装完卫生间隔断侧板和横板后，用合页将隔断门安装于隔断横板上，要注意门的开启方向、安装位置等。

（8）安装五金件。

依据设计好的锁位置安装门锁、把手等，保证五金件安装牢固，满足使用要求。

（9）打胶。

卫生间隔断安装完毕后在底座与隔断板交接处打密封胶。

4. 节点详图及实例照片

施工中部分节点详图及实例照片如图 5-193 所示。

图 5-193　隔断板实例

六、榫卯式无铰链新型隔断金属蜂窝板

1. 应用工程

拉林站。

2. 技术要求

（1）厕所隔间应采用内开门，门边设防撞减震隔音胶条。

（2）卫生间隔板应与墙面、地面牢固固定，五金件采用不锈钢材质，隔板与隔板之间的连接五金件不应少于 3 处，隔间门合页不应少于 3 个，合页应选用轴式或穿通螺栓式，且带有自闭功能。

3. 工艺做法

1）工艺流程

施工准备→组合结构单体拼接→框架固定→组合结构、连接件固定→T 形锁槽、卡位固定→检查卡位吻合相扣。

2）工艺要点

（1）在卫生间的墙面地面进行测量放线，划定安装间隔板固定框的位置后进行钻孔，固定框就位校正位置后，安装固定框及组装各面板体。

（2）安装面板体，固定框两边与连接件连接，两侧的连接件边缘设有面板卡位，面板可对固定框及连接件进行全面覆盖，表面完全无传统的螺钉安装结构。右侧连接件设有凹形槽，用于遮挡与门体安装的缝隙提高保密性。

（3）安装门体，门框两边与连接件连接，门框两侧的连接件边缘设有面板卡位，门板可对固定框及连接件进行全面覆盖，表面完全无传统的螺钉安装结构。左侧连接件一端呈半弧形，用于遮挡与门体安装的缝隙提高保密性，右侧连接件设有关门槽位，同样用于遮挡与门体安装的缝隙提高保密性。

（4）安装转角面板体，固定框两边与连接件连接，固定框两侧的连接件边缘设有面板卡位，面板可对固定框及连接件进行全面覆盖，表面完全无传统的螺钉安装结构，左侧连接件设置有与关门槽位相应的关门卡位，用于遮挡与门体安装的缝隙提高保密性，右连接件呈 45°斜角状且设有 T 形锁槽，右侧连接件用于与侧面板体的连接。

（5）安装侧面板体，固定框两边与连接件连接，固定框两侧的连接件边缘设有面板卡位，面板可对固定框及连接件进行全面覆盖，表面完全无传统的螺钉安装结构。下侧连接件呈 45°斜角状且设有 T 形锁槽，下侧连接件用于转角面板体的连接。

（6）门体与面板体通过连接件活动式连接，连接件设置在面板体上的右侧连接件上，门体上左侧连接件位于面板体上右侧连接件的凹形槽内，这样一来，可避免门体与面板体间的缝隙，提高保密性。门体右侧连接件上设有锁具，用于门体锁定与开启。

（7）门体右侧连接件的关门槽位与转角面板体上左侧连接件的关门卡位吻合相扣，可避免门体与侧面板体间的缝隙，提高保密性。

（8）转角面板体右侧连接件与侧面板体下侧连接件通过"工"状锁件进行锁紧连接且组合呈直角状，"工"状锁件可在无螺钉的情况下对转角面板体及侧面板体进行组装固定，提高美观性。

4. 节点详图及实例照片

施工中部分节点详图及实例照片如图 5-194、图 5-195 所示。

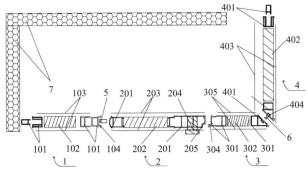

1—面板体；2—门体；3—转角面板体；4—侧面板体；5—活动式连接件；6—"工"状锁件；7—板体；
101—固定面板连接件；102—面板固定框；103—面板；104—凹形槽连接件；201—门扇固定连接件；
202—门扇固定框；203—门扇面板；204—锁具；205—关门槽位；301—转角固定连接件；
302—转角固定框；304—关门卡位；305—转角"T形锁槽"；401—侧板固定连接件；
402—侧板固定框；403—侧板面板；404—"T"形锁。

（a）

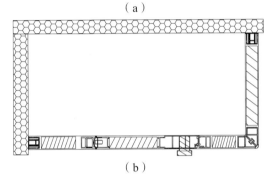

（b）

图 5-194　榫卯无铰链新型隔断金属蜂窝板节点

图 5-195　榫卯无铰链新型隔断金属蜂窝板

七、盥洗台

1. 应用工程

焦作西站。

2. 工艺要点

（1）盥洗台采用台下盆安装方式，尺寸大小及深浅适度，方便旅客使用，颜色采用较浅的颜色，增设儿童洗面盆。

（2）盥洗台采用人造石无缝拼接，设置圆弧倒角，水龙头采用感应水龙头，水龙头距水盆位置适度，不得溅水。盥洗台底部设置可推拉式拆卸挡板。

3. 节点详图及实例照片

施工中部分节点详图及实例照片如图 5-196、图 5-197 所示。

图 5-196　盥洗台与墙砖对缝

图 5-197　盥洗台

八、洁具安装

1. 应用工程

焦作西站。

2. 工艺要点

（1）焦作西站卫生间蹲便器边缘与玻化砖面齐平，在隔断间居中布置，四周设置斜坡，上方设置人造石隔物台，方便旅客放置轻型随身物品。

（2）采用挂墙式横向出小便斗，管线暗敷，采用感应冲水，考虑节约用水原则。小便斗采用成品，简洁大方，尺寸方便使用。小便斗之间设置隔板，感应器上方设置人造石隔物台，隔物台顺直，并增设儿童小便斗。

3. 节点详图及实例照片

施工中部分节点详图及实例照片如图 5-198 所示。

 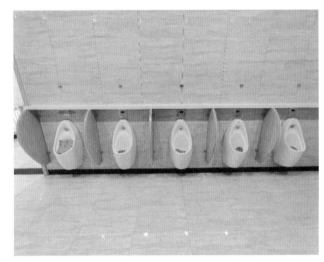

图 5-198　洁具安装

九、地漏安装

1. 工艺要点

（1）卫生间地漏居中布置，对称分布，套割精细，设置于隐蔽位置。

（2）先按策划调整房间尺寸，并调整卫生器具位置，做到地漏居中对称分布，且保证排水流畅。

（3）地漏宜布置在人不易踩踏处或转角部位，不应设在通道或位置明显处。地漏应耐腐蚀且具有可靠的水封性能，应安装在地砖板块中心，四周应设斜坡。坡度应符合相关标准要求。

（4）地漏四周地砖应 45°割角拼缝、拼缝严密。

2. 节点详图及实例照片

施工中部分节点详图及实例照片如图 5-199 所示。

图 5-199　地漏

十、文化元素融合

1. 应用工程

焦作西站、滑浚站。

2. 文化元素

焦作西站的装饰纹样来自山体形状的演变。对山体形状进行拆解、组合，提取出纹样造型，用于顶面装饰和装饰主题壁画，营造"山际见来烟"的整体空间感受。对当地竹林元素进行变化，形成竹林纹样，用于室内装饰立面，营造"竹中览朝阳"的空间意象。卫生间整体墙面采用彩绘瓷砖，以太行山为背景，在镜子门套等部位融入竹元素。

滑浚站公共卫生间前室镜子采用智能超白防雾镜，周边加以当地窗格发光纹饰点缀。镜子中间设置不锈钢窗格格栅，中间镶嵌当地非遗文化装饰。北站房以"古浚字、大伾山、浚县古城、泥咕咕"为题材，南站房以"滑县西湖、森林公园、大王庙、大运河"为题材。卫生间标识还提取河南豫剧男女角色作为男女标识，与当地文化元素完美结合。

3. 节点详图及实例照片

施工中部分节点详图及实例照片如图 5-200、图 5-201 所示。

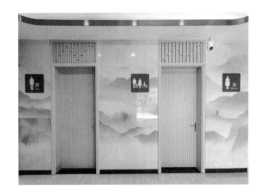

图 5-200　焦作西站公共卫生间文化元素融合

图 5-201　滑浚站公共卫生间文化元素融合

十一、其他细部做法

1. 过门石

人造过门石采用整条加工成型，与墙两侧踢脚线完成面同宽。向卫生间内找坡，阻挠水流高度即可（5~10 mm）。

过门石实例照片如图 5-202 所示。

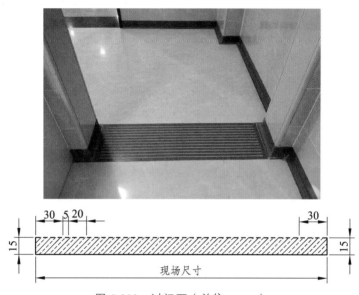

图 5-202　过门石（单位：mm）

2. 阴阳角

墙面玻化砖阳角用云石胶填置后，精细化打磨形成圆弧倒角，表面圆润，过渡平滑。玻化砖拼缝采用墙面留缝工艺，增加空间立体感。阴角（踢脚线）采用一体式弧面人造石，效果美观，方便卫生清洁。

阴阳角如图 5-203 所示。

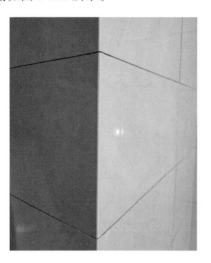

  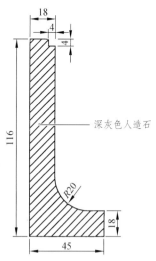

深灰色人造石

图 5-203　阴阳角

3. 第三卫生间

第三卫生间宜靠近公共卫生间入口，以方便行动不便者进入。宜设置电动推拉门，轮椅回转直径不应小于 1.5 m。

卫生间内设施设置简洁明了，所有设施均靠墙放置，中间通道无坡度、无沟槽、无凸起。

安全抓杆材料应为亚光不锈钢管或树脂，直径应为 30 ~ 40 mm，内侧与墙面距离应为 40 mm，抓杆应安装牢固。

儿童设施齐全，添加卡通元素作点缀，入门位置放置儿童挂椅。

第三卫生间如图 5-204 所示。

图 5-204　第三卫生间

4. 母婴室

母婴室整体采用卡通风格，色调温暖明亮，营造一种温馨、安静的氛围。室内多采用门帘，保障隐私。

母婴室地面布置 2.5 m×2.5 m 的软垫作为儿童的娱乐区，墙面布置卡通贴画、身高尺和玩偶。

房间内设置哺乳区、婴儿休息区，哺乳区内配备小桌椅、软沙发和脚托。婴儿休息区配备活动婴儿床一张。两个区域独立，均配备门帘。

母婴室配备有消毒器、加热器、吸奶器、干净冷热的水源、台盆。

母婴室采用暖色调设计，结合卡通人物贴近儿童心理喜好，打造独特的专属空间，营造温馨舒适的母婴行车和候车体验。墙体周边做木质墙裙，提高质感与使用度。家具均采用布艺耐脏、耐磕碰家具，防止发生意外且美观实用。

母婴室实例照片如图 5-205 所示。

图 5-205　母婴室

第四节　饮水处

（1）饮水处与公共卫生间的入口应分设，并保持适当距离，面向候车厅开放式布置（图5-206），特大型客站饮水处服务半径不宜超过 50 m。将饮水处面向候车厅开放，可以方便使用者随时获取到饮用水。这样的布置可以更好地提供便利，避免封闭感和拥挤感。建议空间进深以不大于 2 m 为宜，下面设饮水机隐藏处理。空间可以加门套，门套可以根据建筑风格作相应处理，空间内颜色和材质可以区别于相邻墙面。

图 5-206　饮水处面向候车厅开放式布置

（2）开水间水池下部设置抽屉式可拆卸维修板或平开式维修门（图5-207）。饮水机具有远程遥控调节温度、显示时间等功能，为旅客提供更多便捷服务。

图 5-207　下部设置抽屉式可拆卸维修板或平开式维修门

（3）饮水处应设置茶叶漏（图 5-208），地面应设置排水设施。

图 5-208　茶叶漏

（4）饮水台应有排水和防溅水设施（图 5-209），台面宜采用易清洁的材料，外侧应留有高 10～20 mm 的挡水坎。

图 5-209　排水和防溅水设施

（5）电开水器宜为嵌墙式安装，插座、电源线、进出水管在开水器后方暗装或隐藏到台面以下（图 5-210），并应考虑设备检修、更换便利。控制箱可放至保洁间内。

图 5-210　插座等在开水器后方暗装或隐藏到台面以下

第五节　设备用房

一、墙面饰面层

（1）整体考虑墙面、顶棚装修排版，确保拼缝一致。

（2）排版过程中，对门窗洞口、墙面、顶棚边角等区域全面考虑，确保整体美观协调，且无小于 1/3 的标准板材及 200 mm 的非整块板材。

（3）门洞周边排版合理，无异形板材，整体美观协调。

（4）矿棉吸音板墙面以旧换新，取消竖向留缝，保留水平分格压条，整齐有序，节约成本。

矿棉吸音板墙面如图 5-211 所示。

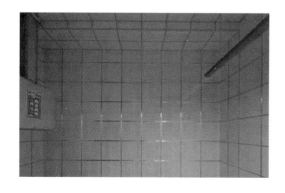

图 5-211 矿棉吸音板墙面

二、环氧自流地坪地面

（1）对基层进行找平处理，确保无松散、坑洼、潮湿等现象。

（2）严格按要求进行底涂、中涂、面漆环节，同时在底涂施工之前应该仔细打磨，出现槽痕时采用底涂漆加环氧砂进行填补。

（3）最终要达到整体平顺光滑、无裂纹、耐磨性好的效果。柱根、墙根处细节务必处理完善。环氧自流地坪地面如图 5-212 所示。

图 5-212 环氧自流地坪地面

三、耐磨地面

1. 应用工程

北京朝阳站。

2. 技术要求

混凝土采用 C25 混凝土，混凝土塌落度为 160 ~ 180 mm。硬化剂为金刚砂耐磨硬化剂骨料。

3. 工艺做法

1）工艺流程

弹面层水平线→钢筋绑扎、支设模板→冲筋打点→浇筑混凝土→抹面层压光→检查平整度→打磨平整提浆→撒布硬化剂→粗磨→精磨→养护→切缝→验收。

2）工艺要点

（1）弹面层水平线。

根据墙面上已有的+50 cm 水平标高线，量测出地面面层的水平线，弹在四周墙面上，并与房间以外的楼道、楼梯平台、踏步的标高相呼应，贯通一致。

（2）钢筋绑扎、模板支设。

混凝土地面内绑扎单层双向钢筋网片，钢筋间距 200 mm，钢筋绑扎完成后下方垫 50 mm 垫块。水泥地面总厚度为 150 mm，分段模板采用 80 槽钢封边，槽钢后面为预留钢筋和 100 mm ×100 mm 方木，槽钢与方木之间背 50 mm×100 mm 方木楔子找直槽钢挂线。分段处模板超出分隔缝 2 cm，下次施工时接茬处弹线切除。

（3）抹灰饼。

根据已弹出的面层水平标高线，横竖拉线，用与豆石混凝土相同配合比的拌和料抹灰饼，横竖间距 1.5 m，灰饼上标高就是面层标高。

（4）抹标筋。

面积较大的房间为保证房间地面平整度，还要做标筋（或叫冲筋）。以做好的灰饼为标准抹条形标筋，用刮尺刮平，作为浇筑细石混凝土面层厚度的标准。车库内找坡 5‰，坡向集水坑。

（5）浇筑细石混凝土。

① 细石混凝土搅拌：地面混凝土采用商品混凝土，混凝土强度等级为 C25，坍落度为 160～180 mm。按国家标准《混凝土结构工程施工质量验收规范》（GB 50204—2015）的规定制作混凝土试块，每一层建筑地面工程应不少于一组。当每层地面工程建筑面积超过 1 000 m² 时，每增加 1 000 m² 时增加一组试块，不足 1 000 m² 的按 1000 m² 计算。当改变配合比时，亦应制作相应试块。

② 混凝土铺设：将搅拌好的细石混凝土铺抹到地面基层上，紧接着用 2 m 长刮杠顺着标筋刮平，然后用滚筒（常用的为直径为 20 cm，长度为 60 cm 的混凝土或铁制滚筒，厚度较厚时应用平板振动器）来回滚压，如有凹处用同配合比混凝土填平，混凝土的平整度应满足施工要求（2 m 内为 2 mm）。

（6）抹面层、压光。

当面层灰面吸水后，用木抹子用力搓打、抹平，将干水泥砂拌和料与细石混凝土的浆混合，使面层结合紧密。

① 第一遍抹压：用铁抹子轻轻抹压一遍直到出浆为止。

② 第二遍抹压：当面层砂浆初凝后，地面面层上有脚印但走上去不下陷时，用铁抹子进行第二遍抹压，把凹坑、砂眼填实抹平，注意不得漏压。

③ 第三遍抹压：在面层砂浆终凝前（即人踩上去稍有脚印，用铁抹子压光无抹痕时），

可用铁抹子进行第三遍压光,此遍要用力抹压,把所有抹纹压平压光,使面层表面密实光洁。

(7)提浆。

混凝土进入初凝阶段,现场以人站立到混凝土表面无明显脚印为准,使用研磨机(安装圆盘)进行作业,将表面混凝土浆层搓打均匀(提浆)。若混凝土表面出现浮浆,应使用圆盘机械均匀地将混凝土表面浮浆层破坏掉。当混凝土初凝后,混凝土表面的水渍消失,混凝土有足够的硬度承受。磨光机操作时开始第一次撒播硬化材料,用机械磨光,上机时间应根据混凝土的坍落度、气温等因素而定。在初磨期间应用 2 m 靠尺随机反复检查,直到混凝土表面平整、无明显缺陷时结束。

(8)撒料。

将规定用量的耐磨材料按标画的板块,手工分两次均匀地散布在初凝的混凝土表面上。第一次撒播材料约 60%,待耐磨材料吸收水分变暗后,采用圆盘机械进行 1~2 次磨压,使耐磨材料与混凝土基层紧密结合,随后进行第二次撒播作业(余下约 40%材料)。第二次撒播作业的方向与第一次垂直,以保证材料撒播的均匀性。

(9)粗磨。

待耐磨材料吸收水分后,视面层硬化情况,进行至少四次圆盘机械镘抹抹压作业。机械镘抹的运转速度应视混凝土地面的硬化情况做出适当的调整,机械镘抹作业应纵横交错进行。

(10)精磨。

待面层具备足够强度后,将机械的圆盘卸下进行地面收光,收光遍数不低于 6 遍,边角、模板边缘用铁抹子人工收光,初磨之后,调整磨光机抹片角度进行精磨,直至表面光亮结束。精磨完成后的地面应表面密实,颜色一致。对柱根、墙根等阴角部位采用手工磨面。

(11)切缝。

混凝土施工完毕后,养护 48 h 左右,混凝土强度和面层硬度可以满足切缝机切缝要求时,应及时按照弹线位置切割分格缝。分格缝宽 6 mm。分格缝分别设在柱子四周和柱子之间。切缝采用专业切缝机裁切,切缝时间不宜太晚。由于混凝土内部胶凝材料在水化过程中会产生收缩现象,在混凝土终凝后,强度增长初期的水化过程中,收缩变化最为剧烈,因此尽量将切缝工序提前,使得切缝处形成应力薄弱点,可以使裂缝集中在切缝内部,确保面层的整体效果。切缝处待养护期过后填胶封闭。

(12)养护。

在耐磨地面施工完毕后应及时进行养护。养护作业首先应均匀涂刷养护剂,涂刷完养护剂,表面随即用塑料薄膜覆盖,覆盖完毕后表面及时洒清水,养护时间不得少于 7 d。养护期间必须保证各项养护条件,保证混凝土内部胶凝材料水化所需的水分,避免表层混凝土和面层因过分失水产生不可逆的细微裂缝。

四、玻化砖地面

(1)考虑到大型设备机房设置于地下,该区域所处环境潮湿,放弃采用自流平地面而采用玻化砖地面进行铺贴,可有效降低潮湿对地面面层的影响。

(2)对整个机房整体进行排版,对设备基础、支墩、排水沟、墙角、转角等处进行细化,收口细腻，与设备基础、支架基础等交接处进行打胶处理。

（3）保证整体平整度严格控制在 0.3 mm 内，砖缝宽窄均匀一致。

（4）地砖铺贴应该遵循整体平整，整砖铺贴，边角区域无小于 1/3 标准的板材及 200 mm 以下的石材，保证大面积铺贴效果。

（5）铺贴时，做好成品保护，对设备基础、排水沟进行保护，避免二次污染，影响成型效果及整改工期。

玻化砖地面如图 5-213 所示。

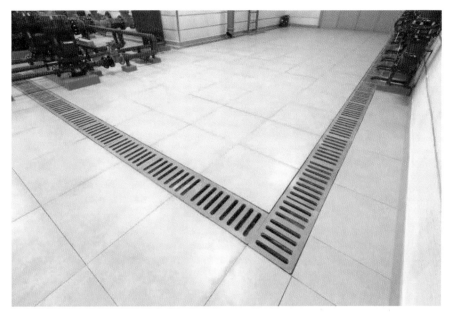

图 5-213　玻化砖地面

五、硅酸钙板吊顶

（1）对整改房间先进行现场尺量，根据实际尺寸进行全面排版，根据不同布局对节点部位进行细化，收口处进行深化设计，做好前期策划。

（2）吊顶装修应整体和谐统一，在各类洞口、转角、边缘区域避免出现小于 1/3 标准板材及 200 mm 的非整块板材。

（3）现场施工时，对工人进行技术交底，严格执行先放线后确认的程序，确认无误后方可施工。

（4）龙骨安装时应起拱短向跨度的 3‰ ~ 5‰，保证罩面板安装完成后形成平面。罩面板安装应拉通线，保证面层平整。

（5）与水电专业提前沟通排版，预留好各末端设备的位置，保证灯具、喷淋等末端设备居中设置，布局合理美观，与饰面板交接处连接严密。

（6）吊顶根据各管线、设备走向及标高灵活排布设置，具有层次感。

硅酸钙板吊顶如图 5-214 所示。

图 5-214　硅酸钙板吊顶

六、设备基础

（1）根据设备大小、位置不同，设置不同形式、大小的设备基础，做到棱角分明，边线顺直。

（2）设备基础表面用与地面同色的环氧地坪漆进行涂饰，四周涂刷黄色警示油漆，分色清晰。

（3）同排设备基础应成排成线，横平竖直。

（4）保证基础棱角分明，立体感佳。

设备基础黄色护角及黑黄色条纹处理效果如图 5-215、图 5-216 所示。

图 5-215　设备基础黄色护角处理效果

图 5-216　设备基础黑黄色条纹处理效果

七、管道支架基础

（1）混凝土支墩采用简单的方形设计，施工简便快捷。

（2）根据支架的不同形式、位置选择混凝土支墩的大小、形状、排列形式等。

（3）混凝土支墩四周涂刷黄色警示油漆，分色清晰。

（4）将环氧漆向立柱上返 5 mm，保证分界清晰细腻。

（5）同排管道支架混凝土支墩应成排成线，横平竖直。

管道支架基础黄色护角及黑黄色条纹处理效果如图 5-217、图 5-218 所示。

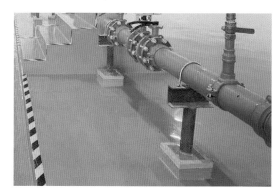

图 5-217　管道支架基础黄色护角处理效果

图 5-218　管道支架基础处理效果

八、排水沟

（1）排水沟布局合理，整体布局横平竖直、合理美观，排水沟与邻近地面无错台，警示带清晰。

（2）排水沟箅子无小于标准板材的 1/3 的板材。

（3）保证沟底坡度，施工时先进行沟内坡底找坡，坡度宜设置为 5‰左右。

（4）主沟宽度宜为 20 cm，深 15～20 cm；次沟宽度宜 15 cm，深 10～15 cm。

不锈钢、复合型排水沟如图 5-219、图 5-220 所示。

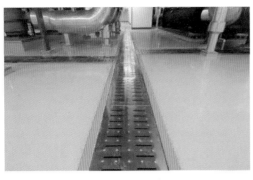

图 5-219　不锈钢排水钩

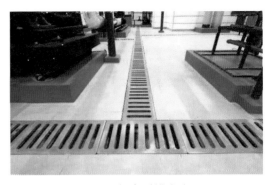

图 5-220　复合型排水沟

九、导流槽

（1）导流槽引导准确，布局合理，由内嵌金属槽形式构成，不锈钢导流槽深度应适中，为 30 ~ 50 mm。

（2）成排设备基础周边导流槽中心距设备基础尺寸、形式、坡度应一致，转角处 45°拼接，形式整齐一致。

导流槽如图 5-221 ~ 图 5-223 所示。

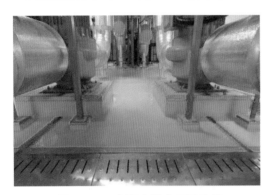

图 5-221　合肥南站金属导流槽

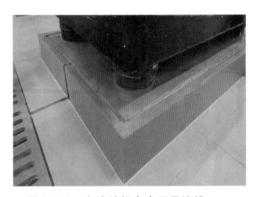

图 5-222　宁波站机房金属导流槽

图 5-223　贵阳北站机房导洗槽

十、可视化电缆沟盖板

（1）电缆沟盖板为花纹钢板材质。间隔采用钢化夹胶玻璃取代花纹钢板。通过玻璃可透视监测沟内电缆，提升运营管理水平。

（2）在夹胶玻璃底部铺设橡胶垫避免直接接触，有效保护盖板玻璃。

（3）沟边涂刷 50 mm 宽黄色警示带，玻璃宽 400 mm。

（4）电缆沟玻璃盖板在转角处必须设置，平直段约 3 m 设置一块。

可视化电缆沟盖板如图 5-224 所示。

图 5-224　可视化电缆沟盖板

十一、跨管道栈桥

（1）部分设备机房由于管道排布高度大于 50 cm，且形成封闭区域，需经常进入该位置检修，故增设跨管道栈桥。

（2）跨管道栈桥采用砖砌筑形式，面层用环氧漆涂刷。

（3）跨管道栈桥临边采用黄黑相间警示条，清晰醒目。

（4）栈桥踏步宽 25 cm，高 20 cm。

跨管道栈桥如图 5-225 所示。

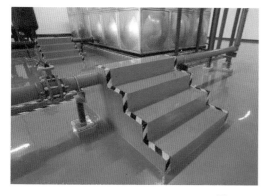

图 5-225　跨管道栈桥

第六节 办公区

一、抹灰工程

1. 应用工程

焦作西站。

2. 技术要求

（1）抹灰层表面光滑、洁净、颜色均匀、无抹纹，分格缝清晰美观。检查方法为观察、手摸检查。

（2）护角、孔洞、槽、盒周围的抹灰表面整齐、光滑，管道后面的抹灰表面平整。检查方法为观察。

（3）抹灰分层进行，抹灰总厚度不大于 20 mm，水泥砂浆不得抹在石膏砂浆上。

（4）室内墙面、柱面和门洞口的阳角采用 1∶2 水泥砂浆做暗护角，其高度不低于 1.8 m，每侧宽度不小于 50 mm。

（5）砂浆抹灰层在凝结前防止快干、水冲、撞击、振动，在凝结后不得损坏。水泥砂浆抹灰层在湿润条件下进行养护。抹灰 24 h 后用喷雾器洒水养护，每天 8～10 次，保持抹灰墙面不干，养护时间不得少于 7 d。

3. 工艺做法

1）工艺流程

基层处理→剔凿、钉钢板网→浇水湿润墙面基层→找规矩→抹底灰→抹窗台→抹面层灰→清理→养护。

2）工艺要点

（1）抹灰前，将基层表面的尘土、油垢、油渍等清除干净，并洒水湿润。

（2）构造柱、过梁、拉梁混凝土表面及砌块隔墙表面抹灰前先进行拉毛处理，拉毛厚度均匀一致。

（3）抹灰分层进行，抹灰总厚度不大于 20 mm，蒸压加砌块与混凝土墙体、柱（含构造柱）、梁（含过梁、圈梁、拉梁）、水电槽、盒交接处表面的抹灰，必须钉钢板网，钢板网与各基体［蒸压加砌块、混凝土墙体、柱（含构造柱）、梁（含过梁、圈梁、拉梁、水电槽、盒）］的每边搭接宽度均不小于 100 mm，且搭接牢固。钉钢板网前先将与隔墙交接处的混凝土表面弹线、切割、剔凿。剔凿宽度不小于 10 cm，剔凿深度不小于 20 mm，然后再钉钢板网，用射钉钉钢板网，射钉钉间距≤20 cm，钢板网必须平直绷紧。

（4）贴灰饼、冲筋、吊垂直、套方，且贴灰饼、冲筋只限于底灰。

（5）穿插电盒、配电箱安装。

（6）在抹灰前一天用水把墙面浇透，然后在墙湿润的情况下，先刷一道素水泥浆，随刷随打底；冲筋 2 h 后抹底灰，底灰采用 8 mm 厚水泥石膏砂浆打底，用刮尺找直，木抹子搓平搓毛。然后用托线板全面检查墙面的垂直与平整情况，阴阳角是否方正，管道处灰是否抹齐，墙与顶交接是否光滑平整。墙面抹灰应在各种靠墙管道等安装前进行，抹灰面接槎应平顺。抹灰后应及时将散落的砂浆清理干净。

（7）抹预留孔洞、配电箱、槽、盒。派专人把墙面上预留孔洞、配电箱、槽、盒周边 50 mm 宽的底灰砂浆清除干净，洒水湿润，并用 M15 水泥砂浆将孔洞、配电箱、槽、盒边抹成方正、平整、光滑。

（8）底层砂浆抹好后第二天，先将墙面湿润后，即可抹罩面灰砂浆。抹灰时先薄薄地刮一道使其与底层灰抓牢，紧跟抹第二遍，用刮尺找直，用铁抹子压实压光，注意最后一遍压光抹纹时，应沿同一个水平方向。

（9）抹灰 24 h 后喷雾器洒水养护。每天 8～10 次，保持抹灰墙面不干。养护时间不得少于 7 d，抹灰层在凝结之前，防止快干、水冲、撞击和震动。

（10）细部抹灰。墙柱间的阳角在墙柱抹灰前用水泥砂浆做护角。在人流量大、容易碰撞的部位进行暗护角处理。

（11）不同材质交接外的处理采用加强网防裂，每侧铺设宽度不小于 100 mm。混凝土与砌块交接处，铺设钢板网固定。混凝土与轻质隔墙交接处，铺设耐碱网格。

4. 节点详图及实例照片

施工中部分节点详图及实例照片如图 5-226～图 5-230 所示。

图 5-226 机械喷毛

图 5-227 不同材料基体交接处加强网设置

图 5-228　墙体阴角检测　　　　图 5-229　墙体抹灰平整度检测

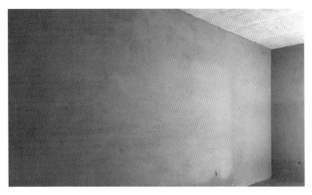

图 5-230　墙体抹灰平整洁净

二、地砖地面

（1）合理排砖，多整砖，少碎砖。非整砖要使用在次要部位、阴角处及视线不明显的部位，如门后侧、窗间墙、地面边墙或柜下，但须一致、对称。

（2）接缝要平直、光滑，填嵌连续、密实，宽度和深度均一致，并符合设计要求。地砖与墙砖、踢脚线规格尺寸一致时，应对缝镶贴。

办公区地砖排版效果如图 5-231 所示。

图 5-231　办公区地砖排版效果

三、硅钙板吊顶

1. 应用工程

北京朝阳站。

2. 技术要求

安装硅钙板面层，600 mm×600 mm 为标准板。吊顶安装偏差符合规范要求。饰面材料表面应洁净、色泽一致，不得有翘曲、裂缝及缺损。饰面板与明龙骨的搭接应平整、吻合，压条应平直、宽窄一致。饰面板上的灯具、烟感、温感、喷淋头、风口、广播等设备的位置应合理、美观，与饰面板的交接应吻合、严密。龙骨的接缝应平整、吻合、颜色一致，不得有划伤、擦伤等表面缺陷。吊顶内填充吸声材料的品种和铺设厚度应符合设计要求，并应有防散落措施。吊顶排布时，走道吊顶板应是奇数，末端设备在板块居中位置，不应骑缝。灯、喷淋等安装应牢固，吊顶标高线、控制线、吊杆的排布线及各设备点位线的弹放应统一协调，遇建筑结构伸缩缝、变形缝时，吊顶宜根据建筑变形量设计变形缝尺寸及构造。龙骨及面层材料表面应洁净、色泽一致，不得有翘曲、裂缝及缺损。吊顶板设备居中的处理方法为中间三块标准吊顶板，两侧为石膏板条。

3. 工艺做法

1）工艺流程

弹吊顶水平线、划分龙骨分档线→安装转换层龙骨→固定吊杆→安装配套龙骨→安装边龙骨→安装硅酸钙板→清理。

2）工艺要点

（1）弹吊顶水平线、划分龙骨分档线。

放吊顶标高及龙骨位置线，依据室内标高控制线，用水准仪找出吊顶设计标高位置，在四周墙上弹一道墨线，作为吊顶标高控制线。弹线应清晰，位置应准确。

（2）安装转换层龙骨。

横向转换层 40 mm×40 mm×3 mm 方管通过 L50 角钢在圈梁生根，间距为 1 200 mm。

（3）固定吊杆。

ϕ8 吊杆一端用螺栓与转换层进行固定，间距≤1 200 mm。

（4）安装配套龙骨。

配套龙骨吊挂在吊杆上且配套龙骨的间距≤1 200 mm，端部悬挑应≤300 mm。配套龙骨接长时，必须对接，不得有搭接。安装时，应采取专用连接件连接固定，每段配套龙骨的吊挂点不得少于 2 处，相邻两根配套龙骨的接头要相互错开，不得放在同一吊杆内。配套龙骨装完后，应拉通线进行整体调平、调直，并调好起拱度。

（5）安装边龙骨。

按墙面上的标高线在墙四周用水泥钉固定边龙骨，固定间距不大于 300 mm。安装边龙骨前需完成墙面腻子找平。

（6）安装硅钙板。

安装天花板时要按顺序依次安装，严禁野蛮装卸，安装时不要污染罩面板。

（7）清理。

硅钙板安装完后，需用布把板面全部擦拭干净，不得有污物及手印等。

4. 节点详图及实例照片

施工中部分节点详图及实例照片如图 5-232、图 5-233 所示。

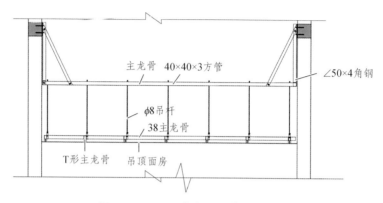

图 5-232　吊顶节点（单位：mm）

图 5-233　吊顶板设备居中

四、楼梯踏步

（1）楼梯踏步面层应进行防滑处理。在玻化砖或石材面上直接开槽，既可达到防滑效果，又不影响楼梯整体美观。

（2）防滑槽 2～3 道为宜，槽宽 1 cm，槽深 2～3 mm，槽间距为 2 cm，起步槽距离踏步边缘 3 cm。

（3）楼梯踏面石材外挑 3～5 mm，与侧立面交接分明，平整顺直，踏面上弧采用圆角处理。

楼梯踏步如图 5-234～图 5-236 所示。

图 5-234　楼梯踏面防滑处理

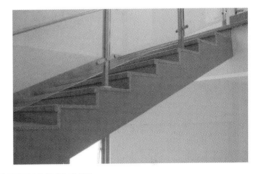

图 5-235　楼梯踏面石材外挑处理

图 5-236　楼梯踏面石材外挑处理

五、踢脚线

1. 应用工程

拉林站。

2. 技术要求

（1）踢脚线平直美观，上口平整光洁，接缝直线度允许偏差 2 mm。

（2）踢脚线黏接牢固，表面平整度允许偏差 2 mm。

（3）踢脚线突出墙面厚度不大于 15 mm。

3. 工艺要点

（1）考虑到砖厚及黏接面厚度，在进行抹灰施工时将踢脚线位置预留出来，保证黏接厚度并减少铺贴误差。

（2）铺贴时要拉线，保证铺贴完成后踢脚线平整度偏差不大于 2 mm。

（3）铺贴完成后，剩余未抹灰部位施工时，要保证抹灰及合成树脂乳液涂料乳胶漆施工时的墙面平整度，保证最终踢脚线突出墙面厚度一致。

4. 节点详图及实例照片

施工中部分节点详图及实例照片如图 5-237、图 5-238 所示。

图 5-237　抹灰施工（踢脚线区域预留）

图 5-238　踢脚线施工完成

六、楼梯滴水线

（1）为防止滴水倒流造成污染，在室内外楼梯端部做滴水线。

（2）宜采用成品石膏线，宽 60 mm，厚 15 mm，预留 10 mm 宽、7 mm 深的凹槽，槽内分色。

（3）滴水线在梯井处应交圈，转角处 45°拼接，端头距墙 25 mm。

（4）滴水线在首层防火墙位置收口，避免出现 L 形。

楼梯间滴水线实景如图 5-239 所示。

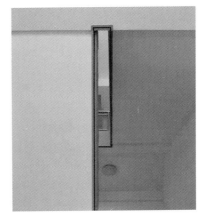

图 5-239　楼梯间滴水线

七、楼梯顶部平台

（1）在楼梯间顶层或临空高度超过 2 m 的楼梯平台栏杆下应设防物体坠落挡台，临空挡台安装与整体装修风格应协调一致。

（2）挡台面层宜与楼梯间踢脚线材质及高度一致，且高度不小于 100 mm，厚度宜为 120 mm。

（3）挡台外边沿与临空面平齐。

楼梯顶部平台如图 5-240、图 5-241 所示。

图 5-240　楼梯顶部平台挡台

图 5-241　挡台晒阳角做圆弧角处理

八、不锈钢栏杆安装

1. 应用工程

焦作西站。

2. 技术要求

（1）不锈钢栏杆工程所用材料的材质、规格、数量及安装方法必须符合设计要求。

（2）栏杆、扶手的选型、尺寸及安装位置应符合设计要求。

（3）栏杆扶手安装预埋件的数量、规格、位置以及栏杆与预埋件连接点应符合设计要求。

（4）栏杆高度、栏杆间距、安装位置必须符合设计要求。栏杆安装必须牢固。

（5）扶手转角弧度应符合设计要求，接缝应严密，表面应光滑，色泽一致，不得有裂缝、翘曲及损坏。

3. 工艺做法

1）工艺流程

放线定位→预埋件预埋→检查预埋件→安装立柱、扶手→打磨，刷防锈漆→打磨、抛光处理→清理工作。

2）工艺要点

（1）放线定位。

依据图纸及控制轴线确定立柱位置，依据楼地面标高控制线，弹出不锈钢玻璃栏杆完成面的水平控制线。

（2）预埋件预埋。

依据施工图纸和弹线，安装预埋件，位置、间距和数量应符合设计要求和安装施工要求，预埋件刷防锈漆。

（3）检查预埋件。

楼梯表面砖安装完成，并经检验合格后，依据施工图纸和弹线，检查预埋件的位置、间距和数量是否符合设计要求和安装施工要求，对不满足要求的，根据要求补做预埋件。

（4）安装立柱、扶手。

将两端立柱临时点焊于预埋件上，双向吊垂直，上端拉通线将平台部位的立柱点焊于预埋件上。已安装立柱再次吊垂直，检查拉通线是否平齐，将立柱上端临时固定，然后将立柱底部满焊在预埋件上。为了避免焊接时钢柱热变形，应采用对角施焊的顺序。安装扶手的高度、坡度一致，根据设计的扶手及栏杆形式，安装扶手与立柱，采用氩弧焊满焊连接。每梯段拉线安装中间位置立柱，吊垂直后满焊于预埋件上。

（5）打磨、刷防锈漆。

清理焊接部位的焊渣，打磨光滑、平顺，刷防锈漆。

（6）打磨、抛光处理。

扶手与不锈钢立柱连接件之间的焊口应打磨修平、抛光，使得与母材颜色一致。

（7）清理工作。

对已安装的不锈钢栏杆进行清理，保证不锈钢制品干净。

4. 节点详图及实例照片

施工中部分节点详图及实例照片如图 5-242 所示。

图 5-242　扶手转弯处弯曲自然

第七节　其　他

一、栏杆扶手

1. 不锈钢栏杆扶手

（1）不锈钢栏杆、扶手安装牢固，无晃动，高度一致，允许偏差控制在 3 mm 以内。

（2）局部区域扶手摒弃圆管设计，采用更适宜手扶的扁椭圆形不锈钢管，造型新颖，更具人性化。

（3）栏杆、扶手平直段长度及转弯弧度一致，舒适自然。

（4）栏杆根部安装装饰扣盖并固定牢靠。

（5）栏杆立柱距离踏步飞檐宜 100 mm 左右。

（6）扶手节点细腻，焊缝饱满，表面打磨光滑细腻。

（7）扶手端部均采用下弯或水平弯曲的方式处理，避免伤到旅客。

不锈钢栏杆扶手如图 5-243 所示。

图 5-243　不锈钢栏杆扶手

2. 木质栏杆扶手

（1）采用触感更好的斜面实木扶手，减少了不锈钢扶手的冰凉感，给旅客们带来细致入微的关怀，切实贯彻绿色温馨的建设理念。

（2）安装扶手的固定件，位置、标高、坡度找位校正后，弹出扶手纵向中心。按栏板或栏杆顶面的斜度，配好起步弯头，采用割角对缝粘贴。

（3）预制木扶手须经预装，预装木扶手由上而下进行，先预装起步弯头及连接第一跑扶手的折弯弯头，再配上上下折弯之间的直线扶手料，进行分段预装粘贴。

（4）扶手折弯处如有不平衡，应用细木锉锉平，找顺磨光，使其折角线清晰，坡角合适，自然，断面一致，最后用木砂纸打光。

（5）焦作西站候车大厅楼梯及临空栏杆均采用 110 mm × 50 mm 的木质扶手，高度为1 100 mm，通过 8 mm 厚不锈钢扁钢纸托连件 60°连接到 63 mm × 40 mm × 4 mm 拉丝不锈钢矩形管立柱上，外侧 8+1.52PVB（聚乙烯醇缩丁醛酯）夹层钢化玻璃高 12 00 mm，通过专用配套卡具与立柱结合，安装方便，固定牢固。木质栏杆扶手如图 5-244 所示。

图 5-244　木质栏杆扶手

二、玻璃栏板

（1）玻璃栏板采用装配式，玻璃嵌入异形横杆，地面嵌入不锈钢 U 形槽。

（2）闸机两侧玻璃栏板原则上与闸机同高，且顶部采用矩形管，不采用圆形管。

（3）立柱做变截面异形方管（底部 80 mm × 40 mm，顶部 63 mm × 40 mm）以使立柱与扶手横杆吻合对接。玻璃栏板节点及现场实景如图 5-245 所示。

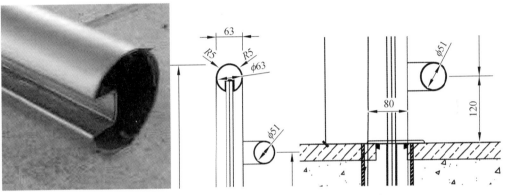

图 5-245　玻璃栏板节点及现场实景（单位：mm）

（4）台州站候车大厅扶手栏杆连接处（图 5-246），镶嵌着一块块由铝锻造而成的香槟金色圆饼，用作装饰。圆饼每块厚 1.24 cm，中间为镂空设计，镂空处从两个不同面精心设计呈现了"和合"二字，体现和合文化，该设计充分展示和传承了当地的地域文化底蕴及特色。

图 5-246　台州站公共大厅"和合"文化主题栏杆

三、沉降观测点

（1）为不影响建筑整体外观造型，同时满足规范和观测要求，沉降观测点宜采用隐藏分段式。

（2）装饰幕墙排版完成后，面层材料施工前，将沉降观测点第一段埋入结构主体相应位置，根据幕墙完成面距离结构主体距离，定制观测点第一段长度，长度满足出幕墙完成面 2 cm 即可。

（3）根据沉降观测点定位和幕墙面层材料排版放线位置，在面层材料对应位置开孔，开孔尺寸为 8 cm×8 cm。

（4）面层材料安装完成后，将沉降观测点保护盒嵌进石材洞口内，并将观测点第二段折叠放入盒内。

（5）保护盒安装完毕后，扣盖四周进行打胶处理，胶缝宽度 5 mm 为宜。

（6）胶缝表面保证光滑、平整、顺直。

沉降观测点实景如图 5-247 所示。

图 5-247　沉降观测点

四、电梯、自动扶梯

1. 电梯细部要点

（1）电梯内部线缆应统一为线槽走线，且应隐蔽处理。控制面板宜采用哑光不锈钢板且不应放在门边，控制按钮和显示屏应布置美观、数字清晰、质感良好。电梯轿厢内应设置防撞护栏。

（2）电梯与楼、地面衔接处不应出现错台。扶手和防撞踢脚应采用外径 50 mm 的不锈钢圆管通长设置，并应尽可能靠近轿箱外围护结构。

（3）电梯周围临空应采用明框玻璃幕墙，玻璃分块应整齐，电梯厅门侧从楼、地面向上的第一块玻璃的分隔高度不宜小于 2 400 mm。

电梯实景如图 5-248 所示。

图 5-248　电梯

2. 自动扶梯细部要点

（1）室内地面与扶梯上、下底板应按等标高设计，自动扶梯与地道、站台以及其他室外地面连接处，自动扶梯上、下底板应高于地面 20 mm，高出部分应按缓坡处理。若采用室外型扶梯，上、下底板可与地面平齐处理。

（2）当自动扶梯与自动扶梯并排安装时，两者之间的间距应尽可能小。扶梯安装后如留有缝隙，应通过拉丝不锈钢饰面板密缝或压缝处理。

（3）当自动扶梯与墙体相邻安装时，其间距在满足安装需求的前提下应尽可能小，应采用拉丝不锈钢板衔接扶梯护板与墙体的间隙，接缝应顺直平整。

（4）楼梯、自动扶梯并列设置时，楼梯踏步边缘与自动扶梯侧挡板应尽量紧贴，缝隙应打胶封堵，装修后应达到密缝效果。楼梯、自动扶梯之间存在高差的部位应采用与自动扶梯梯身相同的材料进行封堵。

（5）并行自动扶梯之间应安装安全玻璃栏板。平台护栏应向垂直于自动扶梯栏板方向进行延伸，并应与自动扶梯栏板紧贴，自动扶梯扶手处应留出安全间隙。

自动扶梯如图 5-249 所示。

图 5-249　自动扶梯

第六章
站台、雨棚

站台、雨棚细部工艺如下:

(1)站台铺面板应采用花岗岩石材,铺面板尺寸应根据站台的宽度、柱网尺寸、帽石、安全线、盲道等综合排定,石材尺寸顺轨方向不宜小于 600 mm,垂轨方向不宜小于 900 mm 且不应小于 600 mm,基本站台铺面板厚度不应小于 50 mm,其他站台铺面板厚度不应小于 30 mm(图 6-1)。站台铺面石材应综合考虑站台宽度、各类构筑物位置匀称铺设,交接处收口应规整(图 6-2)。排版调整检修井位置,不得在盲道、警戒线上,且应与柱的相对位置统一,以尽量避开人行路径为宜。

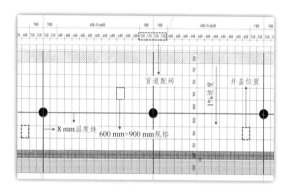

图 6-1 站台铺面设计

图 6-2 铺面交接处

(2)站台井盖(图 6-3)宜与站台铺面材质一致,井盖应装有拉环,且应刻字注明类型。井盖大小应与周围铺面协调,不应出现错缝。井盖不应设置在站台帽石安全线、盲道范围内。站台上检修井井盖支架可采用 70 mm×70 mm×6 mm 不锈钢角钢、8 mm 厚钢板、20 mm 厚橡胶皮制作。

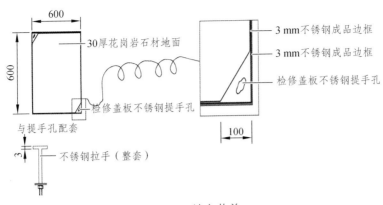

图 6-3　站台井盖

（3）站台楼梯石材反坎（图 6-4）高 100 mm，盖板宽度不超过 250 mm，楼梯上下部端头收口石材（图 6-5）做成整体。

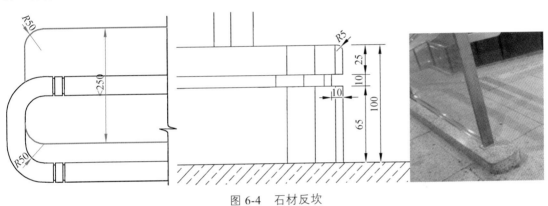

图 6-4　石材反坎

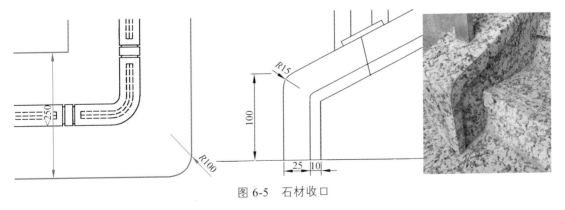

图 6-5　石材收口

（4）为了防止站台石材铺面返碱污染雨棚立柱，雨棚柱（图 6-6）应设柱脚，可采用深色金属板、石材或深色涂料设置，高 100 ~ 150 mm。柱脚收口应精细，采用涂料做柱脚时应慎重，以免后期脱落。

图 6-6　雨棚柱

（5）站台雨棚的避雷带（图 6-7）宜设于雨棚上翻檐口内侧，宜与防坠落措施合设。避雷带设置应整齐、美观，并满足防雷接地及其他相关构造要求。

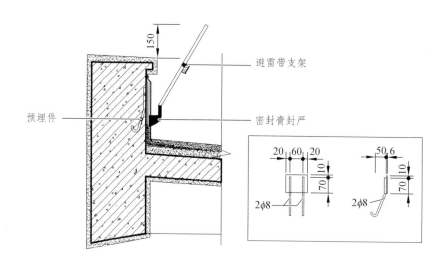

图 6-7　避雷带

（6）混凝土雨棚管线（图 6-8）采用定做钢板烤漆成品电缆槽，颜色接近雨棚板底颜色。

图 6-8　雨棚管线

（7）站台雨棚檐口（图 6-9）处应设滴水线。混凝土结构站台雨棚檐口滴水线设置应与结构一体设计，可采用滴水线或鹰嘴的设置。宜在面板上设置（15 mm×15 mm）木条模板（或PC 管）调直固定牢固，梁底混凝土形成顺直凹槽，达到滴水线效果。若采用鹰嘴，需要在模板阴角处架设 L 形金属条固定牢固顺直，形成顺直的鹰嘴效果。

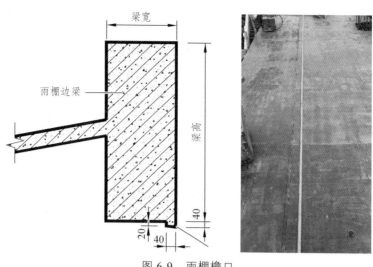

图 6-9　雨棚檐口

（8）站房与基本站台之间连廊雨棚覆盖范围（图 6-10）应采取防飘雨、防飘雪措施，雨棚长度按出入口两侧各延伸一跨设置。连廊雨棚对站房采光有影响时，可采取增设玻璃采光顶（四角锥）等措施，如图 6-11 所示。

图 6-10　雨棚覆盖范围

图 6-11　玻璃采光顶

（9）雨棚端部檐口应有收口处理（图 6-12），使雨棚顶整体，不应出现切面。

图 6-12　雨棚收口处理

一、装配式混凝土雨棚

1. 应用工程

东兴市站、白银南站、长治东站。

2. 技术要求

构件中心线对轴线位置允许偏差小于 15 mm，构件标高允许偏差为 ± 5 mm，墙板接缝允许偏差为 ± 5 mm，钢筋套筒灌浆连接及浆锚搭接连接的灌浆应密实饱满，钢筋套筒灌浆连接及浆锚搭接连接用的灌浆料强度应满足设计要求。

3. 工艺做法

1）工艺流程

构件分解→模板加工→基础施工→构件预制→预制柱吊装→注浆加固→预制梁吊装→注浆加固→预制板支座安装→预制板吊装→细部处理。

2）工艺要点

（1）构件分解。

根据结构的特点进行构件拆分，构件拆分应遵循受力合理、尺寸标准、施工便捷的原则。将站台雨棚结构分解为基础、预制柱、预制梁、预制板四部分。其中预制板又可分为预制边板和预制中板；基础采用现浇的形式；预制柱与基础通过灌浆套筒浆锚连接；预制梁与预制柱通过灌浆套筒浆锚连接；预制板通过支座简支于预制梁上。整体受力清晰合理，构件尺寸标准，方便现场施工。

（2）构件预制。

定型模板进场后进行预拼装，复核模板的尺寸。钢筋绑扎完成、模板拼装完成后，再次进行尺寸复核。同时，对灌浆套筒、预埋件、预埋吊点等安装质量进行检查，重点核查安装位置及方式，保证位置准确，避免吊装就位时出现偏差。验收合格后进行混凝土浇筑，并做好养护工作。

（3）构件吊装。

构件吊装可分阶段批量吊装，提高机械的使用效率。吊装采用吊车，场内运输可采用板车。预制柱吊装就位后，先进行临时支撑，及时安排注浆工作，待灌浆料强度达到要求后拆除临时支撑，然后进行预制梁吊装，预制梁吊装同预制柱。预制柱与预制梁吊装就位后，应再次校核安装位置，及时调整消除偏差，方可进行灌浆作业。预制梁灌浆达到强度后，进行预制板的吊装。吊装前，先核对预制梁上预埋件的标高，确定橡胶支座的厚度，保证预制板安装后各个受力点均匀受力。

（4）注浆加固。

灌浆套筒注浆前，应先进行注水试验，保证注浆通道畅通，然后进行注浆作业。注浆采用压浆法，从套筒下部灌浆孔灌注，通过控制注浆压力来控制注浆料流速。当出浆孔持续往外溢流浆料且溢流面充满出浆孔截面时，立即塞入橡胶塞进行封堵，并持续保压（0.1 MPa）1 min，然后迅速将注浆管拔除，并采用橡胶塞进行封堵。

（5）细部处理。

构件吊装完成后，进行防落梁措施的安装及防水等细部处理。

4. 节点详图及实例照片

施工中部分节点详图及实例照片如图 6-13 ~ 图 6-18 所示。

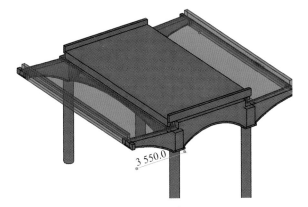

3 550.0

图 6-13　构件拆分

图 6-14　构件模型

图 6-15　中板预制

图 6-16　边板预制

图 6-17　装配式单柱雨棚

图 6-18　装配式双柱雨棚

二、无柱雨棚钢结构雨棚

1. 应用工程

菏泽东站。

2. 技术要求

针对工程中不同类型的接头形式进行相应焊接方法的试验及工艺评定。施工前需对焊接作业人员进行焊接工艺考核，降低施工过程中焊接质量隐患。

3. 工艺做法

1）工艺流程

施工准备→测量放线→埋件安装→钢柱吊装→钢柱校正、复核→钢柱安装、焊接→钢柱树杈节点吊装→钢柱树杈节点定位复核→钢柱树杈节点安装、焊接→主、次钢梁吊装、安装→下一轴线钢结构吊装、安装→吊装、安装完成。

2）工艺要点

（1）测量放线。

① 根据工程的特点，合理布置点作为主控制点，并可根据现场实际情况，加密方格网。

② Ⅰ级和Ⅱ级控制网采用一级导线的精度要求施测，准确计算出导线成果，进行精度分析和控制点点位误差分析。

③ 采用水准测量、三角高程测量两种测量方法相结合的方式，有效提高检测精度和施测速度。

（2）埋件安装。

安装柱脚埋件时，先在地面将柱脚锚杆与法兰盘焊接成整体，固定在承台内。混凝土承台模板搭设完成后，放置十字定位轴线，对柱脚预埋件进行浇筑前最终校正偏差。

（3）钢柱吊装。

① 雨棚钢柱埋件预埋、定位准确，雨棚基础第一层混凝土浇筑完成（距离钢柱底 10 cm），且强度达到立柱要求。

② 吊装雨棚钢柱，钢柱吊装完成后，对钢柱进行测量校正及柱脚固定，及时进行柱脚混凝土浇筑，保证钢柱的稳定性。

③ 为了保证吊装平衡，在吊钩下挂设 4 根足够强度的钢丝绳进行吊运。

（4）钢柱校正、复核。

① 首节柱吊装完成后，使用全站仪校正钢柱偏差，钢柱安装前先将标高调节螺母调至柱底标高位置，钢柱安装后微调标高调节螺母校正钢柱偏差。

② 上下两节柱错口的校正可在下节柱的耳板连接处加减垫片，利用千斤顶来调整。

③ 每一根柱安装后，对柱底做一次标高实测，及时对钢柱标高做出调整。

④ 两台经纬仪分别置于相互垂直的轴线控制线上（借用 1 m 线），判断校正方向并指挥吊装人员对钢柱进行校正，直到两个正交方向上均校正到正确位置。

（5）钢柱安装、焊接。

① 站台雨棚钢柱采用汽车吊进行安装，调整吊车位置，分别吊装两侧雨棚结构。

② 钢柱吊装到位后，钢柱的中心线应与下面一段钢柱的中心线对齐吻合，连接上下节柱之间对应的耳板，用螺栓固定双夹板。待测量校正完毕，对钢柱进行焊接作业施工。

（6）钢柱树杈节点吊装。

雨棚钢柱树杈吊装时分四点进行吊装，吊装后先在地面使用手拉葫芦进行高差调节，吊装就位时对接头使用连接板与钢柱进行连接。

（7）钢柱树杈节点定位复核。

在树杈结构吊装到预定位置后，用高精度全站仪对其进行三维坐标校正测量。

（8）钢柱树杈节点安装、焊接。

按照焊接工艺指导书中所指定的焊接参数、焊接施焊方向、焊接顺序等进行施焊。

（9）主钢梁吊装、安装。

钢梁吊装时，分别在吊装的钢梁上焊接两块防坠板，吊装时防坠板另一端搭接在已吊装的钢梁上，吊装后对防坠板搭接在钢梁上的一端进行点焊固定，防止钢梁位移。

（10）下一轴线钢结构吊装、安装。

吊车依次继续向后单个轴线进行钢柱钢梁吊装、安装、焊接作业。

4. 节点详图及实例照片

施工中部分节点详图及实例照片如图 6-19 ~ 图 6-24 所示。

图 6-19　钢柱树杈节点吊装

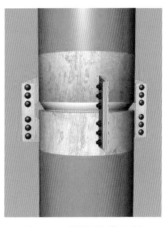

图 6-20　钢柱连接耳板

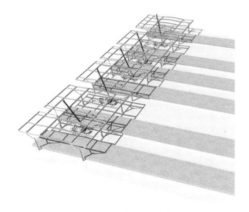

图 6-21　钢梁吊装

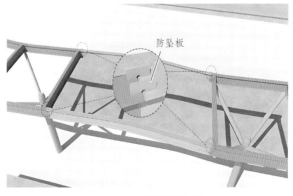

图 6-22　钢梁防坠板

图 6-23　站台雨棚钢柱树杈吊装

图 6-24　站台雨棚效果

三、清水混凝土雨棚

1. 应用工程

东花园站、怀来站。

2. 技术要求

（1）仿清水施工完成后完成面颜色基本一致，无明显色差。

（2）基层处理完成后平整度符合仿清水施工要求，雨棚柱蝉缝清晰，线型直顺。

（3）雨棚顶板混凝土模板拼缝处必须打磨干净。

（4）仿清水施工完成后雨棚顶下挑檐下的滴水线必须保留，且滴水线线型必须顺直，槽深一致，如存在线型弯曲或槽深不一致的情况必须用专用腻子修补。

3. 工艺做法

1）工艺流程

施工准备→钢筋绑扎→预埋管线→模板安装→混凝土浇筑→拆模养护。

2）工艺要点

（1）钢筋绑扎。

① 雨棚柱为变截面形式，箍筋加工及主筋绑扎过程中按已画好的箍筋间距套好箍筋，变径箍筋的编号排序工作做到位。

② 箍筋在叠合处的弯钩，在梁中交错绑扎，箍筋弯钩为 135°。

③ 钢筋主筋和箍筋间距严格按照设计要求。

（2）模板安装。

① 钢模板安装前，应先对钢模板进行除锈和抛光，然后涂刷脱模剂。脱模剂的选用一定要经过试验，确保不会对混凝土造成污染，且不会对模板造成损伤。经试验最终选定色拉油。

② 在进行短柱混凝土浇筑时，应对安装钢模板定位框范围内的落水槽进行 1 cm 缩尺，保证模板安装时可以平稳安装且无缝隙。

③ 模板拼装时，应先进行临时固定，在钢模板定位框安装完成且调平后，再进行加固。

除了夹紧模板夹具外，在模板的接缝处要加塞海绵胶条，以防止浇筑时漏浆。

④ 必须注意施工竖向精度、平面轴线投测及引测标高，轴线投测后放出竖向构件几何尺寸和模板就位线、检查控制线。模板就位前对墙根部进行清理，检查地坪是否平整。当地坪高低差较大时，用砂浆找平。模板合模后，模板在同一水平高度，正负误差≤1 mm。

⑤ 模板吊装过程中注意不要磕碰操作架及钢筋，以防划伤模板表面。

⑥ 操作架与雨棚柱间的操作距离宜为 500 mm，既方便施工操作，又能保证模板顺利吊装下放。

⑦ 模板拆除时应使用钢丝绳对模板下半部分进行拉拽，保证拆除时不损伤柱面。

（3）混凝土浇筑。

① 清水混凝土配合比。

工程清水混凝土成形后外观要求高，必须通过配合比的调整和样板的施工来最终确认方案。经过数次试配和样板浇筑，最终确定配合比。

② 混凝土浇筑注意事项。

现场浇筑混凝土时，振动棒采用"快插慢拔"、4 角加中心布点的方式，并使振捣棒在振捣过程中上下略有抽动，上下混凝土振动均匀。

根据振动棒作用深度确定分层厚度，并做好标尺杆、配备照明灯具作为分层下料的控制手段，保证混凝土表面色泽一致，内部密实，分层厚度为 500 mm。制作专用料斗以确保每次混凝土浇筑厚度不大于 500 mm。

振捣棒移动间距为 400 mm，在钢筋较密的情况下移动间距可控制在 300 mm 左右，并控制与模板的距离。混凝土振捣应从中间向边缘振动，振点分布均匀。

控制好每层混凝土浇筑的间歇时间，保证不出现施工缝，保证连续而有序地作业。为使上下层混凝土结合成整体，上层混凝土振捣要在下层混凝土初凝之前进行，并要求振捣棒插入下层混凝土 100 mm。

必须严格把控混凝土振捣时间。时间过长易造成混凝土离析，过短会造成混凝土振捣不密实，气泡无法排出。一般当混凝土表面呈水平、出现均匀的水泥浆，不再有显著下沉和大量气泡上冒时即可停止。混凝土振捣以控制表面气泡冒出为主，以控制振捣时间为辅，无法看到气泡时以每点振捣时间 25 s 为宜。

在混凝土振捣中，不得碰撞模板面及钢筋。混凝土下料完成后，应将粘在水平钢筋上的砂浆和混凝土轻轻碰落。

③ 拆模养护。

拆模时间要以保证拆模后墙体不掉角、不起皮，以同条件试块强度为准。清水饰面混凝土在同条件试块强度达到 3 MPa（冬期不小于 4 MPa）时方可拆模，以使混凝土有充足的养护时间。实际经验以 36 h 拆除模板为宜。

拆模后立即用保湿土工布进行包裹，并进行洒水养护，不得直接用草帘铺盖，以免造成污染。养护之前和养护过程中都要洒水保持湿润。混凝土养护时间为 14 d。

4. 节点详图及实例照片

施工中部分节点详图及实例照片如图 6-25 ~ 图 6-36 所示。

图 6-25　箍筋按照变径顺序绑扎

图 6-26　制作箍筋分类存放架

图 6-27　钢筋间距绑扎均匀

图 6-28　模板除锈抛光

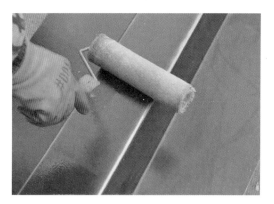

图 6-29　涂刷脱模剂

图 6-30　临时固定并调整加固

图 6-31　粘贴海绵条防止漏浆

图 6-32　模板安装平整无错台

图 6-33　操作架距柱 500 mm 方便施工

图 6-34　根据外观质量优选混凝土配合比

图 6-35　柱拆模后效果

图 6-36　板拆模后效果

四、仿清水雨棚

1. 应用工程

滑浚站、焦作西站。

2. 技术要求

（1）仿清水施工完成后完成面颜色基本一致，无明显色差。

（2）基层处理完成后平整度符合仿清水施工要求，雨棚柱蝉缝清晰，线型直顺。

（3）雨棚顶板混凝土模板拼缝处必须打磨干净。

（4）仿清水施工完成后雨棚顶下挑檐下的滴水线必须保留，且滴水线线型必须顺直，槽深一致，如存在线型弯曲或槽深不一致的情况必须用专用腻子修补。

3. 工艺做法

1）工艺流程

施工准备→混凝土基层缺陷处理→清水腻子找平修补→滚涂清水混凝土专用底漆→拍花→涂刷仿清水罩面漆。

2）工艺要点

（1）混凝土基层缺陷处理。

清除基层表面上的灰尘、油污、疏松物，减轻或消除表面缺陷，改善基层表面的物理或化学性能。处理完成后基层的含水率必须低于10%。

（2）清水腻子找平修补。

将专用腻子充分调合，用它先将原始涂层麻面、蜂窝、洞眼、残缺处填补好，满刮两遍专用腻子。第一遍要求刮抹密实、平整、均匀、光滑。待第一遍专用腻子干透后，用粗砂纸打磨平整，磨后用棕扫帚清扫干净。第二遍专用腻子，在修补的过程中保留雨棚柱的蝉缝，蝉缝线形美观直顺。

（3）滚涂清水混凝土专用底漆。

采用滚筒滚涂或采用喷枪喷涂，先将柱角、节点、转角、混凝土接缝等部位毛刷刷好之后，再做大面积涂刷。

（4）拍花。

为了仿出清水混凝土真实效果，需要将清水混凝土基底调整料用专用工具全面涂布，效果近于混凝土颜色的半透明状态。在做造型时，注意将涂布的材料充分搅匀，避免在墙壁上黏附，做造型的各个工序在干燥后，必须用砂纸将表面磨平。

（5）涂刷仿清水罩面漆。

清水混凝土水性硅透气型保护面漆分两次涂装，每次涂一半的量，反复滚（喷）涂至均匀为止，两次面漆之间应间隔1~4 h，第二遍面漆涂完之后，保养24 h即可。

4. 节点详图及实例照片

施工中部分节点详图及实例照片如图6-37~图6-41所示。

图 6-37　混凝土雨棚基层处理　　　　图 6-38　雨棚柱蝉缝线形直顺

图 6-39　雨棚柱漆面颜色一致　　　　图 6-40　雨棚顶板漆面颜色一致

图 6-41　雨棚挑檐、滴水线槽深一致

五、站台铺面

1. 应用工程

贵阳北站、昆明南站、北京朝阳站。

2. 技术要求

地面石材铺贴完毕后，不得出现反碱、泛湿现象，站台铺面坡度不宜大于 1%，站房与基本站台相接时，应由站房坡向站台，门内外高差不应大于 15 mm，并应以斜面过渡。

3. 工艺做法

1）工艺流程

基层处理→站台墙标高复核→配筋垫层→测量弹线→试排→铺砂浆→铺石材板块→擦缝及站台板封边→清洗及养护。

2）工艺要点

（1）站台边缘至安全线的距离为 1 000 mm，安全线的宽度为 100 mm，提示盲道（点状）的宽度为 600 mm；站台外侧帽石应采用红色花岗岩石材，站台帽石厚度不应小于 50 mm，铺面的机刨缝应平行于轨道。安全线应采用耐磨、防渗漏、抗污染、防滑的白色汉白玉或防滑玻化砖，厚度不小于 15 mm。盲道砖应采用黄色特制专用材料，厚度不低于 20 mm（不含点厚）。盲道内侧为浅色站台铺面石材。

（2）站台铺面应采用花岗岩铺面，基本站台上花岗岩铺面板厚不应小于 50 mm，其他站台花岗岩铺面板厚不应小于 30 mm。

（3）站台面铺装石材宜结合车站所在地气候条件选用光面抽槽形式，封闭式站台可采用光面石材。

（4）站台铺面的标准石材尺寸应根据站台的宽度、柱网尺寸、帽石、安全线、盲道等综合排定。站台铺面石材应综合考虑站台宽度、各类构筑物位置匀称铺设，交接处收口应规整。块材大小不宜小于 600 mm × 600 mm。

（5）帽石铺装面缝应与站台面上的安全线、盲道及其他铺装材料面缝相对应。石材铺面所设伸缩缝应对应雨棚柱纵向居中设置。

（6）站台铺面的站台两端为弧形时，应在保证帽石、安全线、盲道宽度的基础上，不应出现小于 1/2 站台铺面标准石材的小块石材。曲线段站面应采用扇形分格形式铺贴，通过调整砖缝宽度使边缘不出现错台，整齐顺滑。曲线内、外侧站台挡墙限界应按《铁路技术管理规程》中曲线上建筑限界加宽方法的计算结果再减去 20 mm。

（7）站台面上井盖材质宜与站台面铺材一致，且井盖大小需与周围铺面协调，不应出现错缝。站台面上的帽石、安全线、盲道上不应设置井盖。井盖应装有拉环，方便维护时开启。

（8）站台上沉砂井应设置在雨棚柱 45°角方向，井盖支架做法可采用 70 mm × 70 mm × 6 mm 不锈角钢、8 mm 厚钢板、20 mm 厚橡胶皮，同时在井盖上刻字注明类型。

（9）当站台上设有消火栓时，宜按地下式设计，盖板与站台铺面协调一致。当必须设置在站台面以上时应结合站台相关设施设置，且不应影响旅客通行。

（10）桥式站台铺面应随结构变形缝进行设置，盖板宜采用铝合金防滑面板，需充分考虑变形量及防水构造。

4. 节点详图及实例照片

施工中部分节点详图及实例照片如图 6-42 ~ 图 6-45 所示。

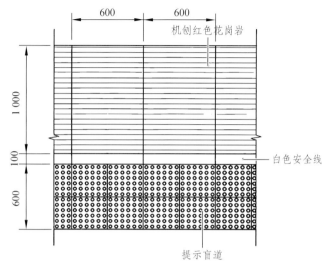

图 6-42　站台边帽石、安全线、提示盲道

图 6-43　平直段站台铺面

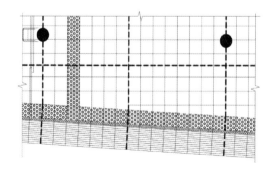

图 6-44　曲线段站台采用扇形铺贴

图 6-45　弧形站台铺面

六、站台铺装冒石反坎

1. 应用工程

滑浚站、卫辉南站、新乡南站。

2. 技术要求

站台边缘砂浆粘贴密实，无砂浆脱落影响行车安全现象。

3. 工艺做法

1）工艺流程

站台墙标高复测→植筋→钢筋绑扎→模板安装→混凝土浇筑→石材铺装。

2）工艺要点

（1）反坎混凝土采用 C20 混凝土，反坎宽度为 50～80 mm，厚度 40～50 mm。具体厚度应根据站台墙标高确定，预留 1 cm 作为石材铺装偏差调整。

（2）反坎植筋采用 $\phi8@600$ mm，钻孔深度 10 mm。钻孔后，应用毛刷刷除孔壁松散的灰尘并吹除干净，植筋胶注胶饱满。

（3）反坎布置横向 $\phi8$ 通长钢筋，距站台墙边缘 40～50 mm，与植筋钢筋绑扎连接。

4. 节点详图及实例照片

施工中部分节点详图及实例照片如图 6-46～图 6-48 所示。

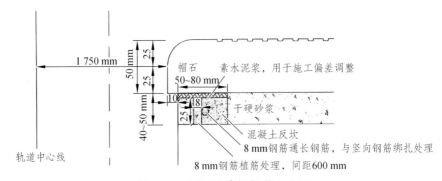

图 6-46　冒石反坎细部节点立面

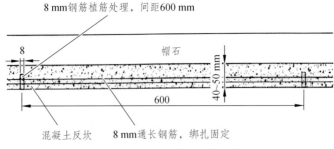

图 6-47　冒石反坎细部节点剖面

图 6-48　冒石反坎

七、涂料雨棚

1. 应用工程

山南站。

2. 技术要求

山南站站台雨棚是混凝土结构，在装修上主要是通过涂料来凸显整体风格特色。在雨棚柱子的装饰上，为了体现亮点，在柱头位置涂刷藏红涂料，顶部采用金黄窄边，整个柱身呈现金黄、藏红、雪白三色，恰到好处地延伸了站房装修的主色调，色彩上相互呼应。雨棚顶侧边及滴水线位置、桥架盒也相应地涂刷藏红涂料。主要选择线条感强的地方作色彩运用，尽可能地让整体效果最大化，带来较强视觉冲击。柱顶、桥架、侧檐几处的彩色涂料运用，可使整体效果简约而不简单。

3. 工艺做法

1）工艺流程

基层清理→修补墙面→抹砂浆找平层→刮腻子→刷第一遍乳胶漆→刷第二遍乳胶漆→刷第三遍乳胶漆。

2）工艺要点

（1）基层清理修补。粉刷找平层前进行清理，将灰渣铲干净，然后将墙面扫净，适当洒水湿润并对孔洞用细石混凝土进行修补，干燥后用砂纸将凸出点磨掉，将浮尘扫净。

（2）砂浆找平层分层抹压。

（3）刮腻子遍数可由基层平整程度决定，一般情况下为 2～3 遍，腻子重量配比为乳胶：滑石粉：纤维素=1：5：3.5。第一遍用胶皮刮板横向满刮，一刮板紧接着另一刮板，接头不得留搓，每刮一刮板最后收头要干净利落。腻子随用随调，一次调配的数量最多不得超过 2 d，在找补腻子时，对错台深的应分二次或三次补平。干燥后用砂纸磨，将浮腻子及斑迹磨平、磨光，再将墙壁面清扫干净。第二遍用胶皮刮板竖向满刮，所用材料及方法同第一遍，干燥后用砂纸磨平并扫干净。第三遍用胶皮刮板找补腻子或用钢片刮满腻子，将墙壁面刮平、刮光，干燥后用细砂纸磨平磨光，不得将腻子磨穿。

（4）刷第一遍乳胶漆时，用布将粉尘擦掉。乳胶漆用排笔涂刷，使用前搅拌均匀，适当加水稀释，防止头遍刷不开。干燥后复补腻子，再干燥后用砂纸磨光，清扫干净。

（5）第二、三遍刷乳胶漆操作要求同第一遍。使用前充分搅拌，如较稀，则不宜加水或少加水，以防露底。漆膜干燥后，用细砂纸将墙壁面的小疙瘩和排笔毛打磨掉，磨光滑后扫干净即可。

（6）涂刷涂料的施工温度应按产品说明的要求控制，防止冻结。涂刷涂料从一头开始，逐渐刷向另一头，每个面应一次完成，以避免出现接头。第一遍涂料完成之后，遇有局部透底，厚薄不均，不能用补点方法处理，必须满刷一遍才能保证色泽一致。最后一遍涂料要一下一下挨着刷直，不得成弧形，做到刮纹顺直、厚薄均匀、不显接砂、无流坠、溅沫、透底等质量问题。涂刮遍数应根据颜色深浅和涂料遮盖力情况确定，至少三遍。

4. 节点详图及实例照片

施工中部分节点详图及实例照片如图 6-49 所示。

图 6-49　山南站涂料雨棚

第七章
生产生活用房

一、彩色漏骨料透水混凝土地面

1. 应用工程

墨江站。

2. 技术要求

透水性大、排水通畅，强度高，满足设计规范要求。

3. 工艺做法

1）工艺流程

基层准备并接收→放线→基础找平→基层模板支模→摊铺基准大孔透水混凝土→支面层模板→界面处理→露骨料透水混凝土摊铺→分色处另行支模→跳仓浇筑分色透水混凝土面层→养护→伸缩缝处理→色彩校正→双丙聚氨酯密封→检验验收→完工。

2）工艺要点

（1）透水地坪拌和物中水泥浆的稠度较大且数量较少，为了使水泥浆能均匀地包裹在骨料上，宜采用强制式搅拌机，搅拌时间为 5 min 及以上。

（2）在浇筑之前，路基必须先用水湿润，否则透水地坪快速流失水分会减弱骨料间的黏结强度。由于透水地坪拌和物比较干硬，将拌和好的透水地坪和透水地坪材料在路基上铺平即可。

（3）在浇筑过程中不宜强烈振捣或夯实，一般用平板振动器轻振铺平后的透水性混凝土混合料。但必须注意不能使用高频振捣器，否则会使混凝土过于密实而减少孔隙率，影响透水效果。同时高频振捣器也会使水泥浆体从粗骨料表面离析出来，流入底部形成一个不透水层，使材料失去透水性。

（4）振捣以后，应进一步采用实心钢管或轻型压路机压实压平透水混凝土拌和料。考虑到拌和料的稠度和周围温度等条件，可能需要多次辊压。但应注意，在辊压前必须清理辊子，以防黏结骨料。

（5）透水地坪由于存在大量的孔洞，易失水，干燥很快，所以养护非常重要，尤其是早期养护，要注意避免地坪中水分大量蒸发。通常透水混凝土拆模时间比普通混凝土短，如此其侧面和边缘就会暴露于空气中，应用塑料薄膜或彩条布及时覆盖路面和侧面，以保证湿度和水泥充分水化。透水地坪应在浇筑 1 d 后开始洒水养护，淋水时不宜用压力水柱直冲混凝土表面，这样会带走一些水泥浆，产生一些较薄弱的部位，但可在常态的情况下直接从上往下浇水。透水地坪的浇水养护时间应不少于 7 d。

4. 节点详图及实例照片

施工中部分节点详图及实例照片如图 7-1 所示。

图 7-1　彩色漏骨料透水混凝土地面

二、地面 PC 地砖

1. 应用工程

墨江站。

2. 技术要求

保证地面 PC 地砖平整度、对缝及质量满足设计规范要求。

3. 工艺做法

1）工艺流程

原土夯实→级配碎石整平→混凝土层施工→铺贴 PC 砖。

2）工艺要点

（1）使用橡胶锤将 PC 砖敲实，并振入沙子。

（2）边缘部分需按所需角度切好 PC 砖铺置（使用切割机或磨机等辅助工具）。

（3）每块 PC 砖之间的间距应为 2～4 mm。

（4）若路面需要过重车，用水泥浇浆在砂浆层上（浇浆层厚 1～2 mm），将 PC 砖按图纸上的图案铺置，注意保证线条的规整。

4. 节点详图及实例照片

施工中部分节点详图及实例照片如图 7-2 所示。

图 7-2　地面 PC 地砖

三、站区绿化种植

1. 应用工程

墨江站。

2. 技术要求

成活率高、整齐美观，满足设计规范要求。

3. 工艺做法

1）工艺流程

挖苗→运输→定位→种植→安装树撑→安装树箅子→吊营养液袋、洒水养护。

2）工艺要点

（1）施工定点放线要以设计提供的标准点或固定建筑物、构筑物为依据。规则式种植，树穴位置必须排列整齐，横平竖直。

（2）行道树定点，行位必须准确，大约每 50 m 钉一控制木桩，木桩位置应在株距之间。树位中心可用镐刨坑后放白灰。

（3）挖种植穴、槽的位置应准确，严格以定点放线的标记为依据。挖种植穴、槽应垂直下挖，穴槽壁要平滑，上下口径大小要一致。

（4）栽植穴挖好之后即可开始种树。但若种植土太贫瘠，要先在穴底垫一层基肥。基肥一定要用经过充分腐熟的有机肥，如堆肥、厩肥等。基肥层以上应当铺一层壤土，厚 5 cm 以上。

（5）种植时，应先将苗木的土球或根蒆放入种植穴内，使其居中，然后将树干扶起，使其保持垂直（若树干有弯曲，其弯向应朝当地风方向）。分层回填种植土，填实后将树根稍向上提一提，使根群舒展开，每填一层土就用锄把将土压紧实，直到填满穴坑，并使土面能够盖住树。

4. 节点详图及实例照片

施工中部分节点详图及实例照片如图 7-3 所示。

图 7-3　站区绿化种植

四、站区铁艺围栏

1. 应用工程

墨江站、滑浚站。

2. 技术要求

铁艺围栏美观，质量满足设计规范要求。

3. 工艺做法

1）工艺流程

栏杆深化设计→铁艺栏杆安装→边框安装→焊除锈及氟碳漆喷涂。

2）工艺要点

（1）标志在铁艺大门及铁艺栏杆、围墙居中布置。

（2）工艺栏杆安装前调整好平整度和角度。

（3）严格按设计文件要求选购材料，所有材料按设计文件要求必须有材质证明，经监理工程师验收方可加工。

（4）工艺栏杆安装完毕后应进行板面清扫，在清扫过程中，不应损坏栏杆面或产生其他缺陷。

4. 节点详图及实例照片

施工中部分节点详图及实例照片如图 7-4、图 7-5 所示。

图 7-4　墨江站工艺栏杆

图 7-5　滑浚站围墙装饰

五、美丽站区室内装修

1. 应用工程

墨江站。

2. 技术要求

站区室内装修美观，质量满足设计规范要求。

3. 工艺要点

（1）墙面、地面、吊顶排版对缝。
（2）走廊吊顶及地砖奇数排布对齐。
（3）楼梯顶部平台增加坎台。

4. 节点详图及实例照片

施工中部分节点详图及实例照片如图 7-6 所示。

图 7-6　站区室内装修

六、生产生活用房实例

实例照片如图 7-7～图 7-18 所示。

图 7-7　常山站绿化

图 7-8　赣榆站绿化

图 7-9　开化站园林式生产办公区、徽派建筑围墙

图 7-10　丹阳站生产办公区

图 7-11　吉水西站生产生活用房结合"庐陵文化"

图 7-12　吉安西站生产办公区围墙"五指峰"文化

图 7-13　篮球场、绿化及围墙　　　　图 7-14　绿化汀步

图 7-15　空调外机罩

图 7-16　墨江景观镂空铁艺围墙

图 7-17　橄榄坝站铁艺围墙

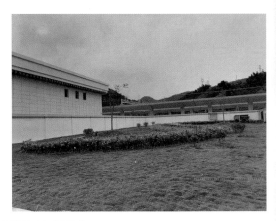

图 7-18　站房和美丽站区之间绿化

电气篇

第八章
桥架、托架和槽盒

一、金属槽盒

1. 应用工程

吉安西站、长治东站、雄安动车所。

2. 技术要求

金属梯架、托盘和槽盒本体之间的连接应牢固可靠。金属梯架、托盘和槽盒全长不大于 30 m 时，应不少于 2 处与保护导体可靠连接；全长大于 30 m 时，应每隔 20～30 m 增加一个连接点，起始端和终点端均应可靠接地。非镀锌梯架、托盘和槽盒本体之间连接板的两端应跨接保护联结导体，保护联结导体的截面积应符合设计要求。镀锌梯架、托盘和槽盒本体之间不跨接保护联结导体时，连接板每端应不少于 2 个有防松螺帽或防松垫圈的连接固定螺栓。

当直线段钢制或塑料梯架、托盘和槽盒长度超过 30 m 时，或铝合金或玻璃钢制梯架、托盘和槽盒长度超过 15 m 时，应设置伸缩节。当梯架、托盘和槽盒跨越建筑物变形缝时，应设置补偿装置。梯架、托盘和槽盒与支架及与连接板的固定螺栓应紧固无遗漏，螺母应位于梯架、托盘和槽盒外侧。

3. 工艺做法

1）工艺流程

策划排布→进场材料检验→支吊架选择加工→预留洞口矫正→测量、弹线定位→支、吊架安装→梯架、托盘、槽盒安装→金属梯架、托盘和槽盒接地→补偿装置安装→盖板安装→梯架、托盘、槽盒标识。

2）工艺要点

（1）梯架、托盘和槽盒敷设前应对敷设路由进行深化设计、综合排布。综合排布时应依据所连接的配电箱柜、电气器具、设备及安装路由上建筑空间、设备管道分布情况，综合考虑后确定梯架、托盘和槽盒敷设的位置走向及主干和分支的接头部位和连接方式。绘制出梯架、托盘和槽盒的走向图后，向生产厂家下单时，主干到分支间的转换接头以及分支弯头均从厂家定制，使用成品弯头。

（2）梯架、托盘和槽盒应有合格证、出厂检验报告及第三方检验报告，防火槽盒应有国家消防检测权威机构出具的质量检验报告，防火等级应符合设计要求。材料进场后应对镀锌层、喷塑层、防火涂料层及板材厚度进行检查。

（3）支吊架选用的材料应符合设计及规范要求，支、吊架的结构应满足刚度、强度及稳定性的要求。可根据屈服强度、截面积计算材料的承载力，从而确定梯架、托盘和槽盒相应的支吊架尺寸。但扁钢最小不小于 30 mm × 3 mm，角钢最小不小于 25 mm × 25 mm × 3 mm，圆钢最小不小于 ∅8。金属支吊架应进行防腐，位于室外及潮湿场所的应按设计要求做处理。

（4）对结构预留的梯架、托盘和槽盒洞口进行检查、矫正、修补，预留洞口应保证平直方正，洞口预留尺寸应考虑预留出梯架、托盘和槽盒距洞边 50 mm 的余量。

（5）以土建弹出的水平线、标高线为基础，根据梯架、托盘和槽盒安装深化设计路由及综合排布，在现场从梯架、托盘和槽盒始端至末端拉线（吊线）找好水平和垂直，以此为基础确定支吊架固定位置并现场弹线定位。

（6）采用型钢支架安装时，型钢立柱应焊接在预埋件上，每一固定点的两侧均应焊接，焊接长度不应小于 30 ~ 40 mm。焊接应饱满、平整、严密，焊缝处清洁后补刷防腐漆。

（7）直线段梯架、托盘和槽盒在吊架或支架上水平敷设时，其支吊架间距为 1.5 ~ 3 m 且间距均匀一致。水平梯架、托盘和槽盒的端部、进出接线箱（柜）转角处、转弯及穿越伸缩缝的两端、水平三通的三个端点、水平四通的四个端点，均应设置支架或吊架，且距离边缘间距不大于 500 mm。用圆钢或角钢做固定支吊架时，吊架长度、圆钢吊架套丝长度应一致，吊架伸出横担支架长度一致且不超过 50 mm。用槽钢或角钢做固定支、吊架，槽钢或角钢开口方向一致且横竖均在一条直线上。梯架、托盘和槽盒穿楼板和墙体时连接位置应设置合理，连接处不得设置在楼板或墙体内，槽盒接头距离地面不宜超过 0.5 m。穿越楼板时应在穿越洞口四周加止水台保护，高度不小于 80 mm。

（8）电缆梯架、托盘和槽盒的首、末端须与接地干线相连，连接地线选用截面积不小于 4 mm² 的黄绿双色软导线，大于 30 m 时每隔 20 ~ 30 m 应增加一个连接点。镀锌电缆桥架间连接板的两端可不跨接接地线。

（9）设置补偿器时，梯架、托架和槽盒本身应断开，断开距离以 10 mm 为宜，内用连接板搭接无需固定，金属梯架、托盘和槽盒还应在两侧做跨接地线并预留补偿余量。

（10）梯架、托盘和槽盒内的电线、电缆敷设完毕，且接地、封堵施工完成后即可进行盖板的安装。

（11）安装完成后，应对不同系统的梯架、托盘和槽盒做分类标识，标识应做到清晰、美观。

4. 节点详图及实例照片

施工中部分节点详图及实例照片如图 8-1 ~ 图 8-9 所示。

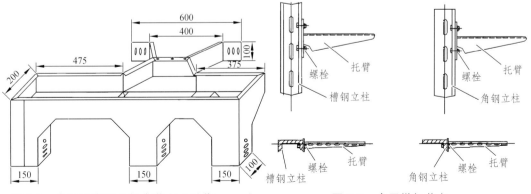

图 8-1　金属槽盒配件组合节点（单位：mm）　　　图 8-2　金属梯架节点

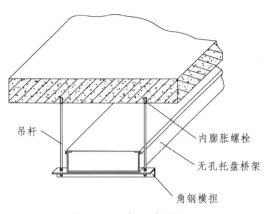

吊杆

内膨胀螺栓

无孔托盘桥架

角钢横担

图 8-3　吊杆固定节点

桥架连接件设置位置合理，方便检修

图 8-4　穿楼板竖向槽盒安装

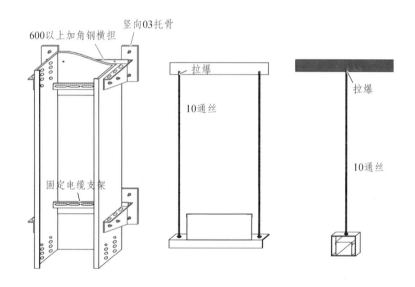

600以上加角钢横担

竖向03托骨

固定电缆支架

拉爆

10通丝

拉爆

10通丝

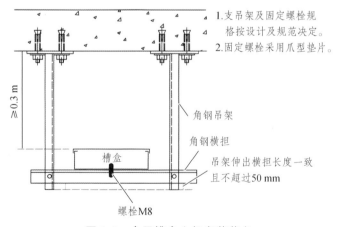

1.支吊架及固定螺栓规格按设计及规范决定。
2.固定螺栓采用爪型垫片。

≥0.3 m

角钢吊架

角钢横担

槽盒

吊架伸出横担长度一致且不超过50 mm

螺栓M8

图 8-5　金属槽盒支架安装节点

图 8-6　金属槽盒

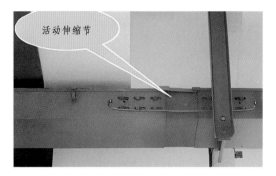

图 8-7　金属槽盒伸缩节设置

图 8-8　配电间金属槽盒安装

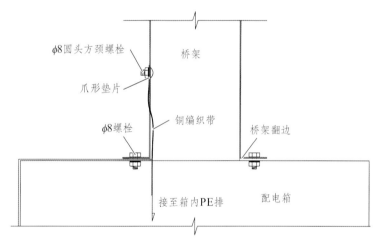

图 8-9　金属槽盒末端进配电箱柜接地

二、镀锌电缆梯架

1. 应用工程

贵阳北站。

2. 技术要求

金属梯架的连接应牢固、可靠。梯架全长不大于 30 m 时，应不少于 2 处与保护导体可靠连接。全长大于 30 m 时，应每隔 20~30 m 增加一个连接点，起始端和终点端均应靠接地。

镀锌梯架本体之间不跨接保护联结导体时，连接板每端应不少于 2 个有防松螺母或防松垫圈的连接固定螺栓。

当直线段钢制梯架长度超过 30 m 时，铝合金应设置伸缩节。当梯架跨越建筑物变形缝处时，应设置补偿装置。梯架与支架及与连接板的固定螺栓应紧固无遗漏，螺母应位于梯架外侧。

3. 工艺做法

1）工艺流程

测量定位→立柱安装托臂安装→梯架安装→接地安装。

2）工艺要点

（1）测量弹线确定梯架及支架的安装位置，并做好标记。

（2）支架的型钢立柱可直接焊在预埋件或钢结构上，每一固定点的两侧均应焊接，焊接长度为 30～40 mm。焊接应饱满、平整、严密，焊缝处清洁后补刷防腐漆。

（3）托臂与立柱用开口销连接时，插入开口销后，应将开口销开口处略掰开。用卡板连接时，连接要牢固。托臂与立柱要垂直，偏差不得大于 ± 2 mm。

（4）梯架与托臂连接的压板固定要牢靠，梯架连接采用专用的连接件，接口宜放在两立柱间的 1/4 处，避免在 1/2 处做接头。标准弯通与梯架连接处应接合自如，连接处不应受外力。纵向、横向中心线应相互垂直，经弯头连接的同层梯架应在同一水平面上。其偏差均不得大于 5 mm。自制三通、四通的弯曲半径要满足实际需要，边框高度与梯架高度一致，切口部位光滑无毛刺，转弯处应平滑过渡。

（5）电缆梯架的首、末端须与接地干线相连，连接地线最小截面积不小于 4 mm²。全长大于 30 m 时，每隔 20～30 m 应增加一个连接点。镀锌电缆桥架间连接板的两端可不跨接接地线，连接线两端应不少于 2 个有防松螺帽或防松垫圈的连接固定螺栓。

4. 节点详图及实例照片

施工中部分节点详图及实例照片如图 8-10 所示。

图 8-10　电缆梯架施工

三、槽盒穿越楼板防火封堵

1. 应用工程

合肥南站。

2. 技术要求

敷设在电气竖井内穿越楼板处和穿越不同防火分区的梯架、托盘、槽盒，应有火封堵措施。

槽盒内敷设完电缆后，对穿越楼板处做防火封堵，防火封堵材料均选用合格产品，并符合防火要求。槽盒内侧（敷设完电缆后的空隙）采用防火包堆砌密实牢固，外部用防火泥覆盖，防火泥封堵均匀密实、表面平整。在竖向孔洞底部应安装防火板或钢板支撑。

3. 工艺做法

1）工艺流程

槽盒内电缆敷设完成→防火台砌筑→钢板制作安装及防火泥塞缝→防火包填塞→防火泥塞缝抹平→涂刷油漆及标识。

2）工艺要点

（1）槽盒安装完毕，槽盒内电缆敷设全部完成，并且固定牢固。槽盒盖板接缝宜高于防火台 100 mm，方便拆卸。

（2）槽盒穿楼板处四周预留 50 mm 距离，沿预留洞口砌筑防火台，红砖砌筑，水泥砂浆抹面。防火台宽 120 mm，高 200 mm。

（3）根据洞口及槽盒的尺寸加工钢板，钢板的长、宽比预留洞口大 50 mm，每块钢板应不少于 2 道膨胀螺栓将钢板固定在楼板下方，孔洞封堵严密无缝隙。

（4）先用防火泥将钢板与楼板、槽盒接缝处封堵严密，然后在钢板上填塞防火包。填塞密实，外观整齐，填塞至防火台下 20 mm。

（5）最后用防火泥将防火包与电缆、槽盒、防火台间的缝隙全部填塞密实，并抹平至与防火台齐平。

（6）待防火泥干燥后，防火台涂刷与地面一致的地坪漆，防火泥与防火台接缝处贴醒目标识，可采用 60 mm 宽的反光条粘贴。

4. 节点详图及实例照片

施工中部分节点详图及实例照片如图 8-11、图 8-12 所示。

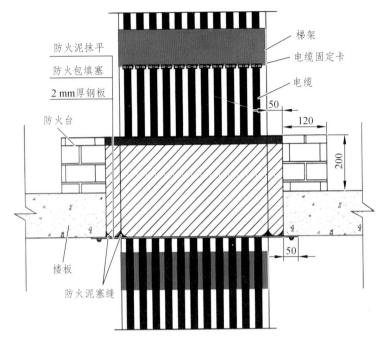

图 8-11 防火封堵节点（单位：mm）

图 8-12 槽盒穿越楼板防火封堵

四、竖井内托盘、母线槽防火封堵及反坎收口

1. 应用工程

合肥南站、庐江西站。

2. 技术要求

母线槽段与段的连接口不应设置在穿越楼板或墙体处，垂直穿越楼板处应设置与建（构）筑物固定的专用部件支座，其孔洞四周应设置高度为 50 mm 及以上的防水台，并应采取防火封堵措施。

3. 工艺做法

1）工艺流程

孔洞预留→防水台浇筑→托盘、母线槽及防火板安装固定→孔洞内防火泥封堵→刮腻子及石材装饰。

2）工艺要点

（1）确定预留孔尺寸（宜每边宽出托盘、母线槽尺寸 3～5 mm）及位置。

（2）防水台浇筑。

（3）待托盘、母线槽等安装完成后，安装固定防火板。

（4）孔洞内防火泥封堵，严密美观。

（5）防水台表面刮耐水腻子后，用石材进行装饰。

4. 节点详图及实例照片

施工中部分节点详图及实例照片如图 8-13～图 8-15 所示。

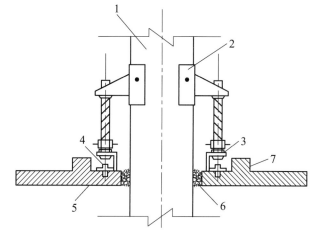

1—封闭母线；2—母线固定支架；3—热镀锌槽钢；4—ϕ12 膨胀螺栓；
5—结构楼板；6—防火封堵材料；7—防水台。

图 8-13　母线垂直安装节点

图 8-14　母线槽防火封堵

图 8-15　防水台

五、梯架、托盘和槽盒

1. 应用工程

长治东站。

2. 技术要求

梯架、托盘、槽盒全长不大于 30 m 时，不应少于 2 处与保护导体可靠连接；全长大于 30 m 时，每隔 20～30 m 应增加一个连接点，起始端与终点端均应可靠接地。电缆梯架、托盘、槽盒转弯、分支处宜采用专用连接配件，其弯曲半径不应小于梯架、托盘、槽盒内电缆最小允许弯曲半径。采用金属吊架固定时，圆钢直径不得小于 8 mm，并应有防晃支架，在分支处或端部 0.3～0.5 m 处应有固定支架。支吊架设置应符合设计或产品技术文件要求，支吊架安装应牢固、无明显扭曲，与预埋件焊接固定时，焊缝应饱满。膨胀螺栓固定时，螺栓应选用适配、防松零件齐全、连接紧固。金属支架应进行防腐，位于室外及潮湿场所的应按设计要求做处理。

3. 工艺做法

1）工艺流程

弹线定位→金属膨胀螺栓安装→支、吊架安装→桥架安装→跨接地线→镀锌扁铁安装→过墙套管封堵→成品保护。

2）工艺要点

（1）弹线定位。

根据管路综合排布图纸确定始端和终端，找好水平和垂直线，用墨斗沿墙壁、顶板在线路的中心线弹出水平或垂直线（先干线后支线）。

按弹好的线和规定的间距确定支吊架固定螺栓的具体位置并打眼。

（2）固定膨胀螺栓。

根据桥架宽度，选择相应的膨胀螺栓（400 mm 以上为 ϕ12 膨胀螺栓）及钻头。埋好螺栓后，用螺母配上相应的垫圈将支架或吊架直接固定在金属膨胀螺栓上。

（3）支、吊架安装。

电缆桥架水平敷设时，宽 400 mm 及以上支吊架间距为 1.8～2 m，宽 400 mm 以下不大于 3 m。为保证每段线槽之间有一个支吊架，在进出接线箱、拐角、拐弯、伸缩节两端、三通两端 500 mm 内必须设支吊架。电缆桥架垂直敷设时，固定点间距不大于 2 m。

当电力电缆桥架重力大于 150 N/m 时，电缆槽盒应进行抗震设防，采用刚性托架或支架固定，不宜使用吊架。当必须使用吊架时，应安装横向防晃支架。

非直线段的支、吊架位置如图 8-16 所示。桥架弯通或三通、四通弯曲半径不大于 300 mm 时，应在距弯曲段与直线段接合处 300～600 mm 的直线段侧设置一个支吊架。当弯曲半径大于 300 mm 时，还应在弯通中部增设一个支吊架。

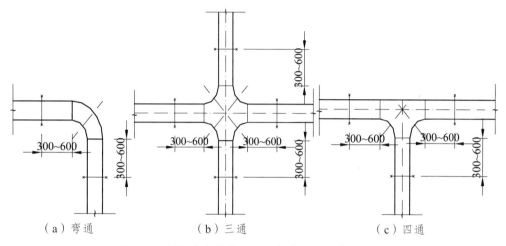

（a）弯通　　　　　　　（b）三通　　　　　　　（c）四通

图 8-16　桥架非直线段支、吊架位置（单位：mm）

（4）桥架与支架选择。

对于桥架线槽宽度≥400 mm 的，采用角钢吊架、横担，如图 8-17 所示。

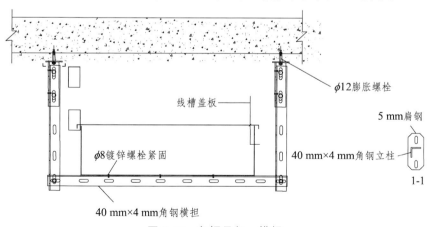

图 8-17　角钢吊架、横担

桥架宽度小于 400 mm 的，采用角钢横担，通丝吊杆安装。吊杆与顶板用膨胀螺栓（塑料胀管）固定时，吊杆的一端与角钢焊接，角钢型号为 30 mm×3 mm，截取长度为 50 mm。角钢一面打 ϕ8 的螺栓孔，另一面与吊杆双面施焊，焊接长度为 30 mm，如图 8-18 所示。

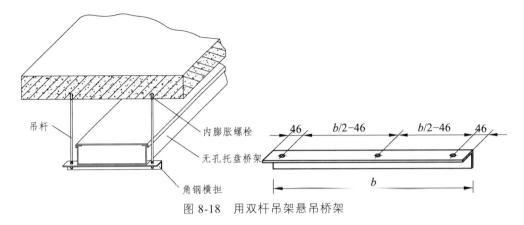

图 8-18　用双杆吊架悬吊桥架

桥架宽度大于 1 000 mm 的，采用槽钢横担、角钢吊架安装，如图 8-19 所示。

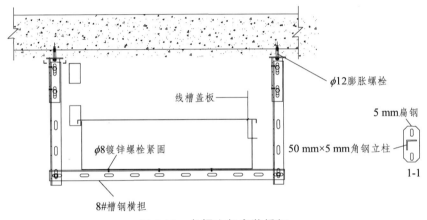

图 8-19　角钢支架安装桥架

吊架采用镀锌角钢立柱，桥架宽度为 600 mm 及以上的采用 50 mm×5 mm 的角钢（角钢上打双孔），横梁采用 8#槽钢。400 mm 桥架的横梁、立柱均采用 40 mm×4 mm 的角钢。400 mm 以下的桥架的横梁采用 40 mm×4 mm 的角钢及直径不小于 8 mm 的通丝吊杆。

扁钢托臂用于电缆桥架在建筑物墙体上或竖井内作为垂直引上、引下或过梁时固定用。扁钢支架可以用 40 mm×4 mm 或 60 mm×6 mm 镀锌扁钢制作，如图 8-20 所示。

扁钢支架（托臂）使用 M10 mm×125 mm 或 M12 mm×110 mm 膨胀螺栓固定。

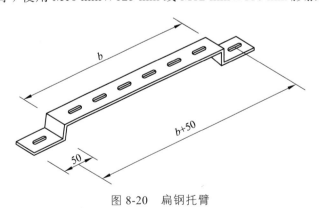

图 8-20　扁钢托臂

桥架与盒、箱、柜等连接时，进线和出线口等处应采用抱脚或翻边连接，并用螺丝紧固，末端应加装封堵。桥架与配电箱、柜连接如图 8-21 所示。

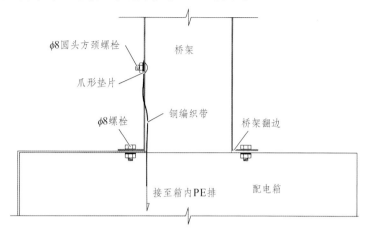

图 8-21　桥架与配电箱、柜连接安装

（5）电缆桥架支、吊架调整。

电缆桥架安装中，对桥架的支、吊架及托臂位置误差应严格控制。电缆桥架支、吊架及托臂或立柱应安装牢固，横平竖直。托臂及支、吊架的同层横档应在同一水平面上，其高低偏差不应大于 5 mm，以防止纵向偏差过大使安装后的桥架在支、吊点悬空而不能与支、吊架或托臂直接接触。桥架支、吊架或托臂沿桥架走向左右偏差不大于 10 mm，支、吊架或托臂的横向偏差过大会使相邻托盘错位而无法连接或安装后的电缆桥架不直而影响美观。

（6）电缆桥架安装。

当电缆桥架支、吊架及托臂安装调整好后，即可进行桥架的安装。应从始端直线端开始，先把起始端桥架位置确定好，固定牢固，然后再沿桥架的全长逐段地对托盘进行布置。

① 电缆桥架的组装。

桥架与电线导管连接如图 8-22 所示。

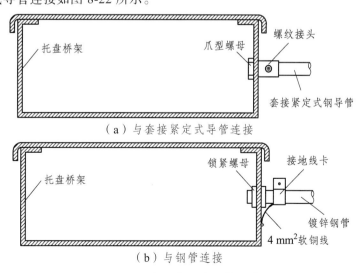

（a）与套接紧定式导管连接

（b）与钢管连接

图 8-22　桥架与电线导管连接

电缆桥架的直线段和各类弯通段的侧边上均有螺栓连接孔。当桥架的直线段与直线段之间，以及直线段与弯通段之间需要连接时，在其外侧应使用与其配套的直线连接板（简称直接板）和螺栓进行连接。

电缆桥架水平安装时，其直接板的连接处不应置于支撑跨距的 1/2 处或支撑点上，桥架的连接处应尽量置于支撑跨距的 1/4 处。

在同一平面上连接两段需要变换高度或宽度的直线段桥架，可以配置变宽连接板或变高连接板，连接螺栓的螺母应置于托盘或梯架的外侧。

电缆桥架的末端，应使用终端板进行封闭。

电缆桥架的直线段长度超过 30 m 时，应有伸缩节，在跨越建筑物伸缩缝处也应装设伸缩板。电缆桥架组装好以后，直线段应该在同一直线上，偏差不应大于 10 mm。

图 8-22（a）因桥架需要引出配管时，应使用钢导管，引出位置在侧边上。桥架开孔时，应使用开孔器开孔，保证不变形，开孔处应切口整齐，管径吻合。严禁使用电焊割孔或气焊吹孔。钢管与桥架连接时，应使用管接头固定。

② 电缆桥架的防火封堵。

电缆桥架在穿过防火分区及（竖井内）楼板时，应采取防火隔离措施。施工前将要封堵的部位清理干净，阻火包应按顺序依次摆放整齐，阻火包与电缆之间空隙 ≤1 cm^2。穿墙洞阻火包摆放厚度 ≥24 cm。

电缆桥架穿越防火墙时如图 8-23 所示。电缆桥架穿楼板防火做法如图 8-24 所示。

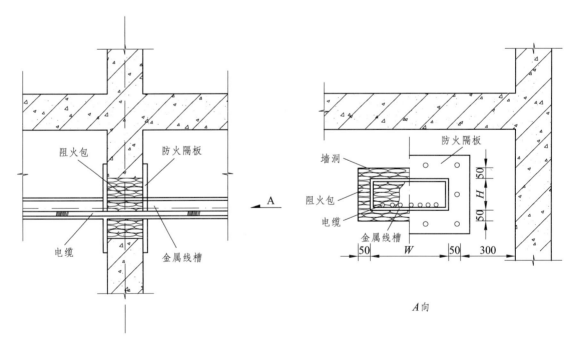

图 8-23　电缆桥架穿越防火墙（单位：mm）

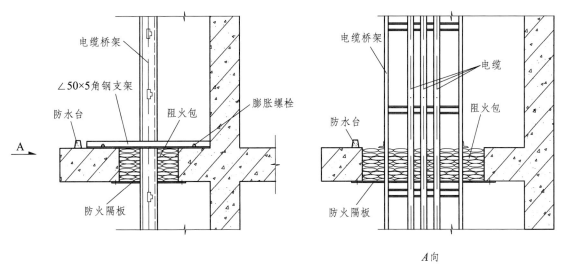

图 8-24　电缆桥架穿越楼板

③ 电缆桥架安装时与其他管线间的距离。

电缆托盘、梯架与各种管道平行及交叉时最小净距应符合表 8-1 的规定。

表 8-1　电缆桥架与各管道的平行及交叉最小净距

管道类别		平行净距/m	交叉净距/m
一般工艺管道		0.40	0.30
热力管道	有保温层	0.50	0.30
	无保温层	1.00	0.50

④ 电缆桥架的接地。

电缆桥架装置系统应具有可靠的电气连接并接地。金属电缆支架、电缆导管必须与接地（PE）或接零（PEN）线连接可靠。在接地孔处，应将丝扣、接触点和接触面上任何不导电涂层和类似的表面清理干净。防火电缆桥架间连接板的两端跨接 6 mm^2 编织铜线。

镀锌电缆桥架间，连接板的两端不跨接接地线，但连接板两端不少于 2 个有防松螺帽或防松垫圈的连接固定螺栓。

对于多层桥架，当利用桥架的接地保护干线时，应将每层桥架的端部用 16 mm^2 的软铜线并联连接起来，再与总接地干线相通。

⑤ 桥架盖板安装。

当桥架内的电缆、电线敷设完毕后即可进行盖板的安装。盖板与托盘或梯架的连接可以使用锁扣固定，也可以用带钩螺栓在托盘或梯架上固定，具体固定方式根据厂家供货情况安装。

4. 节点详图及实例照片

施工中部分节点详图及实例照片如图 8-25、图 8-26 所示。

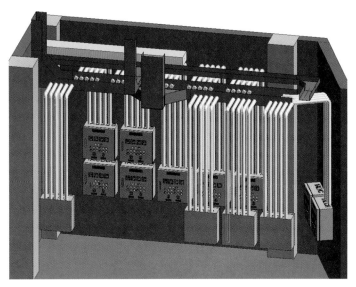

图 8-25　配电间内配电箱安装前 BIM 排布

图 8-26　配电间桥架安装

第九章
管路敷设

一、加气块砌体墙内配管

1. 应用工程

吉安西站、吉水西站。

2. 技术要求

钢导管不得采用对口熔焊连接。镀锌钢导管或壁厚≤2 mm 的钢导管，不得采用套管熔焊连接。

当塑料导管在砌体上剔槽埋设时，应采用强度等级不小于 M10 的水泥砂浆抹面保护，保护层厚度不应小于 15 mm。

3. 工艺做法

1）工艺流程

管路优化→测量放线定位→竖向切割、剔凿管路→管路敷设、线盒安装固定→水泥砂浆抹面。

2）工艺要点

（1）根据室内砌砖图、电气施工图优化线管敷设位置，绘制敷设定位图。

（2）测量放线定位，确定加气块及管线位置并做好标识。

（3）在墙体砌筑混凝土砂浆凝固后、抹灰前，采用机械切割的方式。管路宜沿最近的线路敷设，并减少弯曲。切槽宽度不宜大于管外径的 5 mm，深度不小于管外径加 15 mm。开槽应顺直平整，剔槽过程中避免破坏两侧槽边。

（4）敷设在墙内的电线管路，其固定间距不大于 1 m，在连接点两侧 0.2 m 处增设固定点。

（5）抹灰前应对墙体沟槽内灰尘进行清理，确保砂浆附着强度。抹灰前应采用砂浆强度等级不小于 M10 的水泥砂浆抹平，保护层厚度不应小于 15 mm。

4. 节点详图及实例照片

施工中部分节点详图及实例照片如图 9-1 所示。

图 9-1　墙面开槽、抹灰

二、暗配导管转接

1. 应用工程

吉安西站、吉水西站。

2. 技术要求

钢导管不得采用对口熔焊连接。镀锌钢导管或壁厚≤2 mm 的钢导管不得采用套管熔焊连接。

埋设于混凝土内的导管的弯曲半径不宜小于管外径的 6 倍。当直埋于地下时，其弯曲半径不宜小于管外径的 10 倍。

3. 工艺做法

1）工艺流程

优化确定管线位置→模板上定位钻孔→导管敷设→槽盒安装→电线、电缆敷设→管口防火封堵→导管与槽盒接地连接→槽盒根部处理→防火板安装。

2）工艺要点

（1）按强电、弱电不同专业进行分类，优化管线走向及管线集中位置，并确定导管管径及数量，净距≥30 mm，并形成管线走向图。

（2）在模板上弹线，按走向图标出导管及钻孔位置。

（3）进行导管敷设时，导管在楼板下方的外露长度宜为 200 mm。

（4）根据电气施工图设计槽盒规格，结合现场实际安装高度进行施工，槽盒在预留管集中处正下方垂直设置，之后与水平槽盒相连。

（5）槽盒安装好后，进行管线敷设，导管口用防火泥进行封堵，导管与槽盒之间进行接地连接。

（6）槽盒盖板施工后，用柔性防火堵料对槽盒与顶板结合处缝隙进行封堵。根据槽盒尺寸裁剪防火板，防火板比槽盒尺寸宽 25 mm，厚度≥4 mm。用带垫圈的螺丝固定防火板。

4. 节点详图及实例照片

施工中部分节点详图及实例照片如图 9-2、图 9-3 所示。

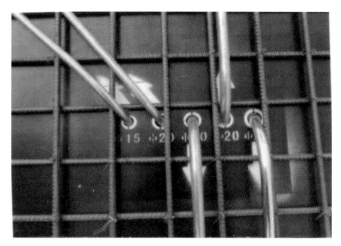

图 9-2　导管预埋

图 9-3　暗配导管槽盒转接

三、管路敷设

1. 应用工程

长治东站。

2. 技术要求

（1）镀锌钢导管、可弯曲金属导管和金属柔性导管不得熔焊连接。

（2）当非镀锌钢导管采用螺纹连接时，连接处的两端应熔焊焊接保护联结导体。

（3）镀锌钢导管、可弯曲金属导管和金属柔性导管连接处的两端宜采用专用接地卡固定保护联结导体。

（4）机械连接的金属导管，管与管、管与盒（箱）体的连接配件应选用配套部件，其连接应符合产品技术文件要求。当连接处的接触电阻值符合现行国家标准《电缆管理用导管系统 第 1 部分：通用要求》（GB/T 20041.1）的相关要求时，连接处可不设置保护联结导体，但导管不应作为保护导体的接续导体。

（5）金属导管与金属梯架、托盘连接时，镀锌材质的连接端宜用专用接地卡固定保护联结导体，非镀锌材质的连接处应熔焊焊接保护联结导体。

（6）以专用接地卡固定的保护联结导体应为铜芯软导线，截面积不应小于 4 mm²。以熔焊焊接的保护联结导体宜为圆钢，直径不应小于 6 mm，其搭接长度应为圆钢直径的 6 倍。

3. 工艺做法

（1）熟悉图纸。

施工前不仅要读懂电气施工图，还要阅读建筑和结构施工图以及其他专业图纸。电气工程施工前要了解土建布局及建筑结构情况和电气配管与其他工种间的配合情况。按照图纸及施工质量验收规范的规定，经过综合考虑，保持与其他管路的安全距离，确定盒（箱）的正确位置及管路的敷设部位和走向，以及在不同方向进出盒（箱）位置。

（2）测量管路、盒及吊杆的位置。

① 根据电气设计图纸以土建吊顶的水平高程线为基础并与其他专业配合（通风、空调）进行图纸会审，如有相互交叉、打架、距离不符合要求或接线不方便等情况提前制定技术措施，并及时进行协商。

② 管路、盒的测量放线按照管路横平竖直的原则，沿管路的垂直和水平方向进行顶板、墙壁的弹线定位，注意与其他管路相互间的最小距离。用线坠找正，拉线确定管路距顶板的距离及接线盒的位置，并做好标识。

③ 吊杆位置的测量应根据吊杆位置的确定原则，吊点与管子的终端、转弯中点（两侧）、接线盒两端的距离为 150～250 mm，固定点间距要求均匀，既不能过大，也不能过小，管子中间固定点的最大距离见表 9-1。

表 9-1　管子中间固定点的最大距离

敷设方式	导管种类	导管直径/mm				
		15～20	25～32	32～40	50～65	65 以上
		管卡间最大距离/m				
支架或沿墙明敷	紧定管	1.0	2.0	2.5	2.5	3.5

④ 当吊顶有分格块线条时，灯位必须按吊顶块分布均匀，如图 9-4 所示。按几何图形组成的灯位应相互对称布置，然后再根据灯位的位置确定配管管路的最佳敷设部位及走向。

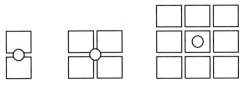

图 9-4　吊顶分格块线条

（3）预制加工管路、吊杆。

根据设计图纸加工各种管弯。

① 选管。

管子加工前应对管材进行外观检查，管壁应厚度均匀、不扁、不裂，管身不弯曲、不变形。

② 管子切断。

管子配管前根据图纸要求的实际尺寸将管线切断。JDG 管（套接紧定或镀锌钢导管）切割时采用细齿切割，切割时要注意使锯条与管子轴线保持垂直，避免切断处出现马蹄口。推锯时，稍加用力使其发生锯割作用，但用力不要过猛，以免别断锯条。回锯时，不加压力，稍抬起锯子，尽量减少锯条磨损，当快要切断时，要减慢锯割速度，使管子平稳地锯断。为防止锯条发热，要时常注意在锯条口上注油。管子切断后，断口处应与管轴线垂直，管口应锉平、刮光、使管口平整光滑。当出现马蹄口后，应重新切断。严禁用电、气焊切割钢管。

③ 管子煨弯。

管子敷设中需要改变方向时，应预先进行弯曲加工。管子弯曲也可以在管切断以前进行。JDG 管的弯曲应使用专用弯管器煨弯，弯管时把弯管器套在需要弯曲部位（即起弯点），用脚踩住管子，扳动弯管器手柄，稍加一定的力，使管子略有弯曲，然后逐点向后移动弯管器，重复上一步动作，直至弯曲部位的后端使管子煨成所需用的弯曲半径和弯曲角度。弯管的过程中还要注意移动弯管器的距离不能一次过大，但用力也不能太猛。当需要在钢导管端部煨弯入盒处 90°弯曲时，煨好后管的端部管口垂直，但应防止管口处受压变形。

④ 吊杆加工。

a. 根据图纸灯具的重量选择吊杆的直径，如设计无要求，一般吊杆的直径不小于 8 mm，吊杆采用通丝吊杆。

b. 根据土建吊顶标高至顶板的距离确定吊杆的截取长度。

c. 吊杆与顶板用膨胀螺栓（塑料胀管）固定时，吊杆的一端与角钢焊接，采用 30 mm×3 mm 角钢，截取长度为 50 mm，角钢一面打 $\phi8$ 的螺栓孔，另一面与吊杆双面施焊，焊接长度为 30 mm。

（4）管路敷设。

① 套接紧定式钢导管管路有下列情况之一时，中间应增设拉线盒，其位置应便于穿线。

a. 管路长度超过 30 m 时，无弯曲。

b. 管路长度超过 20 m 时，有一个弯曲。

c. 管路长度超过 15 m 时，有两个弯曲。

d. 管路长度超过 8 m 时，有三个弯曲。

② JDG 管路暗敷设时，其弯曲半径大于管外径的 6 倍。埋入墙体内的套接紧定式钢导管，其管路与墙体或混凝土表面净距大于 15 mm。管材弯扁程度小于管外径的 10%。

③ 现浇混凝土墙柱板内管路敷设。

墙体内的配管应在两层钢筋网中沿最近的路径敷设，并沿钢筋内侧与钢筋绑扎固定，绑扎间距不应大于 1 m，柱内管线应与柱主筋绑扎牢固。当线管穿过柱时，应适当加筋，以减少暗配管对结构的影响。柱内管路需与墙连接时，伸出柱外的短管不要过长，以免碰断。墙柱内的管线并行时，应注意其间距不可小于 25 mm。管间距过小会造成混凝土填充不饱满，从而影响土建的施工质量。

在现浇混凝土顶板内安装接线盒时，用油漆在设计规定的位置上画上接线盒位置和进出线方向，按进出线方向将接线盒壁上的对应敲落孔取下，将管口用塑料管堵住并用胶带封好。将接线盒用锯末填满，然后用塑料宽胶带将盒口包扎严密，并做好接地跨接线，具体如图 9-5 所示。

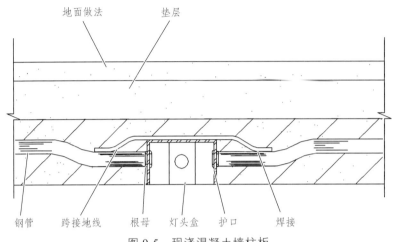

图 9-5　现浇混凝土墙柱板

④ 楼板内管盒连接。

现浇混凝土墙体上的电盒预留可随结构施工直接将盒子安装到位，但施工时控制好标高及与墙面距离。为了便于控制标高，所有开关、插座盒预留时标高宜比设计标高高 2 cm。为了控制盒与墙面距离，施工时可根据墙体保护层厚度和电盒尺寸，利用结构施工中的废弃短钢筋加工钢筋套子，钢筋套子与墙体主筋绑牢固。

钢筋采用绑接固定，通过墙体模板与钢筋套子将电盒夹紧夹牢，以防盒子移位。有 2 个以上盒子时，要拉直线。管进盒（箱）长度要适宜，管路每隔 1 m 左右用铅丝绑扎牢固，盒子周围 20 cm 内应用铅丝绑扎牢固。如有吊扇、花灯或超过 3 kg 的灯具应做好预埋件。

⑤ 砖墙、砌体墙内的管路敷设。

JDG 在砌体墙内敷设时，待墙体砌筑后，在已确定好的盒（箱）四周钻孔剔洞，沿管路走向在两边弹线，用刀具切割后再剔槽连接敷设管路。配电箱由下引上管应在墙体背侧剔槽。墙体上剔槽宽度不宜大于管外皮 5 mm，槽深不应小于管外径加 15 mm，JDG 管外皮距墙体表面不应小于 15 mm，敷设完毕后用不小于 M10 水泥砂浆抹面保护。固定点间距不大于 1 m。连接点外侧一端 200 mm 处，增设固定点。

⑥ 套接紧定式钢导管管路明敷设且设计无要求时，支架、吊架的规格不应小于下列规定的数值。

a. 圆钢：直径 6 mm。

b. 扁钢：30 mm × 3 mm。

c. 角钢：25 mm × 25 mm × 3 mm。

⑦ 吊顶内配管。

a. 吊顶内管路敷设选用 JDG 管。

b. 不能上人的固定封闭吊顶按暗配管敷设。这些部位除灯具自身的接线盒外，不应装设接线盒，当线路分支等必须加盒时，应留检查孔。吊顶内装设的接线盒必须单独固定，其朝向应便于检修和接线。

c. 可上人的吊顶内的配管，其管路、走向、支架固定按明配管要求施工。

d. 在吊顶内由接线盒引向灯具的灯头线管材质根据管路敷设的材质选用相同材质的保护软管，其保护软管长度不超过 1.2 m。

e. 吊顶内敷设的管路应有单独的吊杆或支撑装置。

f. 吊顶内管路敷设时应对其周围的易燃物做好防火隔热处理，中间接线盒应加盖板封闭，盖板涂刷与墙壁面或顶棚相同颜色的油漆两遍。

g. 吊顶内敷设的管路在进入接线盒时，其内外应装有锁母固定。

h. 吊顶内管路敷设应保持与其他专业管线的最小距离。当管路敷设在热水管下面时为 0.2 m，上面时为 0.3 m。当管路敷设在蒸汽管下面时为 0.5 m，上面时为 1 m。当不能符合上述要求时，应采取隔热措施，对有保温措施的蒸汽管，上、下净距均可减少至 0.2 m。电线管路与其他管路的平行净距不应小于 0.1 m。当与水管同侧敷设时，宜敷设在水管的上面。

（5）管子与盒箱的连接。

JDG 管与盒（箱）连接时采用专用螺纹接头连接，管口宜高出盒（箱）内壁 3 ~ 5 mm。管与盒（箱）连接固定时，先套上 JDG 螺纹接头，一管一孔顺直插入与管径吻合的敲落空内，伸进长度宜为 3 ~ 5 mm。

管与盒（箱）连接固定时，先套上 JDG 螺纹接头，一管一孔顺直插入与管径吻合的敲落空内，伸进长度宜为 3 ~ 5 mm，然后将螺纹接头的六角爪型螺母在盒（箱）内侧拧上，并旋紧，接着用专用螺丝刀拧紧螺纹接头上的紧定螺钉，直至螺帽脱落。最后在管口套上塑料护口。注意，管路与盒（箱）连接时，应一孔一管，管径与盒（箱）敲落空应吻合，连接处应将爪形螺母和螺纹接头锁紧，两根及以上管路与盒（箱）连接时，排列应整齐，间距均匀。

（6）管与管连接。

JDG 管与管连接采用 JDG 直管接头连接。连接时先检查两侧连接的管口是否平整、光滑、无毛刺、无变形。连接时将两管口分别插入直管接头中间，紧贴凹槽处两端，然后用专用螺丝刀拧紧螺钉，直至螺帽脱落。注意，在连接处应将螺钉处于可视部位。为防止潮气等渗入管路的连接缝内，影响 JDG 管路连接处的电气性能，在连接前须对插入连接套管的管端缝隙采取封堵措施为涂电力复合脂。

（7）吊杆固定。

根据吊杆测量的位置进行吊杆的固定方法如下：

① 焊接法：在没有顶板的位置，利用钢结构下吊顶的主龙骨，将加工好的吊杆与其两面施焊，焊接要饱满、垂直、牢固，清除焊渣后进行防腐处理。

② 塑料胀管法：根据吊杆的位置钻孔，钻塑料胀管孔使用单相串激式冲击电钻。使用

手电钻时，应使用合金钢钻头。孔径与塑料胀管外径相同，孔深不应小于胀管的长度。钻好孔，放入塑料胀管，用螺丝将加工好的吊杆与之固定。钻膨胀螺栓套管孔时，当孔径在 $\phi12$ 以上时用电钻钻孔，钻头外径与套管外径相同，钻出的孔径与套管外径的差值不大于 1 mm，孔深不小于套管长度加 10 mm。钻好孔放入膨胀螺栓后与加工好的吊杆进行紧固。使用膨胀螺栓固定时，螺栓与套管一起送到孔内，螺栓要送到底，螺栓填入结构内的长度与套管长度相同。

（8）管、盒固定。

吊顶内管子固定根据敷设部位不同，方法也不同。

管子沿墙、顶板敷设。管路沿墙、顶板敷设固定时，确定固定位置，钻孔放入塑料胀管，待管固定时，先将管卡的一端螺丝拧进一半，然后将管敷于管卡内，再将管卡用螺丝拧牢。

管子在吊顶内距顶板一定距离敷设。管路在吊顶内距顶板一定距离敷设固定时，应先根据敷设管子的大小选择合适的抱式管卡，将加工好的管子套入抱式管卡内与顶板上固定的吊杆连接，如图 9-6 所示。

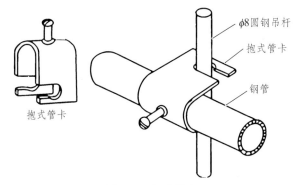

图 9-6　抱式管卡

在吊顶内当管径较大或并列管子较多时，可采用吊架安装。应先在顶板上固定两端的吊架，再拉通线固定中间吊架，如图 9-7 所示。

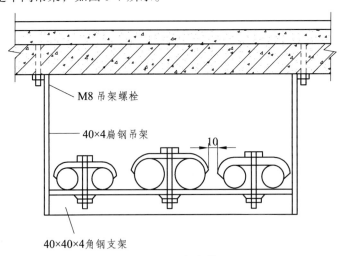

图 9-7　吊架安装

（9）变形缝处理。

吊顶内管子穿过建筑物伸缩缝、沉降缝时应有补偿装置，具体如图 9-8 所示。

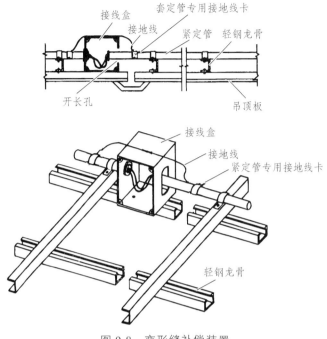

图 9-8　变形缝补偿装置

4. 节点详图及实例照片

施工中部分节点详图及实例照片如图 9-9、图 9-10 所示。

图 9-9　线管预埋

图 9-10　线管敷设

第十章
盘柜配线

一、配电箱、柜安装

1. 应用工程

皋南站、北京朝阳站、长治东站、东花园站。

2. 技术要求

柜、台、箱的金属框架及基础槽钢应与保护导体可靠连接。柜、台、箱、盘应安装牢固，且不应设置在水管正下方柜、台、箱、盘安装垂直度允许偏差不应大于1.5‰。

3. 工艺做法

1）工艺流程

策划排布→配电箱、柜加工订货→进场验收→配电箱、柜安装→配电箱、柜标识→防火封堵。

2）工艺要点

（1）策划排布。

竖井、配电室、机房内配电箱柜安装时，应进行设备综合布置，通过对箱柜、金属槽盒、母线、设备管道、预留洞口、建筑墙面、机电配套设施等的空间位置进行综合排布，达到位置相互协调，空间布置合理、美观的效果，并绘制深化设计图纸。成列安装的配电箱，应做到安装方式一致（明装或暗装）、底部距地高度一致、配电箱厚度一致。

（2）配电箱、柜安装。

配电箱安装时，明装配电箱安装前可以先将箱壳与箱芯拆开，采用膨胀螺栓将箱壳的四个角固定，再安装箱芯。安装在加气块的墙体上时，宜采用穿墙背板螺栓增加配电箱安装的牢固性。暗装配电箱安装时，宜在箱体后增加钢丝网，防止箱后抹灰墙体开裂。成排落地柜安装时，宜采用通长槽钢基础进行安装、固定。

（3）配电箱、柜标识。

配电箱、柜安装完成后，在配电箱、柜的右上角粘贴统一制作的标识牌。根据空间位置，可以悬挂标识牌，也可粘贴。

（4）防火封堵。

在配电箱的进线、出线端用防火泥封堵密实、平整。

4. 节点详图及实例照片

施工中部分节点详图及实例照片如图 10-1 ~ 图 10-9 所示。

图 10-1　配电间内配电箱安装前 BIM 排布示意

图 10-2　配电间内配电箱

图 10-3　配电间内配电箱安装

图 10-4　配电箱出线悬挂标识

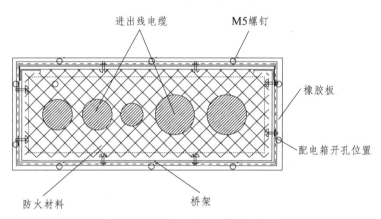

图 10-5　配电箱进出电缆处封堵

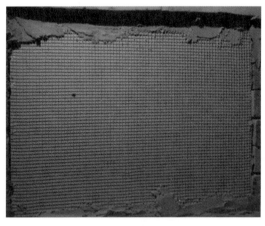

图 10-6　暗装配电箱后加钢丝网

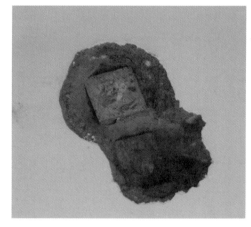

图 10-7　加气块墙体上暗装配电箱增加穿墙背板

图 10-8　金属槽盒进入配电箱上端防火封堵

图 10-9　配电柜底部出线防火封堵

二、配电柜、配电箱（盘）内配线

1. 应用工程

吉安西站、吉水西站。

2. 技术要求

柜、台、箱的金属框架及基础型钢应与保护导体可靠连接，对于装有电器的可开启门，门和金属框架的接地端子间应采用截面积不小于 4 mm² 的黄绿色绝缘铜芯软导线连接，并应有标识。

柜、台、箱、盘等配电装置应有可靠的防电击保护装置，装置内保护接地导体（PE）排应有裸露的连接外部保护接地导体的端子，并应可靠连接。

箱体内的浪涌保护器（SPD）接线形式、型号规格及安装布置应符合设计要求，接地导线位置不宜靠近出线位置，其连接导体应平直、足够短，且不宜大于 0.5 m。

箱（盘）内配线应整齐、无绞接现象，导线连接应紧密，不伤线芯、不断股。垫圈下螺丝两侧压的导线截面积应相同，同一电器器件端子上的导线连接不应多于 2 根，防松垫圈等零件应齐全。

箱（盘）内宜分别设置中性导体（N）和保护接地导体（PE）汇流排，汇流排上同一端子不应连接不同回路的 N 或 PE。

箱（盘）内二次回路应成束绑扎，不同电压等级、交流、直流线路及计算机控制线路应分别绑扎，且应有标识；箱（盘）内的标识器件应标明被控设备编号及名称或者操作位置，接线端子应有编号，且清晰工整、不易脱色。

3. 工艺做法

1）工艺流程

系统图梳理→二次接口交底→深化图核定→箱体安装→线缆敷设与固定→箱内接线→绝缘测试→通电试运行。

2）工艺要点

（1）认真审阅施工图，完善配电箱、柜系统图，对二次系统图进行深度梳理，订购箱、柜前须完成强电系统图与智能建筑中各子系统的接口形式工作，并对成套厂家进行二次系统接口及空间预留等方面交底。

（2）成套厂家箱内盘面板的电器连接导线应采用多芯绝缘软导线，敷设长度应留有适当的余量，导线不得有接头，线束外应有外套塑料管等加强绝缘保护层。箱体及箱门应分别与PE汇流排采用 4 mm² 的黄绿色绝缘铜芯软导线进行可靠连接。厂家须严格控制 SPD 的布置并满足规范要求，充分预留箱体内进出线接线空间。根据箱体所处的环境（机房、竖井）整体排布箱体布局，统筹规划箱体尺寸。

（3）由成套厂家完成除进出线外的所有箱内配线，待箱体进场完成验收后，根据确定的整体箱体布局，测量定位并安装箱体。

（4）进出线缆入箱时，理顺进出线缆，按不同电压等级及性质，采用尼龙扎带按照 100～200 mm 的间距分束绑扎。拐角两侧 30～50 mm 及分支处应绑扎，盘面引出或引进的导线应留有适当的余度，以便检修。

（5）剥削导线端头，并套相同颜色的热缩带，按照黄色（L1）、绿色（L2）、红色（L3）、淡蓝色（N）、黄绿相间色（PE）分别接入 A 相、B 相、C 相、N 线、PE 线端子上，PE 保护地线应压在明显的部位。将箱（盘）调整平直后固定多股线搪锡或压接线端子。箱内配线应整齐，无绞接现象。导线连接紧密，不伤芯线，不断股，每个接线端子上的电线连接不超过 2 根，防松垫圈等零件齐全。同一垫圈下的螺丝两侧压的电线截面积和线径均应一致。导线端部采用不开口的终端端子或者搪锡，可转动部位的两端应采用卡子固定。

（6）铜芯导线连接应满足以下要求：①截面积在 10 mm² 及以下的单股铜芯线可直接与设备或者器具的端子连接。②截面积在 2.5 mm² 及以下的多股铜芯线应采用接续端子或者拧紧搪锡后再与设备或者器具端子连接。③截面积大于 2.5 mm² 的多股铜芯线，除设备自带插接式端子外，应接续端子后与设备或器具端子连接。④采用导线旋绕压接做法时，导线旋绕方向应与螺钉拧紧方向一致。

（7）箱内盘面板安装完毕后，采用相应电压等级的兆欧表对线路的线间和线对地进行绝缘电阻测试，并做好记录。其中馈线线缆不应小于 0.5 MΩ，二次回路不应小于 1 MΩ，二次回路的耐压试验电压应为 1 000 V。

（8）配电箱（盘）安装及导线压接后，应先用仪表校对各回路接线。若无差错后试送电，检查元器件及仪表指示是否正常，并在卡片框内填写好线路编号及用途，确保线缆器件标识准确。

4. 节点详图及实例照片

施工中部分节点详图及实例照片如图 10-10、图 10-11 所示。

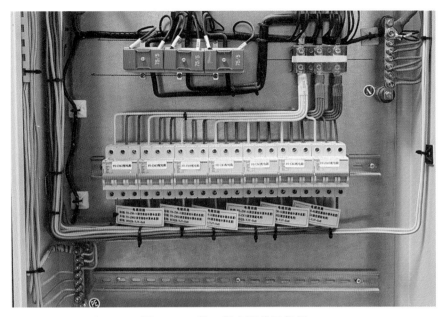

图 10-10　箱、柜内配线及标识

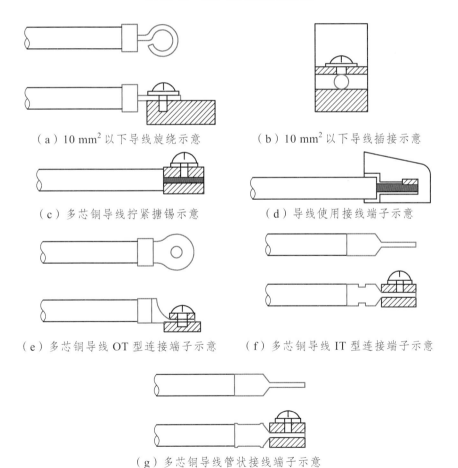

（a）10 mm² 以下导线旋绕示意　　（b）10 mm² 以下导线插接示意

（c）多芯铜导线拧紧搪锡示意　　（d）导线使用接线端子示意

（e）多芯铜导线 OT 型连接端子示意　　（f）多芯铜导线 IT 型连接端子示意

（g）多芯铜导线管状接线端子示意

图 10-11　压接线端子接法

三、盘柜配线

1. 应用工程

长治东站。

2. 技术要求

（1）连接导线应采用多芯铜芯绝缘软导线，敷设长度应留有适当裕量。

（2）线束宜用外套塑料管等加强绝缘保护层。

（3）与电器连接时，端部应绞紧、不松散、不断股，其端部可采用不开口的终端端子或搪锡。

（4）可转动部位的两端应采用卡子固定。

3. 工艺做法

1）工艺流程

配电箱进场验收→弹线定位→基础或者凿墙→明（暗）装配电箱→配电箱接地→配电箱接线→配电箱绝缘摇测→检查。

2）工艺要点

（1）配电箱安装要求。

① 配电箱应安装在安全、干燥、易操作的场所，如设计无特殊要求，配电箱底边距地高度应为 1.5 m，照明配电板底边距地高度不应小于 1.8 m。

② 导线剥削处不应损伤线芯或线芯过长，导线压头应牢固可靠，如多股导线与端子排连接时，应加装压线端子（鼻子），然后一起涮锡，再按压在端子排上。如与压线孔连接时，应把多股导线涮锡后穿孔用顶丝压接，注意不得减少导线股数。

③ 导线引出面板时，面板孔应光滑无毛刺，金属面板应装设绝缘保护套。一般情况下，一孔只穿一线。但对于指示灯配线，控制两个分闸的总闸配线线号相同，一孔进多线的配线等情况除外。

④ 配电箱内装设的螺旋熔断器，其电源线应接在中间触点的端子上，负荷线应接在螺丝的端子上。

⑤ 配电箱内盘面闸具位置应与支路相对应，其下面应装设卡片框，标明回路名称。配电箱内的交流、直流或不同电压等级电源，应具有明显的标志。

⑥ 配电箱盘面上安装的各种刀闸及自动开关等，当处于断路状态时，刀片可动部分均不应带电（特殊情况除外）。

⑦ 配电箱上的小母线应带有黄（L1 相）、绿（L2 相）、红（L3 相）、淡蓝（N 零线）等颜色，黄绿相间双色线为保护地线。

⑧ 配电箱上电具、仪表应牢固、整洁、间距均匀，铜端子无松动，启闭灵活，零部件齐全，其排列间距应符合表10-1的要求。

表 10-1 配电箱排列间距

间距	最小尺寸/mm
仪表侧面之间或侧面与盘面	60 以上
仪表顶面或出线孔与盘边	50 以上
闸具侧面之间或侧面与盘边	30 以上
上下出线之间	隔有卡片框：40 以上；未隔卡片框：20 以上

⑨ 在照明配电工程中，当采用 TN-C 系统时，N 线干线不应设接线端子板（排）。当采用 TN-C-S 系统时，一般应在建筑物进线接配电箱内分别设置 N 母线和 PE 母线，并自此分开。电源进线的 PEN 线应先接到 PE 母线上，再以连接板或其他方式与 N 母线相连，N 线应与地绝缘，PE 线应采用专门的导线，并应尽量靠近相线敷设。

⑩ 配电箱内应分别设置零线（N）和保护地线（PE）汇流排，各支路零线和保护地线应在汇流排上连接，不得绞接，并应有编号。

⑪ 配电箱内的接地应牢固良好。保护接地线的截面应按表 10-2 的规定选择，并应与设备的主接地端子有效连接。

表 10-2 保护接地线截面面积

装置的相、导线的截面积/mm^2	相应的保护导线的最小面积 S_p/mm^2
$S \leqslant 16$	$S_p = S$
$16 < S \leqslant 35$	$S_p = 16$
$35 < S \leqslant 400$	$S_p = S/2$

⑫ 配电箱的箱体及二层金属覆板均应与保护接地电路连接，在订货时应提出设置专用的、不可拆卸的接地螺丝母，其保护接地线截面按表 10-2 的规定选择，并应与其专用接地螺丝有效连接。

注意：PE 线不允许利用箱体、盒体串接。

⑬ 配电箱如装有超过 50 V 电器设备可开启的门、活动面板、活动台面，必须用裸铜软线与接地良好的金属构架可靠连接。

（2）弹线定位。

根据设计要求找出配电箱的位置，并按照箱体外形尺寸进行弹线定位。

（3）明装配电箱。

① 明装配电箱分为明管明箱和暗管明箱两种，现施工中一般采用图 10-12 所示的做法，而图 10-13 所示的做法可为检查和维修提供方便。它只需在订货时按图示对箱体提出要求即可。

② 安装配电箱。

a. 拆开配电箱：安装配电箱应先将配电箱拆开分为箱体、箱内盘芯、箱门三部分。拆开配电箱时留好拆卸下来的螺丝、螺母、垫圈等。

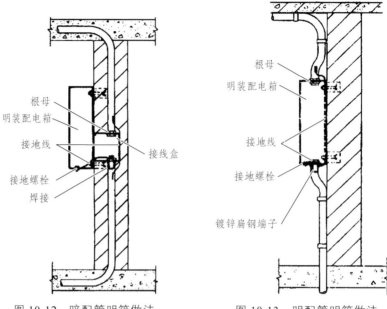

图 10-12　暗配管明箱做法　　　　图 10-13　明配管明箱做法

b. 安装箱体：铁架固定配电箱箱体，将角钢调直，量好尺寸，画好锯口线，锯断煨弯、钻孔位、焊接。煨弯时用方尺找正，再用电（气）焊将对口缝焊牢，并将埋入端做成燕尾形，然后除锈，刷防锈漆。再按照标高用高标号水泥砂浆将铁架燕尾端埋入牢固。埋入时要注意铁架的平直程度和孔间距离，应用线坠和水平尺测量准确后再稳住铁架，待水泥砂浆凝固后再把配电箱箱体固定在铁架上。

c. 金属膨胀螺栓固定配电箱：采用金属膨胀螺栓可在混凝土墙或砖墙上固定配电箱，金属膨胀螺栓的大小应根据箱体重量选择。其方法是根据弹线定位的要求，找出墙体及箱体固定点的准确位置，一个箱体固定点一般为四个，均匀地对称于四角，用电钻或冲击钻在墙体及箱体固定点位置钻孔，其孔径应刚好将金属膨胀螺栓的胀管部分埋入墙内，且孔洞应平直不得歪斜。最后将箱体的孔洞与墙体的孔洞对正。注意应加镀锌弹垫、平垫，将箱体稍加固定，待最后一次用水平尺将箱体调整平直后，再把螺栓逐个拧牢固。

d. 安装箱内盘芯：将箱体内杂物清理干净，如箱后有分线盒也一并清理干净，然后将导线理顺分清支路和相序，并在导线末端用白胶布或其他材料临时标注清楚，再把盘芯与箱体安装牢固，最后将导线端头按标好的支路和相序引至箱体或盘芯上，逐个剥削导线端头，再逐个压接在器具上，同时将保护地线按要求压接牢固。

e. 安装箱盖：把箱盖安装在箱体上。用仪表校对箱内电具有无差错，调整无误后试送电，最后把此配电箱的系统图贴在箱盖内侧，并标明各个闸具用途及回路名称，以方便以后操作。在木结构或轻钢龙骨护板墙上进行固定明装配电箱时，应采用加固措施，在木制护板墙处应做防火处理，可涂防火漆进行防护。

（4）暗装配电箱。

① 暗装配电箱中拆开配电箱及安装箱内盘芯、安装箱盖（贴脸）等各个步骤可参照明装

配电箱。

② 安装箱体根据预留洞尺寸，先找好标高及水平尺寸进行弹线定位，根据箱体的标高及水平尺寸核对箱的焊管或 PVC 管的长短是否合适，间距是否均匀，排列是否整齐等，如管路不合适，应及时按配管的要求进行调整，然后根据各个管的位置用液压开孔器进行开孔。开孔完毕后，将箱体按标定的位置固定牢固，最后用水泥砂浆填实周边并抹平齐。如箱底与外墙平齐，应在外墙固定金属网后再做墙面抹灰，不得在箱底板上抹灰（图 10-14）。

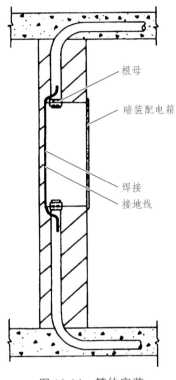

根母

暗装配电箱

焊接

接地线

图 10-14 箱体安装

（5）配电箱接线。

配电箱（盘）全部电器安装完毕后，把进入配电箱的进出线回路，根据配电箱系统图接入相应电气开关的端子。配电箱内的线路进行总体布线，确保各回路电线电缆的弯曲半径、布线要横平竖直，布置要简洁美观。开关下外露铜线长度须符合规范，以避免人体接触导致触电事故。

（6）绝缘测试。

配电箱（盘）全部电器安装和接线完毕后，用 500 V 兆欧表对线路进行绝缘摇测。摇测项目包括相线与相线之间，相线与零线之间，相线与地线之间，零线与地线之间。绝缘测试结果须满足规范要求，进行绝缘摇测时，要做好测试记录。

4. 节点详图及实例照片

施工中部分节点详图及实例照片如图 10-15、图 10-16 所示。

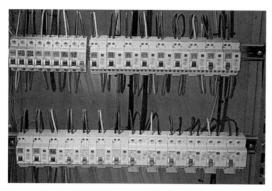

图 10-15　配电箱出线粘贴标识

图 10-16　配电箱出线排列整齐

第十一章
防雷接地

一、变配电室及电气竖井内明敷接地干线

1. 应用工程

吉安西站、吉水西站。

2. 技术要求

接地干线应与接地装置可靠连接，接地干线的材料型号、规格应符合设计要求。

明敷的室内接地干线支持件应固定可靠，支持件间距应均匀，扁形导体支持件固定间距宜为 500 mm；圆形导体支持件固定间距宜为 1 000 mm；弯曲部分宜为 300～500 m。

明敷的室内接地干线当沿建筑物墙壁水平敷设时，敷设位置应便于检查，不应妨碍设备拆卸、检修和运行巡视，安装高度应符合设计要求，与室内其他电气设备（插座、端子箱等）安装高度相适应，与建筑物墙壁间的间隙宜为 10～20 mm。接地干线全长度或区间段及每个连接部位附近的表面，应涂以 15～100 mm 宽度相等的黄色和绿色相间的条纹标识。变配电室的接地干线上应设置不少于 2 个供临时接地用的接线柱或接地螺栓。

3. 工艺做法

1）工艺流程

接地预留点→墙面处理→定位弹线→敷设明敷接地干线→油漆色带制作→临时接地接线柱设置→张贴标识。

2）工艺要点

（1）变配电室接地预留点应直接由接地装置引来，预留点规格及数量均应符合设计要求，且不得少于两处与接地装置可靠连接。

（2）墙面打磨及涂料工序完成，涂层平整均匀。

（3）明敷接地干线的标高应避开插座、总等电位端子箱等用电器具，室内明敷接地干线应形成闭合环形，其在过门处应采取暗敷埋地处理。

（4）在墙面打眼，用单螺杆绝缘子（或者支持卡子）固定扁钢，水平（或垂直）方向扁钢与扁钢采用一字形搭接焊接方式，水平与垂直连接处采用成品弯头进行连接，扁钢与扁钢搭接长度大于扁钢宽度的两倍且三边施焊。

（5）在扁钢表面均匀涂刷 15～100 mm 宽度相等的黄绿相间的条纹标识，倾斜角度统一为45°，在临时接地用接线柱处不应涂刷条纹标识，保持镀锌面完好。

（6）设置临时接地用接线柱，采用热镀锌蝶形螺栓、平垫及弹簧垫与接地干线保持良好

的电气导通，在临时接地用接线柱处设置明显的接地标识。

4. 节点详图及实例照片

施工中部分节点详图及实例照片如图 11-1、图 11-2 所示。

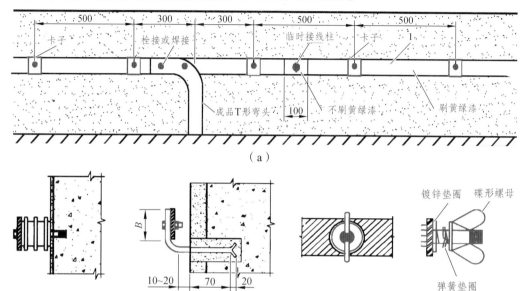

（a）

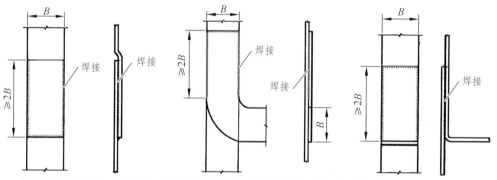

（b）单螺杆绝缘子支持（c）支持卡子安装（d）接地测试端子正视（e）接地测试端子侧视

（f）扁钢与扁钢一字（g）扁钢与扁钢 T 字形搭接焊做法（h）扁钢与扁钢搭接焊做法

图 11-1　室内明敷接地干线做法节点（单位：mm）

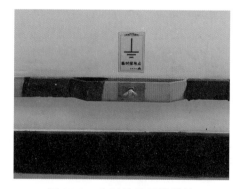

图 11-2　临时接地用接线柱

二、防雷接地测试箱

1. 应用工程

吉安西站、雄安动车所。

2. 技术要求

接地装置在地面以上的部分应按设计要求设置测试点，测试点不应被外墙饰面遮蔽且应有明显标识。

3. 工艺做法

1）工艺流程

测试点接地扁钢预留→暗装接地测试箱安装→箱门跨接地线→测试点蝶形螺母安装。

2）工艺要点

（1）测试点在结构预埋阶段需做好预留，安装接线箱前应将预留镀锌扁钢设置成竖向垂直方向。

（2）安装暗装接地测试接线箱，平整方正。

（3）将测试接线箱箱门与预留接地镀锌扁钢可靠连接。

（4）安装接地测试点箱内蝶形螺母。

4. 节点详图及实例照片

施工中部分节点详图及实例照片如图 11-3 所示。

图 11-3　接地测试箱

三、局部等电位干线化联结

1. 应用工程

吉安西站。

2. 技术要求

需做等电位联结的卫生间内金属部件或零件的外界可导电部分，应设置专用接地螺栓与等电位联结导体连接，并应设置标识。连接处螺帽应紧固，防松零件应齐全。

3. 工艺做法

1）工艺流程

卫生间台盆下敷设热镀锌扁钢等电位联结干线→热镀锌扁钢安装固定→各外露可导电金属部分通过联结干线与局部等电位端子箱连接→标识。

2）工艺要点

（1）整排的卫生间台盆钢架上敷设 25 mm×4 mm 热镀锌扁钢作为等电位联结干线，外部粉刷黄绿相间防腐涂层，该等电位联结干线与局部等电位端子箱铜排进行可靠连接。

（2）等电位联结干线敷设位置应保证固定点间距不大于 500 mm，并尽量靠近需要等电位联结的构配件及插座。应控制等电位联结干线的平直度，确保跨接线与等电位联结干线的可靠电气通路。

（3）等电位联结干线与本层建筑钢筋网、金属构件、插座 PE 端子等设计要求的外部（或外露）可导电部分及局部等电位端子箱实现可靠连接，相应连接点设置接地标识。

4. 节点详图及实例照片

施工中部分节点详图及实例照片如图 11-4、图 11-5 所示。

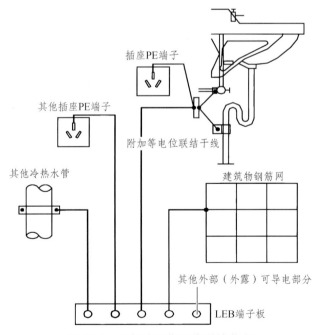

图 11-4　局部等电位干线联结节点

图 11-5　局部等电位干线联结

四、防雷接地

1. 应用工程

长治东站。

2. 技术要求

接地装置在地面以上的部分，应按设计要求设置测试点，测试点不应被外墙饰面遮蔽，且应有明显标识。接地装置的接地电阻应符合设计要求。接地装置的材料规格、型号应符合设计要求。

3. 工艺要点

（1）接地装置。

长治东站采用综合接地系统，接地电阻不大于 1 Ω，其主体建筑利用结构柱、地梁、桩基、承台等内部的主筋连通作自然接地体结构基础钢筋（每处直径不小于 16 mm，根数不小于 4 根）采用焊接、绑扎、丝扣等可靠连接的方式，所有金属件的连接方式及截面均满足防雷规范的要求，并与引下线金属结构焊接连通后可以直接用作防雷及综合接地系统的自然接地装置，接地电阻不满足要求时需另设人工接地体。消防控制室、通信机房、信息机房等弱电设备用房除防雷接地外，还应设置工作接地端子、接地引线。站房接地采用的热镀锌扁钢应与客专综合接地联结，雨棚接地采用热镀锌扁钢与客专综合接地联结。EPS 电源（紧急电力供给）做重复接地。

（2）引下线。

站房主楼部分的防雷引下线利用混凝土结构柱，主钢筋每处直径不小于 16 mm（根数不少于 2 根），采用焊接连接和套接。所有金属件的连接方式及截面均满足防雷规范的要求。

雨棚部分防雷引下线利用雨棚柱，所有雨棚柱均作为防雷引下线。

（3）等电位。

等电位联结包括给排水管道、电缆金属护套、煤气管道。金属构件等建筑物设置总等电位联结端子，同时将各局部等电位联结端子、各电源 PE 线、各种金属管道等金属部件连接到总等电位联结端子上。长治东站在各设备机房内设置局部等电位联结端子盒，将电源 PE 线各种金属管道等金属部件都连接到局部等电位联结端子上。做法参见国家建筑标准设计图集《等电位联结安装》（15D502）。具体的等电位联结设计部位及要求如下：

① 建筑物内所有管道井每层均设置接地端子。

② 电梯机房、强弱电机房以及电梯井、强弱电竖井每层均设置接地端子。

③ 电设备集中的场所，如变配电间、水暖设备用房、配电间、弱电机房等均设置接地端子以供设备、SPD 等电位联结用。

④ 建筑物屋面有设备及突出的构筑物处设置接地端子。

⑤ 有水暖管道的安装通道设置接地端子。

⑥ 接地预留端子选用国家定型产品高地 200 mm 明装，其与结构主钢筋引下线的连接采用 40 mm × 4 mm 镀锌扁钢焊接连通。

⑦ 消控室的等电位联结采用 S（星形结构设计），且仅以一点（基准点 ERP）连接方式并入建筑物的共用接地系统构成等电位联结网络。

（4）接闪器。

站房部分利用金属屋面作为接闪器，雨棚部分沿女儿墙敷设直径为 10 mm 的热镀锌圆钢作为接闪器，沿屋面敷设组成不大于 10 m × 10 m 或 12 m × 8 m 的避雷网格，并与避雷网可靠焊接构成统一的导电系统。要求屋面金属板、钢网架及檩条、结构柱直接保持良好电气连接。

（5）测试点。

长治东站每栋建筑物均设置不少于 2 处接地电阻测试端子板，接地电阻测试端子板在室外离地 0.5 m 嵌墙暗装，与建筑装饰相一致并有可靠的防腐措施和明显的接地标志。

（6）搭接及焊接要求。

① 焊接时，注意不得随意移动土建已经绑好的结构钢筋，焊接保证质量，无夹渣、虚焊、咬肉现象，焊后焊渣清理干净。

② 扁钢与扁钢搭接，搭接长度为较宽的扁钢宽度的 2 倍，并不少于三面施焊。圆钢与圆钢搭接，搭接长度为较大的圆钢直径的 6 倍，双面施焊。圆钢与扁钢搭接，搭接长度为圆钢直径的 6 倍，双面施焊。扁钢与角钢焊接紧贴角钢外侧两面，上下两侧焊接。

③ 除埋设在混凝土中的焊接接头外，在焊缝外最小 100 mm 内均采用沥青防腐。

4. 节点详图及实例照片

施工中部分节点详图及实例照片如图 11-6 所示。

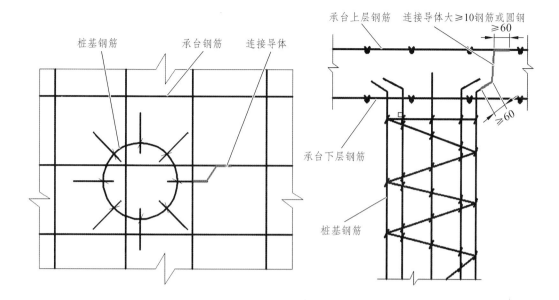

图 11-6　防雷接地

第十二章
智能建筑

一、消防报警信号阀接线

1. 应用工程

吉安西站。

2. 技术要求

绝缘导线接头应设置在专用接线盒（箱）或器具内，不得设置在导管和槽盒内。盒（箱）的设置位置应便于检修。

各类管路明敷时，应采用单独的卡具吊装或支撑物固定，吊杆直径不应小于 6 mm。

从接线盒、槽盒等处引到探测器底座、控制设备、扬声器的线路，当采用可弯曲电气管保护时，其长度不应大于 2 m。

金属管路入盒外侧应套锁母，内侧应装护口，在吊顶内敷设时，盒的内外侧均应套锁母。塑料管入盒应采取相应固定措施。

敷设在多尘或超市场所的管路的管口和管路连接处，均应做密封处理。

3. 工艺做法

1）工艺流程

排布定位→压力开关壳体顶端中部开孔→墙面专用接线盒开孔、安装固定→金属软管或普利卡管敷设、固定→报警阀接线→防水封堵。

2）工艺要点

（1）暗装接线盒根据报警阀排布位置测量定位，接线盒内预留足够的检修余量。

（2）压力开关管路连接时，在压力开关壳体上端居中开孔，并采用金属软管或普利卡软管通过专用紧固锁母与其锁紧固定。

（3）每个压力开关在墙面设置专门的接线盒，成排接线盒应统一高度并宜与压力开关同高度设置，接线盒配置 10 cm × 10 cm 高质量面板并居中开孔，通过专用紧固锁母与金属软管锁紧固定。墙面处面板四周应采用密封胶进行处理。

（4）报警信号阀电源线与现场敷设电源线之间的连接在接线盒内完成，避免管内接头现象。

（5）由接线盒引至阀类的金属软管要形成有效的防水弯度，并在金属软管的弧垂最大处设泄水孔。

（6）金属软管与专用紧固锁母间在开孔位置采用防水材料进行有效封堵。

4. 节点详图及实例照片

施工中部分节点详图及实例照片如图 12-1 ~ 图 12-3 所示。

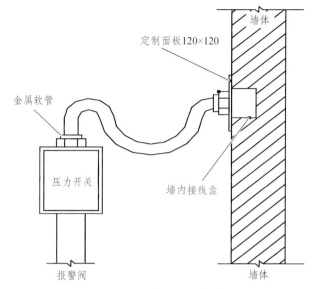

图 12-1　压力开关末端接线节点

图 12-2　压力开关末端接线

图 12-3　成排压力开关末端接线

二、可视化信息缆观察窗

1. 应用工程

怀来站。

2. 技术要求

电缆的敷设排列应顺直、整齐，并宜少交叉。电缆转弯处的最小弯曲半径应符合规范要求。

3. 工艺做法

1）工艺流程

线缆排列→线缆绑扎、固定→可视化玻璃安装→警示带粘贴。

2）工艺要点

（1）线缆应排列整齐，转弯弧度一致。

（2）线缆敷设完成后应绑扎或采用线卡固定牢固。

（3）根据线缆排列情况，可选用 400 mm×400 mm 或 500 mm×500 mm 尺寸，四周加装饰框的耐火玻璃进行安装。

（4）沟边涂刷 50 mm 宽黄色或黄黑相间警示带。

4. 节点详图及实例照片

施工中部分节点详图及实例照片如图 12-4 所示。

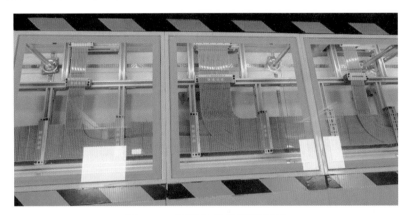

图 12-4　可视化信息缆观察窗

三、圆柱明装疏散指示灯装饰

1. 应用工程

吉安西站、吉水西站。

2. 技术要求

（1）疏散指示标志灯的设置不应影响正常通行，且不应在其周围设置容易混同疏散标志灯的其他标志牌等。

（2）灯具固定应牢固可靠，在砌体和混凝土结构上严禁使用木模、尼龙塞或塑料塞固定。

（3）消防应急灯具应获得消防产品型式试验合格评定，且具有认证标志。

（4）疏散指示标志灯具的保护罩应完整、无裂纹。

（5）防火板内弧圆滑，与圆柱接缝严密、适度圆滑。

（6）标志灯的所有金属构件应采用耐腐蚀构件或做防腐处理，标志灯配电、通信线路的连接应采用密封胶密封。

（7）灯具在侧面墙或柱上安装时，可采用壁挂式或嵌入式安装的方法。安装高度距地面不大于 1 m 时，灯具表面凸出墙面或柱面的部分不应有尖锐角、毛刺等突出物，凸出墙面或柱面最大水平距离不应超过 20 mm。

3. 工艺做法

1）工艺流程

疏散指示灯安装接线→尺寸量测→放样→下料→绝热板粘贴固定→接缝处理→刷漆。

2）工艺要点

（1）测量疏散标示长度及圆柱弧度。

（2）根据测量尺寸对防火绝热板放样制作，外侧放样尺寸加 10~20 mm。

（3）按照放样尺寸，裁剪下料，绝热板喷漆处理。

（4）所有接缝用专用胶水粘贴牢固，拼接严密。

（5）在连接内侧粘贴接缝。

（6）防火板表面打磨光滑，并刷漆处理。

4. 节点详图及实例照片

施工中部分节点详图及实例照片如图 12-5 所示。

图 12-5　疏散指示灯

四、消防模块安装

1. 应用工程

北京朝阳站、吉安西站、吉水西站。

2. 技术要求

同一报警区域内的模块宜集中安装在金属箱内，不应安装在配电柜、箱或控制柜箱内。模块箱应独立安装在不燃材料或墙体上，安装牢固，并应采取防潮、防腐蚀等措施。模块的连接导线应留有不小于 150 mm 的余量，其端部应有明显的永久性标识。模块的终端部件应靠近连接部件安装。

3. 工艺做法

1）工艺流程

选定模块箱→模块箱安装→线管、槽盒敷设→线缆敷设→线缆入箱→模块底座安装接线→模块固定→线缆标识、模块标记。

2）工艺要点

（1）根据报警阀等受控设备数量、单个模块大小，确定模块箱尺寸、数量。

（2）统一排布区域内箱体布局，按照排布成果安装模块箱，模块箱安装底部宜距地 1.5 m，且应考虑与其他弱电机柜协调统一，便于人员操作、维修。

（3）模块箱与阀组间敷设消防槽盒或金属线管，槽盒高度与阀组受控设备高度一致。阀组受控设备与消防槽盒采用金属软管连接。

（4）模块箱内的线缆应在模块箱中的背板后完成，引入引出模块的线缆应由背板后直接引入或引出，以确保整体模块箱内无明敷线缆。

（5）在模块箱内进行模块接线。消防模块箱内组装模块，组装时将相同类型模块排布在一起，模块在箱内按照从上到下、从左到右的顺序排布。

（6）按照受控设备的类型、地址码对每个模块进行标记，标记应清晰且可追溯，同时将阀门、模块、报警阀、水力警铃等受控设备的标识悬挂或粘贴在设备附近，并与模块箱内的标识对应。

4. 节点详图及实例照片

施工中部分节点详图及实例照片如图 12-6 所示。

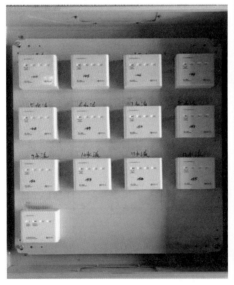

图 12-6　消防模块安装

设备篇

第十三章
暖通空调

一、防火板包覆风管

1. 应用工程

北京朝阳站。

2. 技术要求

应满足《建筑防烟排烟系统技术标准》（GB 51251—2017）规范中 3.3.8 节"加压送风管道，当设置在吊顶内时，其耐火极限不应低于 0.50 h；当未设置在吊顶内时，其耐火极限不应低于 1.00 h"，4.4.8 节"排烟管道及其连接部件应能在 280℃时连续 30 min 保证其结构完整性；水平设置的排烟管道应设置在吊顶内，其耐火极限不应低于 0.50 h；当确有困难时，可直接设置在室内，但管道的耐火极限不应小于 1.00 h；设置在走道部位吊顶内的排烟管道，以及穿越防火分区的排烟管道，其管道的耐火极限不应小于 1.00 h，但设备用房和汽车库的排烟管道耐火极限可不低于 0.50 h"、4.5.7 节"补风管道耐火极限不应低于 0.50 h，当补风管道跨越防火分区时，管道的耐火极限不应小于 1.50 h"条款的规定。故防排烟系统采用在原风管外包覆防火板的技术措施，以满足规范的要求。

3. 工艺做法

1）工艺流程

施工准备（防排烟系统风管安装验收合格）→U 形轻钢龙骨圈制作、安装→岩棉填装→防火板下料、安装固定→边角龙骨安装。

2）工艺要点

（1）U 形轻钢龙骨圈制作、安装。

紧贴风管管道外壁布设 U 形轻钢龙骨圈，间距 610 mm 一道，遇到风管三通、弯头、法兰等适当调整间距，保证每块防火板两端均与龙骨圈固定。要求 U 形轻钢龙骨下料长度与风管截面尺寸匹配，角点两侧均用不少于 2 颗自攻钉紧固，安装紧固后不松动变形。下料后的 U 形轻钢龙骨内填塞岩棉条。龙骨圈安装后及时调整好间距，保证防火板拼缝位于龙骨平面的中央。

（2）岩棉填装。

岩棉存放在干燥地点，不得受潮或淋雨。岩棉与风管部件紧密贴合，无空隙；岩棉采用黏结保温钉连接固定，结合应牢固，不脱落。保温风管保温钉的分布应均匀，底面每平方米不少于 16 个，侧面每平方米不少于 10 个，顶面每平方米不少于 8 个。首行保温钉至风管或保温材料边缘的距离应小于 120 mm。岩棉切割需要使用专业工具，裁切整齐。

（3）防火板下料、安装固定。

矩形防火板风管的四面壁板应按照施工图纸风管截面尺寸、风管弯管、变径处的板材下料。板材规格为 2440～1 220 mm，板厚 8 mm，一般情况下风管按板材宽度做成每节长度为 1 220 mm，当风管长边尺寸小于等于 1 220 mm 或风管两边之和小于等于 1 220 mm 时，风管可按板材长度做成每节长度 2 440 mm，以减少管段接口。风管的三通、四通宜采用分隔式或分叉式，弯管、三通、四通、转换接头（大小头）的圆弧面用折线面代替。风管每节管段（包括三通、弯管等管件）的两端面应平行，与管中线垂直。

（4）边角龙骨安装。

防火风管拼接时缝隙涂满防火胶，四个角外包 40 mm × 40 mm × 0.4 mm 的轻钢角龙骨，用自攻螺钉间距 200 mm 固定牢固。要求自攻钉间距均匀，横向成排，竖向成线。外包的角龙骨在风管四周接口错开安装，平整顺直。

4. 节点详图及实例照片

施工中部分节点详图及实例照片如图 13-1～图 13-7 所示。

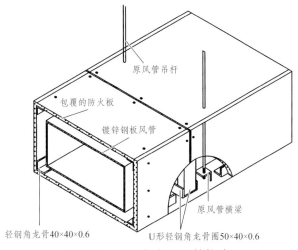

原风管吊杆

包覆的防火板

镀锌钢板风管

原风管横梁

轻钢角龙骨40×40×0.6

U形轻钢角龙骨圈50×40×0.6

图 13-1　防火板包覆风管构造

图 13-2　U 形轻钢龙骨圈安装

图 13-3　岩棉填装

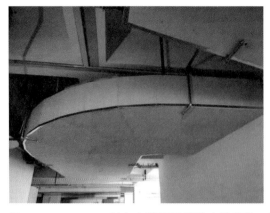

图 13-4　1 200 mm 以上大截面风管防火板安装　　图 13-5　1 200 mm 以下正常截面风管防火板安装

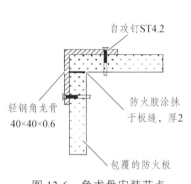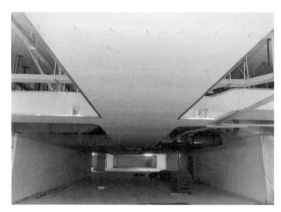

图 13-6　角龙骨安装节点　　　　　　　　　　　图 13-7　边角龙骨安装

二、风管穿防火墙封堵

1. 应用工程

北京朝阳站。

2. 技术要求

风管穿越防火、防爆墙体或楼板时，必须设置壁厚≥1.6 mm 的钢制防护套管，风管与防护套管之间应用不燃柔性材料封堵。

3. 工艺做法

1）工艺流程

套管安装→风管安装固定→套管内防火封堵→墙体饰面施工→防火板装饰圈安装。

2）工艺要点

（1）根据风管深化设计图，现场确定风管穿越防火墙的位置。安装套管并且固定，套管长度与防火墙完成面厚度齐平，套管尺寸风管尺寸每侧+50 mm。

（2）风管安装前拉线，确保风管安置位置位于套管中间位置。

（3）套管与风管之间填充岩棉+防火泥，防火泥收口封堵密实。

（4）正常是涂抹水泥砂浆、刮耐水腻子，涂刷白色涂料。

（5）在完成面上使用防火板装饰圈将风管四周封堵起来，防火板表面涂褐色防火涂料，力求美观大方。

4. 节点详图及实例照片

施工中部分节点详图及实例照片如图 13-8、图 13-9 所示。

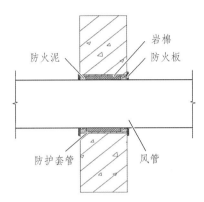

图 13-8　风管穿墙封堵

图 13-9　风管穿墙封堵收口处理

三、空调冷媒管外包 PVC 管壳

1. 应用工程

吉安西站。

2. 技术要求

多联机系统配管应选用不燃或难燃型泡沫橡塑绝热制品。

3. 工艺要点

1）工艺流程

冷媒管安装→管壳支架安装→管壳安装→冷媒管嵌入壳体→壳体内防火封堵→管壳封盖→地面、台面整体涂刷涂料→壳体外防火封堵→标识。

2）工艺做法

（1）根据设计图纸，结合现场实际尺寸进行综合排布，确定各管道立管位置。

（2）打点弹线，确定冷媒管和 PVC 管壳竖向安装位置，保证立管安装垂直。

（3）根据弹线尺寸，安装冷媒管道，确保冷媒管气密性试验合格。

（4）将 PVC 管壳固定于支架上，每处固定点采用两颗螺栓连接，保证管壳安装牢固。

（5）将冷媒管嵌入管壳，固定后用防火泥将冷媒管与 PVC 管壳缝隙封堵密实，管壳封盖。

（6）根据管壳尺寸抹水泥台，使用成品预拌砂浆，水泥台应方正且具有足够强度，管壳四周预留套管，高度应根据建筑做法厚度留设。

（7）装饰工程完成后，用防火泥将 PVC 管壳与套管缝隙封堵密实。完善标识，标明管道名称和使用部位。

4. 节点详图及实例照片

施工中部分节点详图及实例照片如图 13-10、图 13-11 所示。

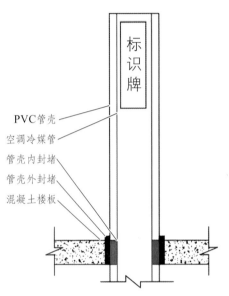

图 13-10 PVC 管壳安装节点

图 13-11 吉安西站 PVC 管壳安装

第十四章
管道安装

一、管道保温

1. 应用工程

长治东站。

2. 技术要求

保温材料耐火等级复核设计说明要求，其中同一管段或设备保温层厚度均匀一致，保温层表面应平整，直管顺直，圆弧及变径等部分过渡均匀、平滑。法兰、阀门、管箍等管道配件及管件处保温应单独下料进行拼接，拼接严密，厚度与管道相同。每一根管道应单独进行保温。

3. 工艺做法

水管保温前应除锈和清洁表面，刷防锈漆两遍。空调冷水供回水管与其支架之间采用与保温层厚度相同的经过防腐处理的木垫块。

保温材料所有缝隙采用专用胶水粘贴严密，不得存在漏气现象。所有接缝应相互错开。管道的保温应在管道试压或通水、防腐完成以后进行。非水平管道的保温自下而上进行。管道的保温要密实，特别是三通、弯头、支架及阀门、法兰等部位要填实。

4. 节点详图及实例照片

施工中部分节点详图及实例照片如图 14-1 所示。

图 14-1 管道保湿

二、卫生洁具居中布置

1. 应用工程

北京朝阳站。

2. 技术要求

卫生洁具和给水配件的安装允许偏差应满足表 14-1、14-2 的要求。

表 14-1　卫生洁具安装的允许偏差和检验方法

项次	项目		允许偏差/mm	检验方法
1	坐标	单独洁具	10	拉线、吊线和尺量检查
		成排洁具	5	
2	标高	单独洁具	±15	
		成排洁具	±10	
3	洁具水平度		2	水平尺和尺量检查
4	洁具垂直度		3	吊线和尺量检查

表 14-2　卫生洁具给水配件安装标高的允许偏差和检验方法

项次	项目	允许偏差/mm	检验方法
1	大便器高、低水箱角阀及截止阀	±10	尺量检查
2	水嘴	±10	尺量检查

3. 工艺做法

1）工艺流程

装饰排版→控制线弹线→安装定位、预埋→洁具安装→配件安装和收口。

2）工艺要点

（1）装饰排版。

根据装修墙地砖排版图结合安装设计图纸确定卫生器具位置以及管线走向，绘制管线及卫生洁具布置图。对卫生洁具进行合理排版，做到卫生器具对齐墙地砖缝或居中，同时应满足间距需求。

（2）控制线弹线。

根据墙地砖排版图弹出控制线，房间规方，测设墙面线和地砖分块线，然后按照管线及卫生洁具弹出给排水管道中心线，定位墙面、地面接口位置。

（3）安装定位、预埋。

按照弹线进行管道预制安装，在水平双向和竖向上精确控制。成排洁具要消除累积误差，安装完成后固定前应再次经质检员检查给排水接口位置是否符合排版及偏差要求，合格后再进行固定并临时封堵管口，防止杂物堵塞管道。

（4）洁具安装。

墙地砖铺贴及隔断安装完成后，进行洁具安装。安装时确定洁具位置正确，横平竖直，同时进行校正，确保卫生洁具居于砖缝或砖中。

（5）配件安装和收口。

安装角阀和水嘴等配件，完成洁具通水试验，确保洁具不渗漏后，专业美缝工人对洁具周边进行打胶处理，保证胶缝均匀顺直、美观。

4. 节点详图及实例照片

施工中部分节点详图及实例照片如图 14-2 所示。

图 14-2　卫生洁具对缝布置

三、成排小便器下方可拆卸排水明沟

1. 应用工程

吉安西站。

2. 技术要求

地漏安装应平正、牢固，低于排水表面，地漏水封高度不得小于 50 mm。

3. 工艺做法

1）工艺流程

卫生间排布→预留水沟排水管→卫生间回填→垫层施工→砖砌排水沟→卫生间垫层、防水、保护层施工→地面、沟内贴砖→按地砖尺寸定制可拆卸水箅子。

2）工艺要点

（1）根据设计图纸，对卫生间地面进行排版，确定各器具安装位置，在小便器下边设置宽 200 mm、高 100 mm 的排水明沟，可拆卸水沟箅子高 30 mm。

（2）根据排版尺寸，打点放线，在排水沟中均匀布置 DN50 排水管道，并安装水封大于 50 mm 的高地漏，保证水封高度，避免排水沟内产生臭气。

（3）卫生间排水管道灌水试验合格后，进行卫生间回填和垫层施工。根据建筑专业卫生间地面的做法确定排水明沟处保护层顶标高。

（4）按排布尺寸砖砌排水明沟，确保排水管安装在排水沟内。

（5）将沟内排水管封口，排水沟抹灰后，进行卫生间防水和保护层施工。

（6）贴砖时卫生间地面和排水沟内同时施工，沟内立面砖上口与地面完成面标高相差 30 mm。

（7）根据现场实际尺寸绘制施工图纸，按实际尺寸下料、安装，确保可拆卸明沟箅子两侧缝隙大小一致，箅子与地面完成面标高一致。

4. 节点详图及实例照片

施工中部分节点详图及实例照片如图 14-3、图 14-4 所示。

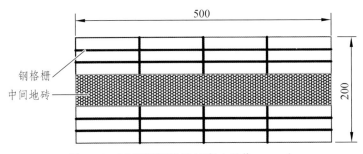

图 14-3　可拆卸钢格栅示意（单位：mm）

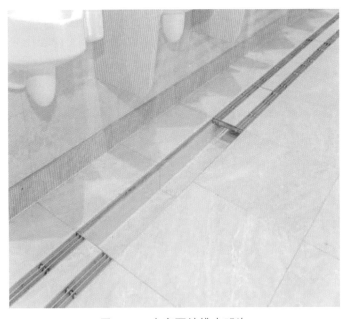

图 14-4　吉安西站排水明沟

四、管道穿楼板套管一次成型及其封堵

1. 应用工程

北京朝阳站。

2. 技术要求

管道穿过墙壁和楼板时，应设置金属或塑料套管。安装在楼板内的套管，其顶部应高出装饰地面 20 mm；安装在卫生间及厨房内的套管，其顶部应高出装饰地面 50 mm，底部应与楼板底面相平；安装在墙壁内的套管其两端与饰面相平。穿过楼板的套管与管道之间缝隙应用阻燃密实材料和防水油膏填实，端面光滑。穿墙套管与管道之间缝隙宜用阻燃密实材料填实，且端面应光滑。管道的接口不得设在套管内。

3. 工艺做法

1）工艺流程

预留前排版→现场定位安装→管道安装→套管封堵。

2）工艺要点

（1）预留前排版。

结合装修墙面、地面装饰做法，确定预埋套管中心距墙体的距离和套管下料长度，套管长度应为楼板厚度+建筑做法+20/50 mm，要求套管管径比所穿管道规格大两号。对成排管道合理排版，做到共用管道支架，同时应满足法兰、阀门、阀门手柄开启等部件安装间距需求。

（2）现场定位安装。

根据排版图，在结构施工时，以结构轴线弹出安装控制线，定位墙面、地面套管中心位置，将套管一次性安装固定到位，同时做好防止混凝土落入套管内部的措施，随结构混凝土一次浇筑成型。

（3）管道安装。

管道安装前应用铅锤吊线，确保管道位于套管居中位置垂直安装。管道的接口不得设在套管内，同时注意落地管道支架要高于套管顶部，不宜小于 300 mm，便于封堵。

（4）套管封堵。

穿过楼板的套管与管道之间缝隙应用阻燃密实材料和防水油膏填实，端面光滑。穿墙套管与管道之间缝隙宜用阻燃密实材料填实，且端面应光滑。

4. 节点详图及实例照片

施工中部分节点详图及实例照片如图 14-5、图 14-6 所示。

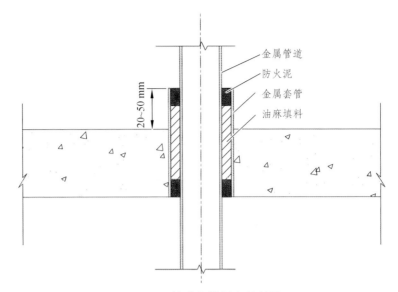

图 14-5　管道穿楼板套管封堵

图 14-6　成排管道穿楼板套管

五、地暖盘管

1. 应用工程

北京朝阳站。

2. 技术要求

地面下敷设的盘管埋地部分不应有接头。盘管隐蔽前必须进行水压试验，试验压力为工作压力的 1.5 倍，且不小于 0.6 MPa。分、集水器型号、规格、公称压力及安装位置、高度等应符合设计要求。加热盘管管径、间距和长度应符合设计要求。间距偏差不大于 ± 10 mm。

3. 工艺做法

1）工艺流程

清理楼面基层、找平，弹标高控制线→安装分集水器→铺设苯板绝热层、边角保温→铺设反射铝箔、钢丝网→敷设地暖盘管→与分集水器闭合→打压试验→浇细石混凝土垫层。

2）工艺要点

（1）清理楼面基层、找平。

凡采用地辐射采暖的工程在楼地面施工时，必须严格控制表面的平整度，仔细压抹，其平整度允许误差应符合混凝土或砂浆地面要求。在保温板铺设前，应清除楼地面上的垃圾、浮灰、附着物，特别是油漆、涂料、油污等有机物必须清除干净。利用控制线核实地面做法的厚度，防止结构面超高导致铺设的地暖层返工。

（2）控制线弹线。

根据墙地砖排版图弹出控制线，房间规方，测设墙面线和地砖分块线，然后按照管线及卫生洁具弹出给排水管道中心线，定位墙面、地面接口位置。

（3）安装分集水器。

水平安装，一般宜将分水器安装在上，集水器安装在下，中心距宜为 200 mm，且集水器中心距地面不小于 350 mm。

（4）铺设苯板绝热层、边角保温。

绝热板应清洁、无破损，在楼地面铺设平整、搭接严密。绝热板拼接紧凑间隙为 10 mm，错缝铺设。注意防止局部超高。房间周围边墙、柱的交接处应设边角保温带，其高度要高于细石混凝土回填层。

（5）铺设反射铝箔、钢丝网。

在绝热层上铺设铝箔要平整、搭接严密，接缝处全部用胶带粘贴。钢丝网规格为方格不大于 200 mm，在采暖房间满布，拼接处应绑扎连接。钢丝网在伸缩缝处应不能断开，铺设应平整，无锐刺及翘起的边角。

（6）敷设地暖盘管。

加热盘管在钢丝网上面敷设，管长应根据工程上各回路长度酌情定尺，一个回路尽可能用一盘整管，应最大限度减小材料损耗。填充层内不许有接头。必须用专用剪刀切割，管口应垂直于断面处的管轴线。严禁用电、气焊、手工锯等工具分割地暖管。盘管固定点的间距，弯头处间距不大于 300 mm，直线段间距为 800 mm。加盖上层钢筋网片，网片下加垫块。在分、集水器附近以及其他局部加热管排列比较密集的部位，当管间距小于 100 mm 时，加热管外部应设置柔性套管等保温措施。加热管出地面至分、集水器连接处，弯管部分不宜露出地面装饰层。加热管出地面至分、集水器下部球阀接口之间的明装管段，外部应加套塑料套管。套管应高出装饰面 150～200 mm。

（7）敷设地暖盘管。

在地暖管系统试压合格后方能进行细石混凝土层浇筑施工，且地暖管处于有压状态下，压力不低于 0.60 MPa，采用隐蔽工程验收。细石混凝土在盘管带压（工作压力或试验压力不小于 0.40 MPa）状态下铺设，填充时应轻捣固，铺设时不得在盘管上行走、踩踏，不得有尖锐物件损伤盘管和保温层，要防止盘管上浮，应小心下料、拍实、找平。

4. 节点详图及实例照片

施工中部分节点详图及实例照片如图 14-7 ~ 图 14-9 所示。

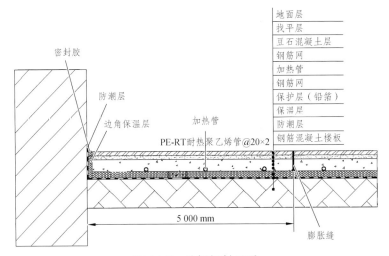

图 14-7　地板辐射采暖

图 14-8　分集水器安装

图 14-9　地暖盘管敷设

第十五章
设备安装

一、水泵安装

1. 应用工程

长治东站。

2. 技术要求

（1）水泵基础应满足设计要求，并应符合下列规定：

① 混凝土或型钢基础的规格尺寸与所安装水泵相匹配。

② 基础表面应平整，无蜂窝麻面和裂纹露筋等现象。

③ 基础强度满足水泵运行的荷载要求。

④ 水泵基础四周应满足检修空间要求。

（2）水泵安装时，设备中心线与基础中心线重合。

（3）多台水泵安装时应成排成线。

3. 工艺做法

用手动葫芦将水泵吊至型钢支架上，将水泵底座与减震台座用螺栓连接，螺栓下必须垫平垫与弹簧垫片。然后测定水泵的水平度，把水平尺放在水泵轴上，测量轴向水平；或把水平尺放在底座加工面上或出口法兰面上，测量纵向、横向水平；或用吊垂线的方法，测量水泵进口的法兰垂直平面与垂线是否平行，并要测电机与水泵连接处的同心度。调平后对出口及外观进行有效保护，等待配管。

4. 节点详图及实例照片

施工中部分节点详图及实例照片如图 15-1 所示。

图 15-1　水泵

二、分集水器安装

1. 应用工程

长治东站。

2. 技术要求

分集水器基础位置、标高应正确，表面平整，在会同土建专业质检员检查合格后，填写分、集水器基础预检记录，交设备专业，并分别由交方与接方签字，也可填写中间验收记录。

3. 工艺做法

分集水器安装时，将设备运至基础的一侧，用龙门架、手动葫芦吊装就位。找正找平后将固定端的地脚螺栓紧固，活动端的地脚螺栓留有活动余地后用双螺母锁紧。

4. 节点详图及实例照片

施工中部分节点详图及实例照片如图 15-2 所示。

图 15-2　分集水器

三、不落轮镟床安装

1. 应用工程

雄安动车所。

2. 技术要求

不落轮镟床主要用于铁路客车、货车、电力机车、内燃机车、动车组和城市地铁及高架轻轨等在不落轮的情况下对轮缘和踏面进行修理。为确保轨道车辆的运行安全和提高线路的使用寿命，轨道车辆每运行一定的里程就需对轮对进行检测，列车须在不合格的轮对镟修合格后才能投入运营，而将其轮对卸下在普通的数控车轮车床上镟修是不可能的。不落轮车床可直接对车辆轮对进行检测和镟修（无需将其轮对卸下）。其镟修过程如下：列车从检修线直接驶入不落轮车床上方，机床将轮对定位夹紧并驱动轮对旋转后，机床配置的检测装置自动检测轮对外形尺寸，数控加工系统依据检测数据自动优化切削并以最经济的切削量对磨损、擦伤、剥离的轮对进行高精度镟修。不落轮镟床在对整列车的轮对逐个进行检测和对不合格的轮对镟修（合格）后，列车即可投入运营。

3. 工艺做法

1）工艺流程

施工准备→排屑器安装→钢轨检查→确定轨道和机床的中心线→安装定位支架→安装主机→调整机床→电气及液压系统安装连接→设备调试。

2）工艺要点

（1）施工准备。

为了保证机床可靠、无故障运行，安装地点应该满足下列基本要求：地坑内及地面上能够进行全面清扫；必须从锚洞中除去加工形成的材料、松散的灰土和死水；地基强度必须可靠且符合设计要求；必须有适合工作的临时电源；必须有主电源连接线。

（2）排屑器安装。

将机床放在准备的地基之前，必须先安装好排屑器和铁屑箱。

（3）钢轨检查。

对于地基坑前后 10 m 范围内的钢轨进行检查，确保符合公差。在地基坑前后的 10 m 内的轨道的中心拉紧一根线，并固定这根线。

（4）确定轨道和机床的中心线。

施工的顺利进行需要由轨道专业配合，确认轨道和机床的中心线以及地基坑内四壁墙上的参考点。

（5）安装定位支架。

主机安装前，先用定位支架来确定机床的安装位置，固定器调整垫铁，即将调整垫铁浇注在地基上，以备主机的安装。

安装定位支架的具体方法如下：

① 清洁地基坑内的角落并洒水。

② 如果定位支架是分成两体的，则将定位支架的两体通过螺栓连起来。

③ 将定位支架平放在调整垫铁上，并对好中心线。

④ 根据地基孔的位置，将地脚螺栓、调整垫铁安装在定位支架的地脚螺栓固定孔中。定位支架上定位基准板的高度和机床压脚面的高度一致。

⑤ 根据地基的要求将地脚螺栓、调整垫铁对齐。

⑥ 将带有地脚螺栓、调整垫铁的定位支架平放在地基座上。

⑦ 通过竖直设定的水平调整螺栓水平调整定位支架上的定位板，将其调至同一水平，并距 0 标线 1 980 mm。

⑧ 根据地基孔的位置将地脚螺栓安装在定位支架的地脚螺栓固定孔中。定位支架上定位基准板的高度和机床压脚面的高度一致，距 0 标线 1 980 mm。

⑨ 根据地基给定的中心线将定位支架对中。在地基上拉中心线（细钢丝或细线），对齐定位支架上的纵向中心孔和横向中心孔，通过这些孔可以看到被拉直的细钢丝或细线。

⑩ 将定位支架同钢轨对中时使用水平中心线 M1，同机床对中时使用纵向中心线 M2。

⑪ 钢轨和机床的中心允许误差为 0.5 mm。

⑫ 给地脚螺栓孔灌浆。当灌浆化合物变干后，就可以拆去定位支架。

（6）安装主机。

地脚螺栓和调整垫铁定位固定后，通过绳缆和 4 个吊环螺栓将起吊工具和主机连接，进行起吊，缓慢而平稳地落放在 4 个调整垫铁上。起吊主机时，主机和吊机下禁止站人，并由专业人员指挥，其他人员不得干涉。主机挂在钩上尽可能平稳。

（7）调整机床。

主机落放后，将 4 个桥形导轨安装到位。

安装后的机床必须满足如下要求：

① 同钢轨对中。

② 主机同车辆进出方向水平（钢轨顶面和驱动轮），并和该方向垂直。

③ 主机上钢轨面的高度同钢轨面一致。

④ A_1、A_2 两点距地基中心线 10 m，B_1、B_2 两点距地基中心线 5 m，这 4 个点都必须在钢轨的中心线上。

⑤ 在 A_1 和 A_2 两点之间拉一根钢丝线，并且通过 B_1、B_2。这可保证钢轨在机床前后完全对称。如果 B_1 和 B_2 点在细钢丝旁边，则必须修复钢轨。

⑥ 机床必须通过调整垫铁平放在地基上。

⑦ 调整机床水平，在横梁上纵、横方向分别放水平仪，也可用一个水平仪，先调横向，再调纵向，精度为 0.04 mm/m。

⑧ 分别以机床左右轴箱支撑装置上的导柱中心（对称机床中心）为圆心，以 5 000 mm 为半径画两条圆弧，分别交于 D_1 和 D_2 点，D_1、D_2 必须落在 A_1 和 A_2 的连接线上，允许偏差 0.5 mm，否则，调整主机。

⑨ 将前后桥轨分别安装在主机的前后端和地基上，并对称于轨道中心线（细钢丝）。

⑩ 通过支架调整桥轨，同钢轨保持在同一水平面。

（8）电气及液压系统安装连接。

设备为模块化运输，在各部件吊装到位并调整完成后，对电气及液压系统进行安装连接。

电气统线路多，强电部分与自动控制部分要分开。根据电线电缆敷设要求施工，同时考虑布线美观、实用、便于检修。

（9）设备调试。

设备安装完成，现场正式供电后即可开始设备调试。调试过程分静态检查、动态测试、标准轮交验废轮对试镟几部分，调试内容如下：

① 静态检查流程。

a. 现场调试人员先对设备安装精度进行检查：

（a）机床中心线与轨道中心线的重合。

（b）机床安装在横、纵两个方向上的水平度。

（c）机床钢轨与外接轨道的标高符合。

b. 机床外观质量检查：

（a）油管、电线电缆的布置。

（b）护罩的设计与安装。

（c）各零部件的紧固。

（d）其他外观质量检查。

② 动态测试。

a. 设备完成静态检查后，对设备进行上电调试。测试电气安全互锁紧急停机功能。对设备下列各部件检查：

（a）摩擦驱动系统。

（b）轴箱下压机构。

（c）轴箱支撑机构。

（d）测量系统。

（e）刀架 X、Z 轴运动。

（f）轴向定位装置（侧压轮）。

（g）碎屑、排屑装置。

（h）活动导轨运动。

b. 机床结构质量的检查：

（a）运动件与导向件间的间隙检查，如活动导轨、驱动箱。

（b）定位元器件的定位精度检查，如侧压轮。

（c）各活动手柄的活动空间。

③ 标准轮校验废轮对试镟。

利用配备的标准轮对设备测量精度进行校验。在标准轮校验合格后，利用废轮对进行测试切削。测试设备切削精度，进行轮廓版型测试，负载切削测试。

4. 节点详图及实例照片

施工中部分节点详图及实例照片如图 15-3 ~ 图 15-11 所示。

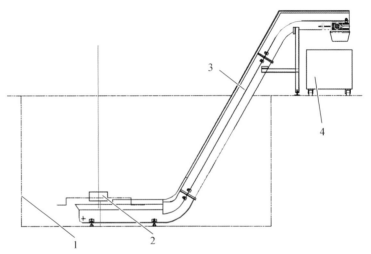

1—地基；2—水平排屑器；3—提升排屑器；4—铁屑收集箱。

图 15-3　排屑器和铁屑箱

图 15-4　排屑器实物

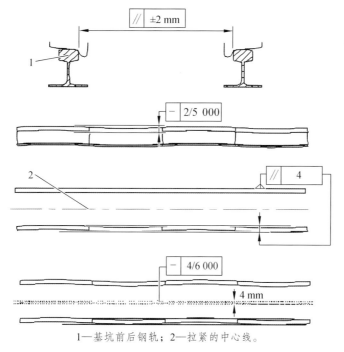

1—基坑前后钢轨；2—拉紧的中心线。

图 15-5　钢轨检查示意

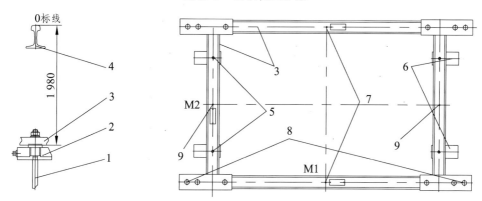

1—地脚螺栓；2—调整垫铁；3—定位支架；4—钢轨；5—水平调整螺栓；6—定位基准板；
7—纵向中心孔；8—地脚螺栓固定孔；9—横向中心孔。

图 15-6　支架示意

图 15-7　支架安装

图 15-8　支架

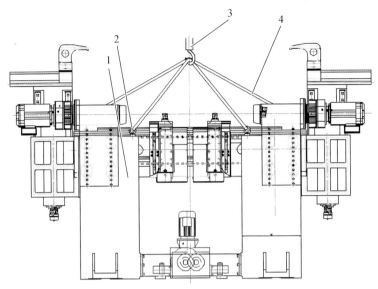

1—主机；2—吊环；3—绳缆；4—吊具。

图 15-9　主机

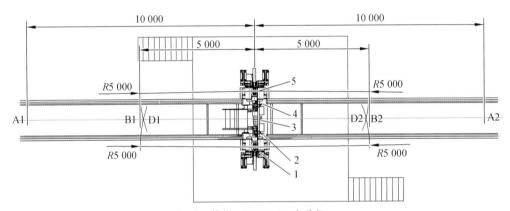

1，5—导柱；2，3，4—水平仪。

图 15-10　机床示意（单位：mm）

图 15-11　不落轮镟床

四、车号地面识别设备安装

1. 应用工程

雄安动车所。

2. 技术要求

AEI-W1 型车号地面识别设备是在充分分析了车号地面识别设备在厂段应用的特殊需求，并总结既有车号地面识别设备的长处和不足的基础上，利用成熟的车号自动识别技术，专门为车辆厂（段）、编组场、站修所等使用场合设计的新一代厂段型 AEI（铁路车号自动识别系统），该厂段型 AEI 大大地提升了对倒调车辆的行车方向判别的准确性及列车出入库管理的及时性。其具备远程检控操控功能，可通过网络远程实现设备的参数设置、状态监控、软件升级、数据下载等功能，用户足不出户即可使"一切尽在掌握"。实时准确判断单个车辆的行车方向，实时分析车辆倒调细节，正确形成出、入库车辆标签报文信息，并确保及时传送给集中管理计算机。具有完备的设备自检测及异常报告机制。设备对天线参数（包括驻波比、功率、频率）、磁钢、内部状态及与集中计算机通信状态进行检测，及时报告并指示异常情况，方便设备检修及维护等。

3. 工艺做法

1）工艺流程

设备安装布局→射频电缆的布线→天线的安装→磁钢的安装→室外轨边箱安装→配线→检查。

2）工艺要点

（1）设备安装布局。

车号地面识别设备标准配置包括 2 个天线、4 个无源磁钢。

（2）射频电缆的布线。

天线与 AEI-W1 型车号地面识别设备之间的电缆长度应小于 25 m，特殊地点最长不超过 30 m。如遇特殊情况应根据规范计算射频线缆损耗，保证天线端口输入功率介于 28 ~ 32 dBm。射频电缆避免弯曲，接口部分避免扭曲。

（3）天线的安装。

① 尽量选取水平直线区段，如不满足也应选取曲线半径不小于 300 m 的区段。

② 射频天线安装在两个开机磁钢区间的中间位置，应避开钢轨接头、道岔及其他具有辐射的设备，尽量安装在一节钢轨的中部。天线距钢轨接头的最近距离应大于 5 m。

③ 天线按照操作要求安装。

④ 两天线距离控制在 5.5 ~ 6.5 m。

⑤ 尽量避开不利的地理位置，防止设备遭受雷击、洪水、塌方、冻害等自然灾害的破坏。

（4）磁钢的安装。

① 磁钢顶部距钢轨平面距离要求为（37 ± 2）mm。为避免磁钢被车轮压坏，严禁将磁钢的安装高度调整到小于 35 mm。

② 磁钢外沿距钢轨内侧壁距离要求为（88±2）mm。磁钢远离钢轨可减小噪声，干扰较大的地点距离要求为 90 mm，即磁钢外沿与安装尺边沿齐平。

③ 磁钢对中心距离要求为（280±2）mm。

（5）室外轨边箱安装。

铺设好电源线、射频电缆、磁钢线缆、接地线、通信线缆，完成轨边箱底部固定基础的施工，并连接好上述电缆。注意：轨边箱底部离地面保持 25~30 cm 距离，避免积水进入轨边箱；各类线缆预留足够的长度并分类固定；主机接地线接地良好。

（6）配线。

设备配线主要集中在主机箱的后面板上。室内安装时设备安装到机架上，连接好电源线、射频电缆、串口通信线缆、接地线、磁钢连接线。

（7）检查。

① 注意检查各个连接线是否连接牢固。

② 仔细观察各板卡上的提示，确保正确连接各通信设备。

③ 轨边箱及主机接地良好。

4. 节点详图及实例照片

施工中部分节点详图及实例照片如图 15-12 ~ 图 15-17 所示。

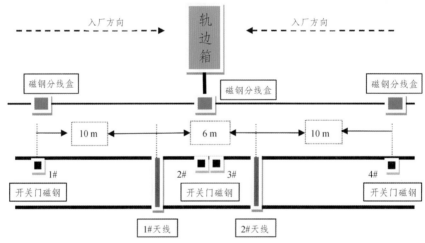

图 15-12　系统安装布局

图 15-13　天线安装

图 15-14　双天线安装间隔

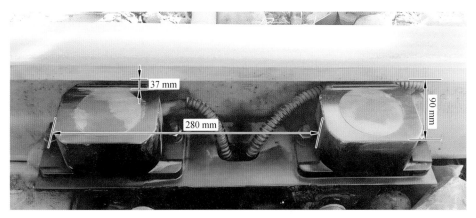

图 15-15　磁钢安装

图 15-16　轨边箱布局

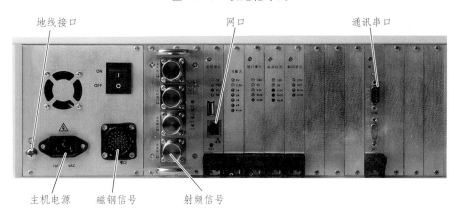

图 15-17　主机箱后面板

五、动车组轨道桥

1. 应用工程

雄安动车所。

2. 技术要求

动车组轨道桥施工精度标准极高，轨道桥支柱预埋件标高为（980±3）mm。轨道桥支柱预埋件纵向中心间距（1 786±3）mm，且对应两支柱预埋件必须对齐。轨道桥支柱预埋件横向中心间距为（1 508±2）mm，且支柱预埋件与每股轨道中心间距偏差控制在±2 mm。

第一个轨道桥支柱预埋件（即钢轨起点）为钢轨接缝位置。同时，每隔14个预埋件（即25 006 mm）为钢轨接缝处，每两个钢轨接缝位置长度方向偏差控制在±5 mm。

为保证高精度要求，从基础施工、支柱预埋板施工、支柱安装精调、钢轨安装精调等工序重点控制。项目及检测标准见表15-1。

表 15-1　项目及检测标准

项目	技术要求/m	检查方法
轨道桥支柱预埋件标高	−0.98±0.003	水准仪测量
单个预埋件标高水平偏差	−0.98±0.001	水准仪测量
预埋件轨向中心距	1.508±0.002	全站仪测量
预埋件纵向中心距	1.786±0.003	全站仪测量
轨道桥支柱上标高	−0.204±0.002	水准仪测量
单个支柱上标高水平偏差	−0.204±0.001	水准仪测量
轨道桥支柱轨向中心距	1.508±0.002	全站仪测量
轨道桥支柱纵向中心距	1.786±0.003	全站仪测量
轨道桥钢轨上标高	0.00±0.001	水准仪测量
轨道桥轨距	1.435+0.003	全站仪测量

3. 工艺做法

1）工艺流程

基础施工→轨道桥支柱预埋板施工→基础侧墙支模及浇筑→预埋件复测→轨道支柱安装→支柱底部灌浆→轨道安装、精调。

2）工艺要点

（1）工程控制网。

轨道桥施工需要建立专用工程控制网，按三级精密工程要求建立水平控制网，按四级精密工程要求建立高程控制网，水准测量应达到二等水准观测要求。

（2）基础施工。

轨道桥基础应根据地质情况选择基础类型，轨道桥地基承载力应达到120 kPa以上。为保证轨道桥精准度，轨道桥基础严禁出现不均匀沉降、基础裂缝等问题。

根据地勘报告及设计图纸，进行桩基施工或基础换填施工。桩基施工选用 CFG 桩（水泥粉煤灰碎石桩），基础开挖后进行桩基检测，确保地基承载力达到要求。基础换填采用级配砂石换填，换填厚度根据地勘报告土层及承载力确定，厚度不宜小于 0.5 m 且不宜大于 3 m。基础开挖至设计标高后，应及时进行地基承载力检测，确保满足设计要求。

（3）轨道桥支柱预埋板。

① 预埋板组成。

轨道桥预埋件由 4 根 M24 基础螺栓、1 块 340 mm×300 mm×16 mm 有孔钢板组成。钢板孔间距为 220～280 mm，基础螺栓预埋长度为 500 mm，外漏螺纹长度为 120 mm。有孔钢板与基础螺栓进行穿孔塞焊。

② 施工控制。

a. 预埋板定位及固定。

预埋板定位前，应对控制点进行复核，定位时确保从轨道桥中心线向两侧测量定位，避免从一端头向另一端头测量而发生累计偏差，导致定位偏差超过要求。

预埋板固定时，配合使用全站仪、水准仪、刻度尺、水准线，确保预埋板定位、标高符合要求。采用一种仿轨道支柱精度控制装置，通过该装置模拟轨道支柱安装，调节预埋板定位及标高精度，调节完成后检测预埋板施工精度，然后采用点焊将预埋件与轨道桥基础侧壁钢筋连接。撤去仿轨道支柱精度控制装置后再次进行定位及标高检测，确定无偏差后再进行整体焊接，保证定位及标高精准度。

b. 预埋板施工保护。

预埋板及外漏螺纹需做好成品保护，防止螺栓出现偏差及损坏。预埋板固定完成后，在预埋板螺纹上涂油，同时对包裹胶布进行成品保护。后续其他工序施工中，严禁在预埋板及轨道桥侧墙固定模板上放置材料，严禁碰撞预埋螺栓。在混凝土浇筑过程中，混凝土不得直接冲击预埋板，振捣时宜选用直径为 25 mm 的小型振捣棒，不得触碰预埋板，并注意防止漏振。

混凝土浇筑完成后需第一时间安排测量员校验预埋板定位，若发现问题应立即采取处理措施，避免产生较大误差造成返工。

（4）轨道桥支柱安装。

轨道桥由轨道支柱和钢轨组成，是将钢轨通过弹条Ⅲ型扣件固定在轨道支柱上组成的轨道结构。轨道支柱尺寸为 340 mm×340 mm×764 mm，支柱预埋件纵向间距为（1 786±3）mm，纵向直线度为 ±2 mm。

轨道支柱安装前，首先对股道中心位置及支柱预埋螺栓位置进行测量，股道中心线位置确定后，在支柱预埋板上按（1 508±2）mm 尺寸平分划出支柱长向中心线。然后复测各预埋板水平标高，在预埋螺栓上安装螺母，调整至设计标高，预埋板上加垫四副斜铁垫板，吊放轨道支柱，安装垫圈及螺母，按支柱中心位置找正，预拧紧螺栓并通过支柱下的螺母及钢垫板来调整其标高及垂直度，确定支柱位置及标高无误后用双螺母拧紧螺栓并焊接固定钢垫板位置。

每根支柱均采取水准仪测定其中心标高及横纵向平整度，通过支柱下侧 4 个螺母调整精度，保证支柱标高偏差控制在 1 mm/m 内。

（5）轨道桥钢轨安装。

① 钢轨安装工艺流程：扣件安装→钢轨铺设→钢轨接头夹板安装及初步紧固→钢轨精调及固定→钢轨验收及保养。

② 安装误差控制标准：整体测量各支柱座底面标高 −（204±2）mm，合格后在轨道支柱上安装扣件组垫板，逐段铺设 60 kg/m 钢轨，钢轨上平面标高控制在 ±1 mm，轨道中心距为（1508±2）mm。

③ 钢轨接头夹板安装：要求两侧钢轨接头位置对齐安装，同时使接头坐落在支柱上。根据安装现场年温度变化幅度和安装时的温度确定合适轨缝，如：当环境温度为 30 ℃ 时轨缝控制在 3～4 mm，环境温度每增加（减少）10 ℃ 时，轨缝减少（增加）约 3 mm。调整钢轨达到设计要求后，用扭矩扳手拧紧钢轨端部接头夹板 M24 高强度螺栓，终拧扭力为 600 N·m。

④ 钢轨精调及固定：轨向、轨距调整通过使用全站仪、道尺进行测量记录，轨道高低、水平调整采用水准仪、高精度水平尺进行测量记录。用不同厚度尼龙绝缘垫块调节轨距内侧为(1 435+3) mm，并保证钢轨平顺。检查合格后采用专用工具安装 Ⅲ 型弹条扣件固定钢轨，用扭矩扳手拧紧扣件与轨道桥支柱连接的高强度螺栓，终拧扭力为 300 N·m。

⑤ 轨道支柱底部灌浆：为保证支柱使用过程中的稳定性，轨道支柱与基础之间缝隙需进行二次灌浆。灌浆时必须保证支柱下部填充密实，防止引起支柱受力不均发生变形。为保证灌浆密实度，灌浆料与拌和水用量严格按照说明书配比，过程中应采用磅秤精确至 0.1 kg。灌浆料自加水算起应在 1 h 内用完，随拌随用。灌浆完成面应与轨道支柱下表面标高相平。

⑥ 轨道验收及保养：全面检查钢轨外观状态，不得有污染、低塌、掉块、硬弯等外观缺陷。轨道桥在动车组检修过程中易产生锈蚀，需对轨道桥进行表面清理、涂刷油漆，对钢轨接头夹板、扣件等螺栓部位用黑色沥青漆进行封闭涂刷。扣件系统应检查安装及紧固状态，检查配件是否存在缺失和损坏现象，采用力矩扳手检查螺栓紧固扭力矩是否达到设计要求。

4. 节点详图及实例照片

施工中部分节点详图及实例照片如图 15-18～图 15-24 所示。

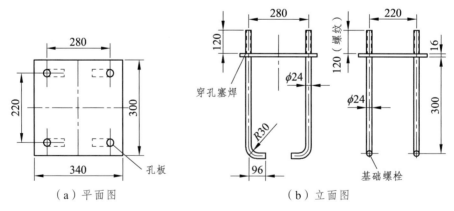

（a）平面图　　　　　　　　（b）立面图

图 15-18　轨道支柱预埋板组件（单位：mm）

图 15-19 轨道桥预埋件定位安装

图 15-20 轨道桥预埋件复测

图 15-21 轨道桥预埋件成品保护

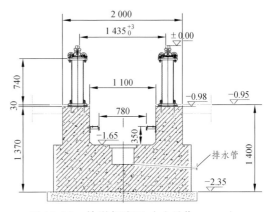

图 15-22 轨道标高尺寸（单位：mm）

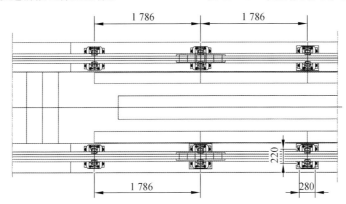

图 15-23 轨道支柱间距（单位：mm）

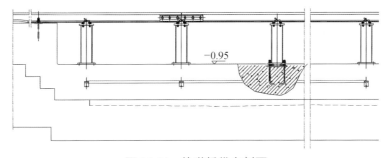

图 15-24 轨道桥纵向剖面

六、排架柱预制吊装

1. 应用工程

雄安动车所。

2. 技术要求

检查库库内为排架结构，排架柱采用现场预制，预制排架柱搭设胎架、精选模板、控制混凝土浇筑振捣措施，保证排架柱成形效果。

排架柱预埋件较多，包括柱顶钢结构预埋板、柱身检修平台预埋板、综合支吊架预埋板，其均对预埋板精度要求较高。现场施工过程中，一方面需要控制好排架柱预埋件精准度，另一方面在排架柱下侧杯口基础施工过程中，需要控制好杯口基础混凝土尺寸偏差，确保排架柱安装精度。

3. 工艺做法

1）工艺流程

底模施工→底模上弹出模板边线、预埋件位置→底板模板及预埋件安装→钢筋绑扎→钢筋验收→侧壁预埋件安装→侧壁钢筋保护层垫块安装→合侧模→模板加固→顶面预埋件安装→隐蔽验收→混凝土浇筑。

2）工艺要点

（1）钢筋工程。

钢筋安装前必须将底模表面清扫干净（旧模板应刷脱模剂后再绑扎钢筋），将排架柱预埋件按照图纸要求放置并固定。钢筋按图纸所标位置先上后下进行安装。钢筋安装时，应考虑预制柱吊装时的吊点位置，在吊点位置埋设 $\phi100$ 钢管。

根据基础杯口尺寸，在柱子上预留 200 mm × 200 mm × 20 mm 钢板，长边预留 2 块，短边预留 1 块，共计 6 块。预埋钢板距离杯口顶 100 mm，吊装时焊接钢楔块，用于固定排架柱。

（2）模板工程。

预制柱加工区域地面为硬化地面，下侧搭设盘扣架，底模误差控制在 20 mm 以内。底模采用 15 mm 厚木模板，板底下铺 50 mm × 50 mm × 200 mm 钢木龙骨。侧向模板紧夹底模。侧模与侧模、侧模与底模板缝之间采用海绵胶条封缝，确保模板接缝严密不漏浆。

模板加固采用 $\phi12$ 对拉螺栓加固。模板内楞用 50 mm × 50 mm 钢木龙骨做水平楞，间距为 200 mm。外楞每边采用钢管做立楞，立楞间距为 450 mm，用对拉螺栓拉接。柱牛腿支模采用 15 mm 厚钢板做定型模板，用木方做楞和支撑。

加固前要求模板的位置及垂直度必须准确。在模板加固完毕后，应对柱模的位置和垂直度再次进行校核。模板安装必须拉通线确保模板平直。模板加固完后，用水将模板内的沙土等杂物冲洗干净。

（3）预埋件安装。

预埋件四边必须切直并磨平。预埋件必须紧贴外模，并与主筋焊接固定防止移位。

（4）混凝土工程。

在钢筋、模板、预埋件验收完后方可进行。混凝土施工时必须认真振捣。由于钢筋较密，混凝土振动棒采用 30 型小型振动棒。混凝土施工从柱根开始逐渐向柱头施工。混凝土施工时振动棒注意不要碰撞预埋铁件，防止其移位。

混凝土压光后必须及时进行养护，混凝土浇筑约 12 h 后表面喷淡水，覆盖一层塑料薄膜，保持混凝土表面湿润。柱子翻身、吊运、安装必须待混凝土强度达到 100% 后方可进行。

（5）预制柱转运。

混凝土强度达到设计强度 100% 时应将混凝土进行转运，将预制柱转运至吊装所需处，再进行吊装。预制柱转运考虑采用 40 t 汽车吊。预制柱翻身与转运时考虑采用两点起吊，吊点设置在两端柱长 1/3 处。

（6）预制柱吊装。

预制柱吊装均采用一点起吊，在预制柱牛腿处埋设 D100（内径>90 mm）钢管，吊装时将 D90 钢棒插入预留孔，在钢棒两端开设 10 mm 深槽，将钢板卡入钢棒两端槽内，钢板厚度为 20 mm，预制柱吊装就位、吊车松钩后，钢板与钢棒脱离方便。

具体吊装方法如下：

① 柱子吊起距地 500 mm 时稍停，稳定柱子，按照信号员的指挥，将柱子吊运到相应的杯口位置就位。

② 就位时，以正确的方向缓慢降落到杯口基础底的正上方 2 cm 左右停住，仔细核对柱子的编号和基础对应情况，确保一一对应。

③ 由两人拉动溜绳配合控制，使柱子基本就位，加上铁楔，但不挤紧，再运用撬棍撬动柱子，使其正确就位。在相互垂直的两个方向上架设经纬仪，使柱身立面轴线与杯口基础上的轴线对准，上下垂直，校正轴线时先找好两个面上的轴线，然后再对准第三个面上的轴线，最后使柱子三个面上的轴线或中线对准定位轴线。

④ 已经就位好的柱子，吊车卸力（暂时不脱钩），认真用经纬仪校准轴线位置及垂直度，确认不超出偏差，检查钢楔块，确保都已充分受力，立即进行杯口的灌浆作业，灌浆顶标高到钢楔块顶部，并解除柱子上方的钢丝绳进行下一根柱子的吊装。若出现偏差，则微调钢楔位置，直至达到设计和规范要求。

4. 节点详图及实例照片

施工中部分节点详图及实例照片如图 15-25 ～ 图 15-30 所示。

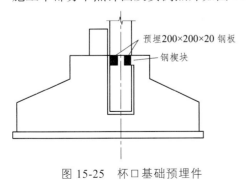

图 15-25　杯口基础预埋件

图 15-26　杯口基础钢楔快固定

图 15-27　杯口基础钢楔块固定

图 15-28　盘扣架胎架搭设

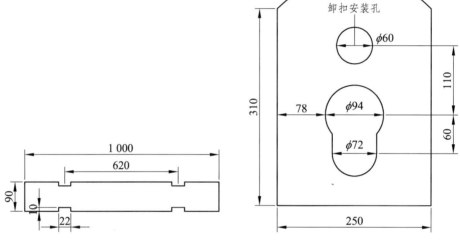

图 15-29　钢棒及两端钢板制作（单位：mm）

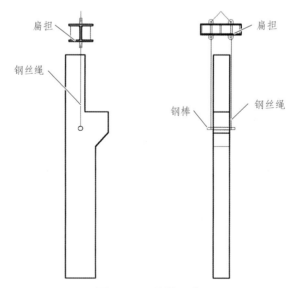

图 15-30　吊装示意

七、消防水泵房

1. 应用工程

北京朝阳站。

2. 技术要求

机房内管道及设备标识清晰，成排管道标识在同一条直线上，整体观感效果好，原有设备铭牌安装在便于观察的位置；成排水泵出口软接及支架安装在同一条直线上，软接及支架的安装位置合理，支架形式正确，支架底座成排成线。

3. 工艺做法

1）工艺流程

利用 BIM 技术对机房综合布局→基础验收→设备开箱→水泵就位→精平及二次灌浆→支架制作、安装→进出管路安装。

2）工艺要点

（1）利用 BIM 技术对机房综合布局，BIM 技术深化设计，内容包括电动机位置、水泵房饰面层做法，对应管道接口留设位置、动力配管留设位置、法兰、阀门垂直、水平位置等的留设。消防水泵房 BIM 效果如图 15-31 所示。

（2）基础验收：在水泵房内根据消防水泵位置放出基础位置线，支模浇筑混凝土，待达到一定强度后，组织相关人员进行基础验收。基础位置十字中心线亦是水泵中心线，左右前后同距，并对称一致。设备基座，高度，尺寸均保持一致，同时预埋固定螺栓。

（3）消防水泵进场后组织甲方、监理单位进行设备开箱验收，合格后对水泵进行就位安装。对于型号较大的要做运输、吊装方案交底，保证运输安装安全，避免破损。设备就位后精确调整设备水平后及时进行二次灌浆。

图 15-31　消防水泵房 BIM 效果

（4）支架制作要求制作简洁、牢固，荷载经过相应的审核计算，支架形式正确，支架底座成排成线。

（5）成排水泵出口软接及支架安装在同一条直线上，软接及支架的安装位置合理，管道顺直，表面油漆美观、无流淌，管道标示、设备基座细部美化。

4. 节点详图及实例照片

施工中部分节点详图及实例照片如图 15-32～图 15-34 所示。

图 15-32　消防泵房

图 15-33　消防泵进口阀门成排成线

图 15-34　消防泵出水口阀门组加固

八、消防水泵出水管 45°受力支架安装

1. 应用工程

吉安西站。

2. 技术要求

消防管道出水立管底部应设有支架，支架设置减震措施，保证设备前后减震有效。

3. 工艺做法

1）工艺流程

消防泵安装→水泵出水口管道安装→排版量尺寸→支架制作安装→刷油漆。

2）工艺要点

（1）根据设计图纸，结合现场实际尺寸进行综合排布，安装消防水泵。

（2）由下至上分别安装软连接、止回阀（多功能水泵控制阀）、闸阀，安装消防立管。

（3）按出水管支架安装角度与水平管成 135°角进行排版、定尺、下料，保证竖向和水平受力安全，支架采用 DN65 镀锌钢管。

（4）出水口支架中间位置增加 3 cm 厚的橡胶垫，减少震动，管道法兰连接。

（5）在支架上端与立管底部 90°弯头接触位置设置半圆弧形金属托架，以便支架和管道可以紧密接触。

（6）支架底部采用 1 cm 厚钢板，置于混凝土地面上。支架安装完成后，刷大红油漆，保证机房内颜色协调统一。

4. 节点详图及实例照片

施工中部分节点详图及实例照片如图 15-35、图 15-36 所示。

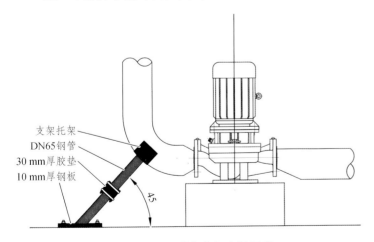

图 15-35　45°受力支架安装示意

图 15-36　吉安西站 45°受力支架
安装效果

九、冷水机房集中排水

1. 应用工程

吉安西站。

2. 技术要求

机房管道及设备最低处应设置泄水装置，便于检修及维护。采用内外壁热镀锌钢管，各个泄水口连接主管道后与排水沟集中排放。通过集中排水大大减少机房管道数量和缩短排水沟设置长度，有序排水的同时增加机房美观度。

3. 工艺做法

1）工艺流程

前期准备（根据机房 BIM 排布确定泄水口位置和排水沟走向）→管道制作→支架制作→管道安装→支架根部防腐处理。

2）工艺要点

（1）前期准备。

机房 BIM 排布确定暖通设备基础位置及管道走向后确定排水沟走向。

（2）管道及支架制作。

现场实测后、确定泄水管长度及支架位置。泄水管采用螺纹连接，主管开孔处采用焊接连接。

（3）管道安装流程。

泄水管与管道焊接→阀门连接→主管连接→支架固定→集中排水至排水沟。

（4）支架根部防腐处理。

机房地面施工时支架根部设置水泥墩，将金属支架与水隔离避免生锈。

4. 节点详图及实例照片

施工中部分节点详图及实例照片如图 15-37 所示。

图 15-37　冷水机层

参考文献

[1] 中华人民共和国住房和城乡建设部. 建筑工程施工质量验收统一标准：GB 50300—2013[S].北京：中国建筑工业出版社，2014.

[2] 中华人民共和国住房和城乡建设部. 建筑地基基础工程施工规范：GB 51004—2015[S].北京：中国计划出版社，2015.

[3] 中华人民共和国住房和城乡建设部. 建筑地基基础工程施工质量验收规范：GB 50202—2018[S].北京：中国计划出版社，2018.

[4] 中华人民共和国住房和城乡建设部. 地下防水工程质量验收规范：GB 50208—2011[S].北京：中国建筑工业出版社，2011.

[5] 中华人民共和国住房和城乡建设部. 混凝土结构工程施工规范：GB 50666—2011[S].北京：中国建筑工业出版社，2011.

[6] 中华人民共和国住房和城乡建设部. 混凝土结构工程施工质量验收规范：GB 50204—2015[S].北京：中国建筑工业出版社，2015.

[7] 中华人民共和国住房和城乡建设部. 砌体结构通用规范：GB 55007—2021[S]. 北京：中国建筑工业出版社，2021.

[8] 中华人民共和国住房和城乡建设部. 钢结构焊接规范：GB 50661—2011[S].北京：中国建筑工业出版社，2011.

[9] 中华人民共和国住房和城乡建设部. 钢结构工程施工质量验收标准：GB 50205—2020[S].北京：中国建筑工业出版社，2010.

[10] 中华人民共和国住房和城乡建设部. 钢结构通用规范：GB 55006—2021[S]. 北京：中国建筑工业出版社，2021.

[11] 中华人民共和国住房和城乡建设部. 建筑工程质量验收规范：GB 50210—2018[S]. 北京：中国建筑工业出版社，2018.

[12] 山西省住房和城乡建设厅. 屋面工程质量验收规范：GB 50207—2012[S]. 北京：中国建筑工业出版社，2012.

[13] 山西省住房和城乡建设厅. 屋面工程技术规范：GB 50345—2012[S]. 北京：中国建筑工业出版社，2012.

[14] 浙江省住房和城乡建设厅. 建筑电气工程施工质量验收规范：GB 50303—2015[S]. 北京：中国建筑工业出版社，2016.

[15] 中华人民共和国公安部. 消防给水及消火栓系统技术规范：GB 50974—2014[S]. 北京：中国建筑工业出版社，2014.

[16] 中华人民共和国工业和信息化部. 综合布线系统工程验收规范：GB/T 50312—2016[S].

北京：中国计划出版社，2016.

[17]　建设部建筑制品与构配件产品标准化技术委员会. 建筑幕墙：GB/T 21086—2007[S]. 北京：中国标准出版社，2008.

[18]　中华人民共和国住房和城乡建设部. 玻璃幕墙工程技术规范：JGJ 102—2003[S]. 北京：中国建筑工业出版社，2004.

[19]　中华人民共和国住房和城乡建设部. 玻璃幕墙工程质量检验标准：JGJ/T 139—2020[S]. 北京：中国建筑工业出版社，2020.